JN299528

沿道緑地の整備事例（第4章参照）

口絵1　歩道植栽帯の整備事例（千葉県浦安市美浜）
県道276号．常緑樹，落葉樹の組合せにより緑豊かな緑道を形成し，花木が多用され，親しみやすい緑地空間を創出している．

口絵2　中央分離帯の整備事例（千葉県浦安市美浜）
県道276号．幅員を広くとって，高木・中低木の組合せにより緑量豊かな空間になっており，大気浄化効果も期待できる．

口絵3　環境施設帯の事例（埼玉県草加市旭町）
東京外郭環状道路・国道298号．沿道に幅広い環境施設帯を設け，側道・緑道を含めて安全でやすらぎのある緑地空間を形成している．

口絵4　高架下の事例（東京都板橋区高島平）
首都高速5号池袋線．マテバシイ，トウネズミモチなどの高木，ヤツデ，アベリアなどの耐陰性の強い樹種を導入して高架下を緑化している．

口絵5　遮音壁の緑化（埼玉県草加市旭町）
東京外郭環状道路・国道298号．遮音壁の前面に盛土し，クスノキ・ヤマモモ・キンモクセイ・モッコク・ツバキなどの常緑広葉樹主体に複合植栽を行っている．

口絵6　ペデストリアンデッキの事例（千葉市美浜区中瀬）
富士通幕張システムラボラトリ周辺歩道橋の橋詰．デッドゾーンである歩道橋の脚部周辺を高木・中低木の組合せで緑化している．

建築空間の緑化事例（第4章参照）

＊他の事例も含め出版社サイトからダウンロードできます．

口絵7　公共施設の事例（東京都板橋区高島平）
板橋清掃工場の壁面緑化．工場棟の既存躯体の外壁面を活用し，ユニット化したコンテナ，緑化パネルとつる植物で緑化している．

口絵8　事業所の事例（神奈川県横浜市西区）
富士ゼロックス「四季彩の丘」．1階の外構緑地につながる丘状の屋上庭園と2階から3階のテラスを緑化し，緑量豊かな公開空地を創出している．

口絵9　事業所の事例（福岡県福岡市中央区）
アクロス福岡．隣接する天神中央公園との一体化を意図した屋上緑化による階段状のステップガーデン．緑化面積5400 m^2 は屋上緑化施設で国内最大規模である．

口絵10　商業施設の事例（京都府京都市中央区）
烏丸御池新風館．屋根や壁面に覆われた半室内空間の壁面に緑化パネルを設置し，多様な植物の導入により四季が感じられる潤いのある緑地空間を創出している．

口絵11　住宅の事例（千葉県千葉市美浜区）
集合住宅の駐車場棟上の人工地盤の屋上緑化．高木・中木・低木の組合せにより住民に憩いの場を提供している．

口絵12　駐車場の事例（千葉県千葉市美浜区）
幕張メッセモール．市営地下駐車場の人工地盤上に多様な樹種を用いて発達した緑地空間を形成している．

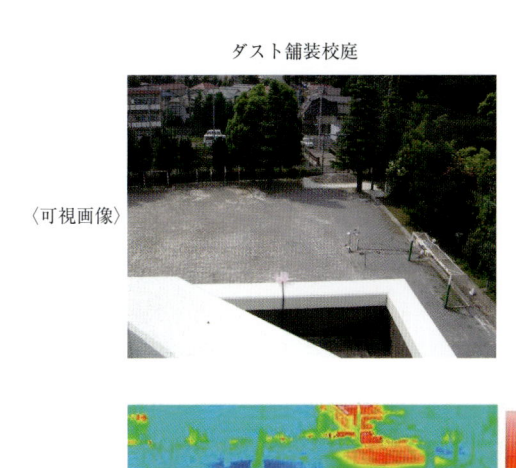

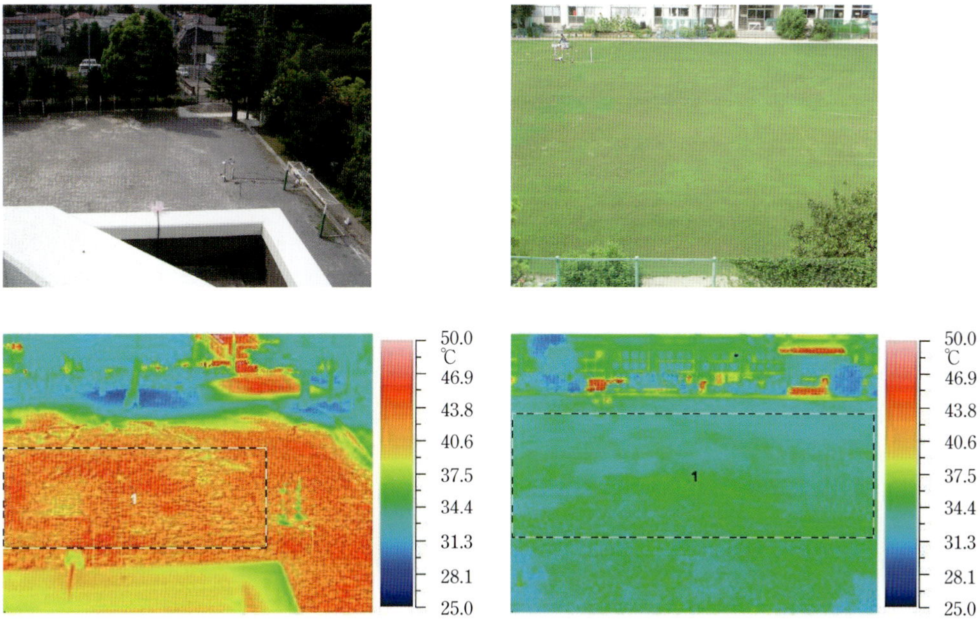

口絵13 芝生校庭とダスト舗装校庭の可視画像（上）と熱画像（下）（2005年8月17日13:30）（横山ら，2004）

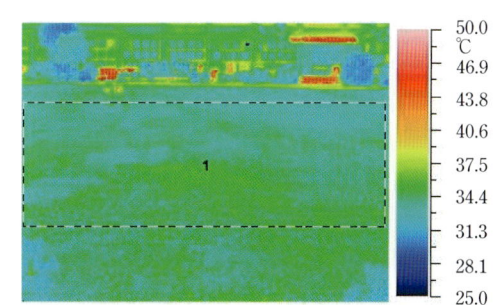

（熱画像内の点線内は表面温度解析領域）

口絵14 屋上緑化面の可視画像（左）と熱画像（右）
（2003年8月23日12:00）（横山ら，2004）

都市のヒートアイランドを緩和する対策が進められている．その一つが校庭の芝生化である（口絵13）．校庭は都市に残された貴重なオープンスペースであり，かつ地域に偏りなく設置されているので，都市の気候緩和対策を進めるうえで活用されるべきである．もう一つ期待されているのが屋上の緑化である（口絵14）．ただし，建物の耐荷重を上回る重さの緑化や，防水・防根処理が確実に施されていないと，かえって建物を傷めてしまう恐れがあるので注意が必要である（詳細は第5章参照）．

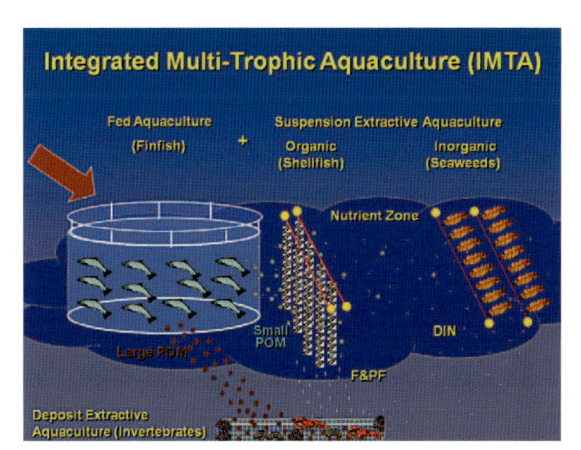

口絵15 IMTA概念図（Chopin, 2011）
IMTAとは，「多栄養段階統合養殖」とよばれるシステムで，集約的な養殖活動の結果生じる対象魚介類の残餌や排泄物による水質汚濁にも対処しようとする「エコ養殖」である（詳細は第8章参照）．

口絵16 褐藻カジメの海中林（伊豆鍋田湾）（横濱康繼氏撮影）
海洋の沿岸部には藻場（もば）とよばれる海中植物群落が形成されている．干潟と並んで海洋沿岸部の生物生産にきわめて重要な役割を果たしているが，そうした活動を通して海水を浄化し，海域環境の維持・保全に大きく貢献している（詳細は第8章参照）．

口絵 17　鉱山跡地（福井県内）
かつて重金属汚染問題は鉱山に起因することが多かった．日本では，1949 年に鉱山保安法が施行されてから重金属流出は厳しく管理されているが，鉱山跡地に存在する鉱さいの山では，いまだに植生が回復しない現実もみられる（詳細は第 9 章参照）．

大気から広範に拡散する放射性物質は，植生においては葉や幹，枝の表面に沈着する場合がある．東日本大震災に伴う東京電力福島第一原子力発電所の事故（2011 年 3 月 11 日）後に採取したスギの葉と樹皮にも，放射性物質が存在している（口絵 18）．これらが落枝落葉で地表面にもたらされると，有機物が分解されてセシウムが放出されるまで有機態で存在し，いずれ生態系の食物連鎖系に入ることが考えられる．こうした放射性セシウム汚染に対してファイトエクストラクションによる浄化を目指した研究が行われている．日本でもヒマワリが除染実験で用いられている．とくに高い吸収能力が報告されていたわけではないが，筆者らが福島で採取したヒマワリのなかには，非常に高濃度でセシウム 137 を蓄積している試料が見出された（口絵 19）．砂質土壌で栽培されていたヒマワリのため，土壌中のセシウムが比較的吸収されやすい形態で存在していたと推測される（詳細は第 9 章参照）．

口絵 18　福島県内で採取（2011）したスギにおける放射性物質の付着状況
上：写真，下：イメージプレート画像（黒い部分が放射性物質の存在を示す）．

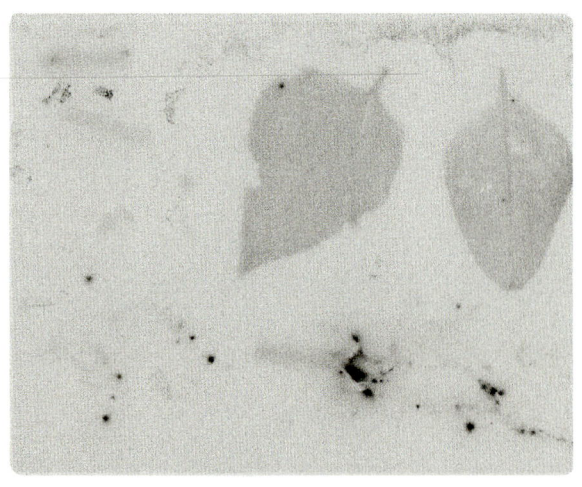

口絵 19　福島県内の砂質土壌に植栽されていたヒマワリ（2011 年）の各部位における放射性物質の存在状況
左：写真，右：イメージプレート画像（黒い部分が放射性物質の存在を示す）．

大気・水・土壌の環境浄化

みどりによる環境改善

戸塚　績 [編著]

小川和雄
大原正之
横山　仁
沖　陽子
有賀祐勝
竹中千里 [著]

朝倉書店

執筆者 (執筆順)

*戸塚　績	前国立公害研究所陸生生物生態研究室室長・前東京農工大学教授
小川和雄	前埼玉県環境科学国際センター
大原正之	(株) プレック研究所
横山　仁	(公財) 東京都環境公社東京都環境科学研究所
沖　陽子	岡山大学大学院環境生命科学研究科教授
有賀祐勝	(公財) 自然保護助成基金理事長・東京水産大学名誉教授
竹中千里	名古屋大学大学院生命農学研究科教授

(＊は編著者)

はじめに

　人間生活を取り巻く自然環境にはさまざまな植物が共存して生態系を構成している.
　植物は二酸化炭素と水を主な原材料として，太陽エネルギーを取り込んで光合成により有機物を合成して生活している．地球上に生存しているすべての動物（人間を含めて）は植物が生み出した有機物をエネルギー源として生活している．植物社会は陸上では森林群落や草本群落をはじめ，河川・湖沼などの陸水環境に適応した水生植物が，沿岸海域にはアマモなど海草類が繁茂したり，コンブやワカメなど食用として利用されている各種の海藻類など，さまざまな植物がそれぞれの環境条件に適応した集団を構成して生活している．それらの集団が大なり小なりわれわれの生活環境を保全して人間生活を下支えしている．人間生活に密接に関与して生活している植物たちを，われわれは，「みどり」と呼んで慣れ親しんできた．
　われわれの生活環境を改善し，維持している「みどり」の役割について，これまでも，数多くの著作や研究論文が著されてきている．例えば，森林の環境保全機能として水源涵養，国土保全，気候緩和，大気浄化，快適な生活環境形成など，その多面的な機能が取り上げられてきた．ところが，その解析には科学的根拠が不明確なままに主観的評価にとどまっていることが多い．植物の基本的生理機能を根拠として定量的に「みどり」の環境保全機能を論じたものは少なく，わずかに『図説　生活環境と緑の機能』（ロビネッティ，1978）が大気環境をはじめ各種陸上環境の改善のための植物の効用を科学的根拠に基づいて解説している（p. 20 コラム 3 参照）．水環境の改善に関しては土木工学的な手法を基にした水質改善事業が各地で進められているが，植物を利用した方法と比較して施設の維持管理のための経済的負担が大きい．
　わが国では，政府による高度経済成長政策が昭和30年代後半から強力に推進された結果，環境汚染問題が深刻化した．そこで昭和45（1970）年に公害対策基本法をはじめ，大気汚染や水質汚濁など環境問題解決のための各種法律が制定されて公害対策が産官学で強力に進められた．昭和49年10月に環境庁に創設された国立公害研究所では，昭和51年4月より本格的な研究活動が開始され，各種環境問題を幅広く取り上げて研究活動を推進した．生物系では植物学分野の研究者が植物に対する大気汚染の影響をはじめ，植物による大気浄化に関する特別研究に取り組んだ．それらの研究成果は同研究所研究報告（Rシリーズ）として公刊された（現在の国立環境研究所ホームページで閲覧可能）．これらの研究は都市に住む人々の生活環境を守るために安価で長持ちする「みどり」によるグリーンベルトを臨海工業地帯や高速道路の沿道に建設する際の科学的根拠を提供することに貢献した．
　産業界では，大気汚染物質の発生源対策が強力に進められるとともに一般家庭や都市公園では盛んに緑化が進められた結果，大都市の生活環境*は世界に誇れるほど劇的に改善

はじめに

された.現在の大気環境問題では粒子状汚染物質(エアロゾル,たとえばPM2.5)や光化学オキシダントの影響ばかりでなく,黄砂などの近隣諸国から飛来する越境大気汚染物質の影響の解明のためにかつて公害研究で得られた成果が,問題解決のために現在でも有効に生かされている.さらに二酸化炭素など温暖化物質による地球温暖化が世界的規模で検討されており,1980年代後半から公害問題をはじめ地球環境問題まで幅広く環境問題が研究対象とされるようになって,1990年に国立公害研究所が国立環境研究所に改称された.

編者は昭和40年代後半から植物に対する大気汚染の影響に関する研究を開始し,さらに公害研に移籍後もその研究を精力的に進めた.それらの一連の研究のなかで植物の大気浄化機能に関する成果を取りまとめて出版することを当初計画した.その企画段階で,大気環境に加えて生活環境における主要な自然環境である水環境と土壌環境とを含めて「みどり」の役割とその環境改善機能を植物の生理的機能を基礎として定量的に評価する手法を取りまとめるとともに,野外条件下で実践されている植生による環境保全効果の事例を1冊に取りまとめることになった.とくに土壌環境問題では2011年3月に発生した東日本大震災に伴う福島第一原子力発電所の事故で環境中に拡散された放射性汚染物質による土壌汚染問題の解決にも言及している.

編者はかつて環境問題について考えさせる一般市民向けの読本『きれいな水・空気・大地』(星の環会,2002)を出版した.この本は,将来日本を支えてゆく子供たちに環境問題を理解してもらえるよう期待して出版されたものである.今回出版されることになった本書は大気汚染,水質汚濁や土壌汚染問題など環境保全行政の担当者や造園関係の実務者,環境科学研究者のほかにこれから環境問題を勉強しようとしている学生や若手研究者にこれまで集積されてきた関連情報を提供しうるものと確信している.さらに一般市民の環境保全に対する意識の向上に資するとともに一般家庭におけるグリーンカーテンや庭の植栽を進める際の参考書としても活用されることを期待している.

2013年9月

編著者 戸塚 績

---

*公害対策基本法(現環境基本法)に定める「生活環境」とは,「人の生活に密接な関係のある財産ならびに人の生活に密接な関係のある動植物およびその生育環境を含むもの」と定義されている.

謝　辞

　第 2 章に採録した資料の大部分は，筆者がかつて昭和 50 年代に国立公害研究所（現国立環境研究所）に在職していた折に実施された，「陸上植物による大気汚染環境の評価と改善に関する基礎的研究」「植物の大気環境浄化機能に関する研究」による研究成果を採録したものである．これらの研究に携わった同研究所の旧陸生生物生態研究室所属の故古川昭雄，米山忠克，伊藤治，岡野邦夫，名取俊樹，清水英幸ならびに旧技術部所属の相賀一郎，大政謙次，故安保文彰，藤沼康美，町田孝の諸氏の名をここに記して，特別研究の推進に御尽力いただいたことに敬意を表するとともに，研究成果を採録させていただいたことに感謝の意を表する．　　　　　　　　　　　　　　　　　　　（戸塚　績）

　第 3 章に採録した資料の大部分は筆者が在籍した埼玉県公害センター（現埼玉県環境科学国際センター）において，1980 年代（昭和 57〜平成 4 年）に実施した行政委託研究「沿道大気汚染構造に関する研究」や公害センターでの公害防止研究「沿道緑地帯による大気浄化効果に関する研究」等による研究成果である．本研究の実施にあたり，困難なフィールド調査に長期間にわたって協力してくれた同僚の松本利恵，高野利一両氏に謝意を表する．さらに沿道大気汚染研究のきっかけを与えてくれた元気象庁気象研究所の故森口実氏に謝意を表する．　　　　　　　　　　　　　　　　　　　　　　　　（小川和雄）

　第 4 章の内容は，筆者が事務局の一員として携わった昭和 62〜63 年の環境庁（現環境省）の「大気環境に関する緑地機能検討会」（座長：故沼田眞千葉大学名誉教授）ならびに平成 3〜5 年の公害健康被害補償予防協会（現独立行政法人環境再生保全機構）の「大気浄化植樹事業推進検討委員会」（座長：戸塚績当時東京農工大学教授）で検討された内容・成果を採録したものである．ここに，環境省，独立行政法人環境再生保全機構，ならびに当時の検討委員会の座長・検討委員の先生方，そして業務としてこの分野に携わらせてくださった株式会社プレック研究所の会長杉尾伸太郎氏，社長杉尾邦江氏，専務故西田不二夫氏，ならびに同僚の中川有里氏に感謝の意を表する．　　　　　　　（大原正之）

　第 5 章には，2003（平成 15）年以降に東京都環境科学研究所において実施した研究成果が含まれているが，研究実施にあたり，ともに測定に取り組んでくれた同僚の山口隆子（現東京都環境局），安藤晴夫，ならびに基盤研究部長（当時）石井康一郎の各氏に深く感謝する．また，研究の実施にあたりご指導ご協力をいただいた日本工業大学の成田健一，竹中技術研究所の三坂育正（現日本工業大学），防衛大学校の菅原広史，千葉工業大学の松島大，東京農工大学の青木正敏，首都大学東京の三上岳彦（現帝京大学）の各氏に謝意を表する．とくに成田健一教授には本章全般にわたり貴重なコメントをいただいた．記して深く感謝申し上げる．　　　　　　　　　　　　　　　　　　　　　　　（横山　仁）

　第 6 章の図 6.5，6.6 は著者が在職していた東京農工大学における真田純子の卒業論文より引用したもので植物によるホルムアルデヒドの吸収量をわが国で初めて測定した結果で

謝　辞

ある．本実験の推進に伊豆田猛博士（現東京農工大学大学院教授）のご協力をいただいたことに謝意を表する．
（戸塚　績）

　第7章に採録した資料は，筆者が岡山大学農業生物研究所（現岡山大学資源植物科学研究所），岡山大学農学部および同環境理工学部に在籍していた1980年代から現在に至るまでに実施した行政依頼の受託研究，文部科学省科学技術振興調整費「外来植物のリスク評価と蔓延防止策」ならびに科研費等による研究成果である．本研究を実施するにあたり，雑草による水質浄化研究への門戸を開いてくださった恩師の故植木邦和京都大学名誉教授に深く謝意を表する．そして，隣接分野から専門的な知識と技法を授けてくださった足立忠司岡山大学名誉教授，現場におけるデータ収集と整理を支えてくれた岡山大学中嶋佳貴助教をはじめ，農学部および環境理工学部の卒業生を含めた研究室員一同に心より御礼申し上げる．さらに，文科省科学技術振興調整費による研究の機会を与えてくださった藤井義晴東京農工大学教授，現場を提供してくださった農水省中国四国農政局，岡山県ならびに岡山市，また環境浄化植物サンパチェンスの共同研究をご支援頂いた株式会社サカタのタネに深く謝意を表する．
（沖　陽子）

　第8章の執筆にあたって，ホンダワラ類の光合成と生産力に関する資料についてご教示くださった独立行政法人水産大学校の村瀬昇博士にお礼申し上げる．
（有賀祐勝）

　第9章で取り上げた土壌中の重金属の存在形態およびタカノツメの事例は，名古屋大学農学部および大学院生命農学研究科に在籍した稲葉尚子，金谷正太郎，小林元晴，早川奈央子の諸氏による研究成果を採録させていただいた．また，放射性物質動態の事例については，試料採取に際して，福島県伊達市霊山こどもの村および伊達郡川俣町の皆様に大変お世話になった．ここに深く感謝の意を表する．
（竹中千里）

　本書の出版に際しては朝倉書店編集部に大変お世話になった．また，国立環境研究所環境情報部情報管理室の宮下七重図書・文献情報専門職には関連文献の検索で大変お世話になった．ここに記して謝意を表する．

　本書が環境保全行政の推進や一般市民による生活空間の環境改善のための参考資料として活用されたり，将来を担う若手研究者や学徒による生活環境保全のための研究にいささかでも寄与出来れば幸いである．

　2013年9月

執筆者一同

目　　次

第1章　総　　論 ────────────────────────────── [戸塚　績] ― 1
　1.1　陸上植物による環境改善 ………………………………………………… 1
　　1.1.1　陸上植物の環境保全機能　　1
　　1.1.2　有害金属による土壌汚染環境の改善　　4
　1.2　水生植物による水環境改善 ………………………………………………… 4
　　1.2.1　河川，湖沼などの水環境浄化　　4
　　1.2.2　沿岸海域における水質汚濁の改善　　5

第2章　植物の大気浄化機能 ──────────────────── [戸塚　績] ― 6
　2.1　植物のガス吸収機構 ………………………………………………………… 6
　　2.1.1　植物個葉におけるガス吸収機構　　6
　　2.1.2　物体表面におけるガス沈着速度　　8
　　2.1.3　ガス吸収能の植物種間差異　　10
　　2.1.4　大気浄化植物の検索　　10
　2.2　単木のガス吸収能 …………………………………………………………… 13
　　2.2.1　単木のガス吸収能の評価法　　13
　　2.2.2　光合成量（CO_2吸収量）の推定　　13
　　2.2.3　単木の総葉量の評価　　14
　　2.2.4　単木の汚染ガス吸収能の評価　　14
　2.3　植物群落による汚染ガス吸収量の測定例 ………………………………… 16
　2.4　ヒマワリ群落による大気浄化効果についての試算 ……………………… 19
　2.5　緑地の大気浄化能評価のためのモデル式の開発 ………………………… 21
　2.6　緑地の大気浄化能力の評価 ………………………………………………… 22
　2.7　大気浄化に適した植物 ……………………………………………………… 22

第3章　植栽による大気浄化機能の評価 ────────────── [小川和雄] ― 26
　3.1　大気汚染の実態と特徴 ……………………………………………………… 26
　　3.1.1　二酸化窒素，浮遊粒子状物質による大気汚染の実態　　26
　　3.1.2　大気汚染の特徴　　28
　3.2　都市緑地による大気浄化測定例 …………………………………………… 29
　　3.2.1　小面積で放置された二次林の窒素酸化物濃度低減効果　　29
　　3.2.2　大面積で管理された二次林の窒素酸化物濃度などの低減効果　　30
　　3.2.3　都市緑地によるNO_2，SPM濃度の低減　　33

3.3 沿道植栽による大気浄化測定例 ·· 33
      3.3.1 主として常緑樹からなる上尾運動公園沿道緑地帯　34
      3.3.2 落葉樹からなる与野公園沿道緑地帯　37
      3.3.3 沿道緑地帯のある都市公園内の NO_2 濃度低減範囲　39
   3.4 沿道汚染対策としての緑地帯の評価 ·· 40
   3.5 局地的大気汚染対策としての沿道緑地帯の条件 ·································· 41

第4章　大気環境改善のための緑地の整備　────────［大原正之］── 43
   4.1 沿道緑地帯の整備 ·· 43
      4.1.1 沿道緑地帯の大気汚染低減効果のメカニズムと関連要因　43
      4.1.2 沿道緑地整備における配慮事項　44
      4.1.3 沿道植栽帯の事例　47
   4.2 建築空間における緑地の整備 ·· 50
      4.2.1 都市域における緑地の現状と建築空間緑化への期待　50
      4.2.2 建築空間における緑化上の課題と配慮事項　51
      4.2.3 屋上緑化・壁面緑化の事例　54

第5章　都市気候緩和機能　──────────────────［横山　仁］── 57
   5.1 都市緑地による気候緩和機能のメカニズム ····································· 57
   5.2 都市緑地による気候緩和効果の実測例 ··· 59
      5.2.1 大規模緑地　59
      5.2.2 校庭芝生化　61
      5.2.3 屋上緑化　61
   5.3 緑被率や緑地の規模・配置と気候緩和効果の関係 ···························· 64
   5.4 緑もストレスを受けている ··· 65

第6章　室内空気汚染環境の改善　───────────────［戸塚　績］── 68
   6.1 室内空気汚染とは ·· 68
   6.2 暖房器具からの汚染ガスの排出 ··· 70
   6.3 室内汚染物質の植物による吸収 ··· 70
      6.3.1 ホルムアルデヒドの植物による吸収実験　71
      6.3.2 植物による室内の CO_2 吸収・削減効果　73

第7章　淡水域の水環境浄化機能　───────────────［沖　陽子］── 75
   7.1 富栄養化と自然浄化能力 ·· 76
      7.1.1 自然水域の水質の実態と保全対策　76
      7.1.2 富栄養化の概念　77
      7.1.3 自然浄化機能と水質浄化作用　77

7.2 植生の水質浄化機能とバイオマスの後利用 ……………………………… 78
  7.2.1 植物の水質浄化作用　78
  7.2.2 植物の窒素およびリン吸収能力　79
  7.2.3 水生植物の生活型と栄養塩吸収能力　80
  7.2.4 栄養塩吸収能力以外の水質浄化能力　81
  7.2.5 水質浄化に適した植物　83
  7.2.6 水質浄化効率と環境要因との関係　85
  7.2.7 バイオマスの後利用　87
 7.3 具体的な事例紹介 ………………………………………………………… 88
  7.3.1 岡山備前市日生町における水質浄化施設　89
  7.3.2 児島湖人工干潟におけるビオトープ創成ならびに水質浄化　90
  7.3.3 岡山県干拓地の農業用排水路における水質浄化　91
  7.3.4 有用植物を用いた生活排水の循環・共生型水質浄化システムの開発　93

第8章　海水域の水環境浄化機能 ──────────────────[有賀祐勝]── 96
 8.1 海藻草類の水環境浄化機能 ……………………………………………… 96
  8.1.1 藻場を構成する海藻草類の働き　96
  8.1.2 海水中の炭酸物質　96
  8.1.3 海藻草類の寿命　97
  8.1.4 藻場の衰退と荒廃　97
 8.2 水環境浄化に適した海藻草類 …………………………………………… 98
  8.2.1 海藻草類の環境浄化能の基礎　98
  8.2.2 海藻草類の現存量　98
  8.2.3 海藻の光合成能力と生産力　98
  8.2.4 海藻の有機物生産力（一次生産力）　100
  8.2.5 海草の光合成能力と生産力　102
  8.2.6 海水浄化に適した海藻草類　102
  8.2.7 海藻による海水の浄化能力の試算　103
 8.3 海藻草類を活用した水環境浄化事例と課題 …………………………… 104
  8.3.1 海藻草類藻場の回復・復活と造成　104
  8.3.2 複合養殖　104
  8.3.3 多栄養段階統合養殖　105
 8.4 CO_2貯蔵庫としての海洋と海藻の有効利用 ……………………………… 106

第9章　土壌環境浄化機能 ───────────────────────[竹中千里]── 109
 9.1 重金属による土壌汚染 …………………………………………………… 109
  9.1.1 重金属による土壌汚染の現状　109
  9.1.2 重金属汚染土壌の影響　111

  9.1.3 汚染土壌の浄化方法 112
9.2 植物を用いた重金属汚染土壌の浄化 …………………………………… 112
  9.2.1 浄化に利用できる植物の機能 112
  9.2.2 ファイトエクストラクション 113
  9.2.3 ファイトスタビライゼーション 120
  9.2.4 ファイトボラティリゼーション 121
9.3 放射性物質汚染土壌の浄化 …………………………………………… 121
  9.3.1 放射性物質汚染の現状 121
  9.3.2 土壌中の放射性セシウムの存在形態 123
  9.3.3 放射性セシウムを吸収・蓄積する植物 124
9.4 土壌浄化の課題 ………………………………………………………… 126

資料編 ——————————————————————— 131

索　引 ——————————————————————— 147

1 総論

わが国では昭和30年代後半から政府による高度経済成長政策が推進された結果，環境汚染が深刻化し，いわゆる公害問題が大きな社会問題となり四大公害裁判などへと発展していった．そこで1970年（昭和45）に大気汚染や水質汚濁など環境汚染問題解決のための各種法律が制定されて公害対策が産官学で強力に進められた．

文部省（当時）では1977（昭和52）年度から科学研究費による特別研究「環境科学」がスタートし，大気環境問題では1977～1978（昭和52～53）年度成果をとりまとめた「気圏と人間活動」研究資料として全5巻が公刊された（山本義一，1979）．さらに組織改正により名称変更になった文部科学省では「重点領域研究―人間環境系の変化と制御」において1987（昭和62）年度から3年間にわたり実施された「自然浄化機能の定量的把握」に関する研究（代表：宗宮功）による成果が「自然の浄化機構」として1990（平成2）年に出版された（宗宮，1990）．1974（昭和49）年には環境庁設置法に明記された国立公害研究所（現国立環境研究所）が創設され，環境問題の解決に専門的に取り組む国立の試験研究機関が1976（昭和51）年度から本格的な活動を開始した．

本章では陸域および水域におけるみどりによる環境改善機能を概説し，第2章以下の各章において環境保全に対するみどりの重要性を浮き彫りにすることを試みた．

植物は光合成により炭酸ガスと水から有機物を合成し，酸素を供給する機能をもち，地球上に生存するすべての生物を育む基礎となっている．植物は，群落のような集合体として生活するものばかりでなく孤立生活をしているものでもわれわれの生活をとりまく生活環境の悪化を防止したり，快適環境を維持する生活環境保全機能をもっている．

1.1 陸上植物による環境改善

1.1.1 陸上植物の環境保全機能

陸上植物のなかで地球上の全陸地面積（135億ha）の31%を占める森林（2010年時点で40.3億ha）は地球温暖化の原因といわれている大気中のCO_2を吸収除去して地球規模の環境保全に貢献している（国連食糧農業機関，2010）．さらに各家庭でつる植物を利用したグリーンカーテンで室内に侵入する夏の強い日射を避けるなど植物の環境保全機能は多岐にわたっている．只木（1990）は植生の環境保全機能として表1.1のように整理している．

このように多面的な環境保全機能をもつ森林が，主に農地への転用や薪の過剰採取のため，毎年全世界で日本国土の14%にあたる520万ha（2000年から2010年までの平均）ずつ減っている（環境省，2011）．

表 1.1 植生の環境保全機能（只木，1990 より作成）

気象緩和	気温条件緩和，地温条件緩和，湿度調節，木陰，防風，防霧，熱汚染緩和
水保全	水量平準化，水質良化，降水増加
侵食防止	水食防止，風食防止，雪食防止
自然災害防止	山崩れ防止，洪水害防止，干害防止，風害防止，飛砂害防止，潮害防止，吹雪害防止，雪崩害防止，落石防止
防火	延焼阻止，災害時避難地としての利用
大気浄化	二酸化炭素吸収と貯留，酸素供給源，汚染物質吸収，塵埃吸着
騒音阻止	
環境指標	
生物種保全	野生鳥獣魚保護，外来生物種侵入阻止
保健休養・風致	薬効物質揮散，精神安定，保養の場，行楽・娯楽・スポーツの場，景観・風景の構成，風土の風格，快適性提供，プライバシーの保護
教養・教育	情操培養，教育の場と材料提供，芸術・科学の材料

陸上植物には，環境を悪化させる要因を生活環境に侵入する前に物理的に遮断あるいは軽減する機能がある．陸上環境，たとえば防音，防風，防雪，防火，防熱，飛砂防止，防潮，防霧に対する機能は植物群落を構成する植物の種類や群落構造によってその効果が左右される．同様に土砂流失防止機能には植物の地下器官（根）の土中における張り方が問題となる．

只木（1990）は森林開発に伴う植生の環境保全機能低下の量的評価を試みた例として，1998（平成 10）年の冬季オリンピックの男女滑降・スーパー大回転コースの候補地とされた志賀高原岩菅山西斜面で，コースの開発に伴う自然への影響を長野県が調査した結果を報告している．その報告のなかで各種植生別の環境保全機能の量的評価点が表 1.2 にまとめられている．

この試みでは機能のすぐれたものを 5 点として 5 段階に相対評価しているが，評価法については確かな根拠・裏づけを欠いており，調査に携わった 16 名の専門家の意見を整理してまとめたものとのことである．機能評価の手法の精緻化については今後の研究が期待される．

かつて農林省では農林地や農地生態系がもつ環

表 1.2 岩菅山西斜面における植生別，環境保全機能の相対的評価（只木，1990）

	水量平準化		水質良化	水食防止	風食防止	雪食防止	山崩防止	雪崩防止	落石防止	野生生物	外来生物阻止	景観風景
	洪水防止	干害防止										
自然植生												
D. ハイマツ群落	1	1	1	2	4	3	4	3	4	4	2	5
S. ササ群落	2	2	2	3	4	4	4	2	4	3	4	2
B. ダケカンバ林	4	4	3	3	3	4	3	3	3	4	3	4
A. オオシラビソ・ダケカンバ林	4	4	3	3	4	4	3	4	3	4	3	5
F. ブナ林	5	5	5	5	3	5	5	5	5	5	5	5
M. 針広混交林	4	4	4	5	3	4	4	4	4	5	4	5
T. トチ・サワグルミ林	5	5	5	5	3	5	5	5	5	5	4	5
W. ヤナギ林	5	4	4	5	3	3	3	3	3	5	4	5
代償植生*												
b. ダケカンバ林	3	3	3	3	4	4	3	3	3	3	3	3
a. オオシラビソ・ダケカンバ林	3	3	3	3	4	3	3	3	3	3	3	4
s. ササ群落	2	2	2	3	4	4	4	2	4	3	4	2
l. 広葉樹混交体	4	4	4	4	4	4	4	4	4	4	4	4
その他												
・裸地・崩壊地	1	1	1	1	1	1	1	1	1	1	1	1
付．スキーコース	1	1	1	2	2	2	2	1	1	2	1	1
機能重要度	5	3	5	5	3	3	4	4	3	4	3	5

*自然植生が人間によって置き換えられてできた植生をいう． (5点満点)

表1.3 農林生態系の環境保全機能評価(松本, 1990)

環境保全機能とその内容	生態系*									
	自然林地	人口林地	自然草地	牧草地	水田	普通畑	樹園地	水域	施設	市街地
大気組成改善(CO_2呼吸機能)	3.8	3.6	2.9	3.0	2.9	2.6	2.5	2.1	0.7	0.4
大気組成改善(CO_2固定機能)	4.0	3.9	2.1	2.2	2.0	2.0	2.3	1.6	0.5	0.3
大気浄化(SO_x, NO_x吸着・沈着機能)	3.7	3.4	2.1	2.1	2.4	2.3	2.6	1.7	0.3	0
大気浄化(煤塵のろ過,呼吸機能)	3.6	3.9	2.1	2.1	2.6	2.3	2.7	2.3	0.1	0
気候緩和(気温,湿度,風力の調節)	3.8	3.7	2.1	2.0	2.5	2.2	2.6	2.6	0.4	0.7
防音	3.8	3.5	1.7	1.5	1.6	1.6	2.3	1.6	0.4	0
洪水防止(流出量調節機能)	3.9	3.8	2.9	2.5	3.1	2.3	2.2	3.0	0	0
水源涵養(渇水の緩和)	4.0	3.8	2.7	2.5	3.0	2.1	2.2	3.7	0	0.2
水質浄化(自浄,濾過,吸着)	3.8	3.5	3.3	2.6	2.9	2.7	2.3	3.3	0.2	0
土砂崩壊防止(傾斜地の土塊固定)	3.8	3.6	3.1	2.9	3.3	2.2	2.9	0	2.0	2.1
表面浸食防止	3.9	3.5	3.4	3.1	3.5	2.1	2.7	0	2.0	2.0
地盤沈下防止	2.3	3.1	2.7	2.6	3.2	2.1	2.4	0.7	0.5	0
汚染物浄化(土壌による重金属の不動化,微生物分解)	3.4	3.3	2.9	3.0	3.2	3.2	2.5	1.6	1.7	0.3
防災(災害発生の防止)	3.7	3.5	3.0	2.7	3.2	2.9	3.2	2.9	0.9	0
防災(避難場所の提供)	3.4	3.6	3.7	2.7	2.8	3.8	3.7	1.6	0.9	0
景観維持	4.0	3.4	3.8	3.2	3.0	2.8	3.1	3.8	0.6	0.3
レクリエーション空間の維持	3.8	3.3	3.8	3.5	1.5	1.9	2.7	3.6	0	0
生物相の保護(野生動物植物の種類・密度の維持)	4.0	3.1	2.7	2.0	2.0	1.8	2.0	3.6	0	0
有害動植物防止(有害動植物の発生の防止)	2.8	2.3	2.3	2.5	2.4	2.4	2.3	2.3	0.9	2.0

*4:機能がきわめて大きい,3:やや大きい,2:やや小さい,1:きわめて小さい,0:まったくない.

境保全機能について有識者による聞き取り調査(デルファイ法*1)によって定量的評価を試みた農林水産技術会議事務局(1977)の報告を松本(1990)が表1.3のようにまとめている.ここに示されている数値には論理的裏づけはないので,表1.2に示した評価点と類似の精度をもつものと考えておくべきものである.数量的評価法の開発に関連した成果の一つとして松尾ら(1992)が農林地の大気浄化効果について報告しているが,その他の環境保全機能の数量的評価法の開発は今後の検討課題である.

一方,植物の基本的生理機能に基づく環境改善機能としては,環境中の汚染物質を植物体内に取り込む浄化機能として大気浄化,水環境浄化,土壌浄化がある.わが国では硫化鉱精錬所周辺における大気汚染による植物被害について,すでに明治時代から日本各地の硫化鉱精錬所周辺で樹木の生育状況を調査して大気汚染と植物の抵抗性との関係を検討している(倉田,1955).また,農林省林業試験場(1971)が都区内20ヵ所の公園緑地を対象に都市域における二酸化硫黄濃度と樹木の生育状況を調査し,樹種による相対的抵抗性の樹種間差異をまとめている(只木,1979).これらはいずれもわが国における大気汚染の植物影響についての研究の古典であり,今日でもその成果は樹木の環境改善機能を検討するうえで有益な情報源として活用されうるものである.

国立公害研究所では1976(昭和51)年度より大気汚染の植物影響に関する研究に取り組み,植物の大気浄化機能の定量的評価法の確立を目指した.それらの研究成果は同研究所研究報告として公刊されている*2.

本書の第2章では主として上述の研究成果の概要を紹介し,第3章では都市域の沿道や公園緑地に植栽された植物集団による大気浄化効果を野外調査で検証した結果を紹介している.さらに第4

---

*1 デルファイ法:多くの専門家がそれぞれ独自に意見を出し合い,それを相互に参照し再び意見を出し合う,という作業を繰り返し行うことで,意見を収斂させ,未知の問題に対し確度の高い見通しを得るための方法.米国の研究機関ランドコーポレーションが開発した.

*2 研究所のホームページで研究報告をクリックするとPDFファイルで閲覧できる.

章では都市における大気浄化を目的とした緑地造成のあり方についてまとめ，第5章では現在都市域で問題となっているヒートアイランド現象[*3]を緩和するのに緑地がどの程度貢献しているかを検証している．第6章ではシックハウス症候群（欧米ではシックビル症候群；SBSと略称）とよばれている室内における空気汚染環境問題の改善のための植物の利用をとりまとめた．

1.1.2 有害金属による土壌汚染環境の改善

かつて富山県婦中町（現富山市）を流れる神通川流域の住民の間に1910（明治43）年ごろから原因不明の奇病が発生し，1940年代に発病患者数がピークとなった事件が大きな社会問題になったことがある．その後1968（昭和43）年に，食品に含まれていたカドミウムが原因と判明した．神通川の上流にあった鉱山から排出されていたカドミウムが生物濃縮により魚類に蓄積され，下流域の住民がその魚類を常食していたために人体にカドミウムが蓄積され，体内でのカルシウム代謝異常により骨石灰化不全（骨軟化症）となり骨折するという症状を発現した．発症した患者が「イタイイタイ」といって死んでいったことからイタイイタイ病と命名された．

それとは別に亜鉛や銅精錬所周辺の水田で栽培されていた水稲中の玄米から高濃度のカドミウムが検出され，収穫物の米が出荷停止となった．環境庁が環境基本法に土壌汚染にかかわる環境基準をとりまとめている．現在でもカドミウムは多くの工業製品の製造原料として利用され，その製品が日常生活で広く利用されており，最終的に廃棄物となって製品に含まれていたカドミウムが土壌，河川・湖沼や沿岸海域に拡散している．

一方，熊本県水俣湾や新潟県阿賀野川流域での有機水銀が原因の水俣病は，工場からの排水に含まれていたメチル水銀が生物濃縮によって魚介類に濃縮され，その魚介類を食べていた住民に水銀中毒症状が発現したものである．この2つの水俣病は大気汚染による四日市ぜんそくや上述のイタイイタイ病を含め，市民からの提訴による四大公害裁判として大きく注目された．水銀による土壌汚染は世界各地で現在でも重大な土壌汚染問題の一つとなっている．

最近では，東京電力福島原子力発電所の事故により生活環境にばらまかれた放射性物質による土壌汚染が重大な社会問題となっている．また，東京都築地市場の港区豊洲への移転では，移転先の東京ガス跡地の重金属による土壌汚染が問題となっている．このように，わが国でも土壌の重金属汚染がしばしば問題となっている．第9章では植物による土壌汚染の改善法を概説し，植物による重金属汚染除去技術（バイオレメディエーション）についても最近の研究成果を紹介している．

◇ 1.2 水生植物による水環境改善 ◇

1.2.1 河川，湖沼などの水環境浄化

水環境の浄化問題では，研究対象が水質浄化と底質浄化の両面に区分される．汚染源としては，工場排水や生活雑排水など排出源が特定できる点源負荷と，農地に撒いた肥料などが雨水に溶け込んで少しずつ河川に流出してくるような面源負荷がある．水生植物の水質浄化に果たす役割は沈殿促進効果，ろ過作用，付着生物の生育場所提供などの物理的効果と，植物体による窒素やリンといった栄養塩の吸収除去など水生植物の生理的機能に関する効果に分類される．

物理的効果としての沈殿については水生植物の根の間や底質に蓄積していくものが対象となるので永続的なものでなく，それらの蓄積物が降水により下流域に押し流される．また植物の生理的機能や生長に注目した浄化対策に関する研究では，

[*3] ヒートアイランド現象：都市域の気温が近郊地域のそれに比較して著しく高くなる現象．

窒素やリンなどの水生植物による吸収速度が植物の種類や植栽される場所の状況により変化することが利用されている．近年では，水生植物の収穫による栄養塩の系外持ち出しとバイオマスとしての有効利用の観点から環境改善への植物の貢献についても検討されている．本件に関しては第7章に詳述されている．

1.2.2 沿岸海域における水質汚濁の改善

東京湾や大阪湾などの内湾は，一般的に背後に生活基盤の住宅や工業施設が立ち並び，複数の流入河川をもち，外洋の影響を直接に受けにくい半閉鎖性の穏やかな海域である．そのため，外洋と内湾の海水との交換が滞り，生活雑排水や工場から放出される廃水などによって海水の水質汚濁が進行して赤潮が発生し，魚類の大量死を引き起こすことなどがしばしば報じられている．

わが国では1993（平成5）年に海域の環境基準に窒素，リンが追加された．わが国の代表的内湾の東京湾における全窒素濃度の経年的推移は東京都内湾に位置する東京国際空港北側付近の値がもっとも高く，次いで隅田川河口部大井ふ頭付近で高い．東京内湾に入りその値が若干低くなっている（風間・安藤，2010）．そのため都内湾において赤潮がしばしば発生しており，魚類の大量死が社会問題となっている．このような状況をどのように改善するかその手法の開発が現在も喫緊の課題となっている．第8章では沿岸海域における海藻草類の環境浄化機能について紹介している．

[戸塚 績]

文 献

環境省（2011）：環境白書，p. 43.

風間真理，安藤晴夫（2010）：東京都の内湾における窒素汚染の実態，地球環境，**15**（2），171-178.

倉田益次郎（1995）：煙害地の早期復旧に関する研究（1）—煙害地に耐える草と木，第64回日輪講，264-267.

国連食糧農業機関（2010）：世界森林資源評価2010—主な調査結果，11p，国際農林業協働協会.

松本 聡（1990）：土壌農地における自然浄化機能（自然の浄化機構，宗宮 功編著，252p，技報堂出版），pp. 63-84.

松尾芳雄，三宅 博，青木正敏（1992）：大気浄化機能からみた農林業的土地利用の存在効果，農土誌，**58**（2），131-137.

林業試験場（1971）：保健保全林—その機能，造成，管理，林試研報，**239**，1-139.

宗宮 功編著（1990）：自然の浄化機構，252p，技報堂出版.

只木良也（1979）：森林生態系への影響（気圏と人間活動 第5巻，山本義一編，文部省研究資料「昭和52-53 環境科学」）pp. 54-71.

只木良也（1990）：開発に伴う植生の環境保全機能低下の量的推定の試み，環境科学年報（信州大学），**12**，36-45.

山本儀一編（1979）：気圏と人間活動—文部省研究資料（昭和52-53 環境科学），全5巻.

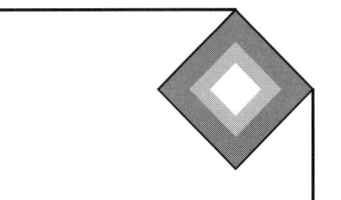

2　植物の大気浄化機能

◆　**2.1　植物のガス吸収機構**　◆

2.1.1　植物個葉におけるガス吸収機構

一般に植物の葉の表面には気孔とよばれる小孔が1 mm^{2}あたり100〜400個ある．主として日中にこの小孔を通して空気中のCO$_2$を葉内に取り込み光合成で炭水化物を生産している．同時に体内の水分を放出して，体温を調節したり根から養分を吸収する原動力を生み出している．

気孔の数や構造は植物の種類によって異なる．図2.1に草本植物の葉の断面の模式図を示す．気孔は周囲の環境条件により開いたり閉じたりする．その開き具合（これを気孔開度という）が植物をとりまく環境条件，とくに明るさに応じて調節され，植物の水分欠乏を防ぎながら，最適な成長を示すように植物体のガス交換を制御している．そのようなガス交換の際に空気中に含まれる大気汚染ガスが植物体に取り込まれる．

一方，植物の葉面はクチクラ層とよばれる組織で覆われ水分の過度な放出を抑制しているが，大気汚染ガスもその表面に吸着される．したがって植物は気孔から葉内に汚染ガスを吸収したりクチクラ層で吸着したりして植物をとりまく大気を浄化している．この吸収と吸着を合わせて収着という．吸着量は気孔を介しての吸収量に比較して著しく少ない．

Gaastra（1959）は，CO$_2$の葉内への吸収についてガス拡散原理に基づいて大気中濃度と葉内（気孔底部）における濃度との差をガス吸収経路における拡散抵抗で割った次式で表している．

$$J_{gas} = \frac{C_{air} - C_{leaf}}{R_{air} + R_{stm}} \quad (2.1)$$

この式でJ_{gas}は植物葉のガス吸収速度，C_{air}とC_{leaf}はそれぞれ大気と葉内の気孔底におけるガス濃度，R_{air}とR_{stm}はそれぞれ葉面境界層抵抗（表皮抵抗）と気孔開度により変化する気孔拡散抵抗を示す（図2.1）．

R_{air}とR_{stm}の両数値は小さいほどガス拡散が容易であることを示す．$(R_{air} + R_{stm})$の逆数を拡散コンダクタンスとよび，気孔開度の指標となる．その値が大きいほどガス吸収が容易であることを示す．葉面境界層（表皮）における拡散抵抗R_{air}

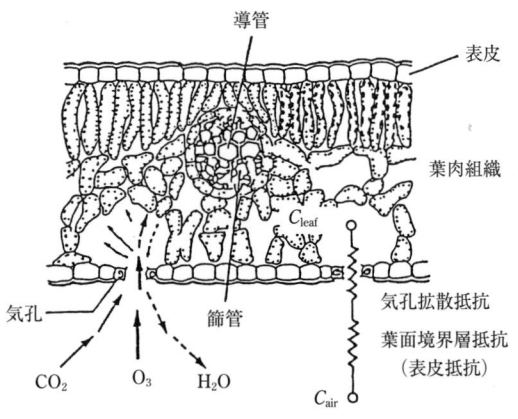

図2.1　ガス拡散過程の模式図（古川，1987）

2.1 植物のガス吸収機構

表 2.1 種々の植物の水蒸気に関する最小気孔抵抗 r_s と表皮抵抗* r_e（大政，1979）

植物名	r_s (s/cm)	r_e (s/cm)
草本植物		
モンテンジクアオイ	0.75	75
コムギ	0.25	17
シロツメクサ	0.33	16
ワタ	0.9〜1.3	32
テンサイ	1.5〜1.7	35〜40
8 種類の作物	0.7〜2.3	
インゲンマメ	0.5〜1.5	
ソラマメ	0.5〜2.0	
Circaea luteriana（ミズタマソウ属）	9.2〜16.1	41〜140
Lamium galeobdolon（オドリコソウ属）	7.6〜11.3	17〜40
木本植物		
Betula verrucosa（シラカンバ属）	0.9〜1.4	56〜83
ヨーロッパヤマナラシ	2.3	
ノルウェーカエデ	4.7〜13.9	85〜140
ヨーロッパナラ	6.7〜14.6	150〜460
ヨーロッパアカマツ	2.0	
オレンジ	1.0〜3.0	
Populus sargentii（ハコヤナギ属）	4.0	
モミジバフウ		
ユリノキ	4.0〜6.0	
タイサンボク		
Quercus velutina（コナラ属）		
Picea sitchensis（トウヒ属）	3.0〜8.0	
Pinus resinosa（マツ属）		
幼葉	2.7〜4.0	
一年葉	7.0〜9.0	

*表皮抵抗は葉面境界層抵抗ともよばれる．

は R_{stm} の値と比較して著しく大きく，風速が 0.5 m/s 以上ではほぼ一定となる．したがって $(R_{air} + R_{stm})$ の値は主として気孔拡散抵抗の変化を表しているといえる．表 2.1 に各種の草本植物と木本植物における測定例を示す．表中の気孔抵抗は気孔がほぼ全開しているときの値と考えられる．

a. 植物の汚染ガス吸収に伴う障害の発生

植物の体内に吸収された汚染ガスが少量の場合には葉に障害を与えないが，吸収量が多くなると葉の構造や生理作用にさまざまな悪影響を与える．汚染ガスの種類や濃度によっても異なるが，植物が体内に侵入した汚染ガスを解毒できる程度の吸収量であれば植物は肉眼で観察できる障害（これを可視障害という）は受けない．しかし，高濃度の汚染ガスに暴露されると短時間で植物体に可視障害が発生する．植物は二酸化硫黄（SO_2）やオゾン（O_3）など植物に対する毒性の強いガスにさらされると，比較的高濃度のときは短時間で葉の表面に肉眼で観察されるような障害が現れる．SO_2 の場合，ヒマワリやホウレンソウなど葉の柔らかな広葉の草本植物では，葉の一部にはじめは光沢が出たり，水が染み込んだような症状が現れ，その部分が後に白色や褐色に枯れたり，落葉しやすくなる．

最近では SO_2 や NO_2 の大気中濃度が適切な公害対策により著しく低くなっており，可視障害の発現はほとんど観察されていない．しかし，臨海工業地帯など都市域では光化学スモッグの主成分である O_3 による大気汚染はいまだに改善されておらず，植物に障害の発生がしばしば観察されている．O_3 による植物の可視障害として，アサガオ，タバコ，トマト，ナンキンマメなどでは葉の表面に白色の細かい斑点が現れる（野内，2001）．ネギの葉ではまず葉先に小斑点が現れ，後で葉先が白く枯れる．マツの葉では針葉の中間部分に黄色あるいは黄褐色の輪状斑点が現れる．

これらの被害症状は主に葉面から体内に侵入した汚染ガスが細胞のなかで営まれている種々の化学反応を阻害し，細胞膜や葉緑体を破壊するためである．植物の汚染ガスに対する抵抗力は葉面から取り込まれるガス吸収量の差異，体内に吸収された汚染ガスを無毒化する解毒作用の強弱，葉を構成している組織自体の抵抗力によって変化する．たとえば農作物のうちで，葉の軟弱な野菜類は一般に抵抗力が弱く，ツバキやサカキのように厚くて硬い葉をもつ樹木類は抵抗力が強い．草本植物のなかでは，概して汚染ガス吸収能力の高い種類のほうが抵抗力が弱い．Furukawa et al.（1980），古川（1987）は 25 種類の草本植物と 4 種類の木本植物について 2.0 ppmSO_2 を 4 時間暴露したとき，葉面に発現する可視障害度（1 枚の葉面において可視障害が発現した面積の割合；%）と，積算 SO_2 吸収量との関係を報告している（図 2.2）．

試験した多くの植物でガス吸収量が多いと思われる植物ほど可視障害度も大きかった．葉に可視障害を受けると葉はガスを吸収できなくなる．したがって，街路樹や緑地帯の植物をエアーフィルターとして利用する場合には，汚染ガス吸収能が高く，しかも障害を受けにくい植物を選定することが望ましい．

2.1.2 物体表面におけるガス沈着速度

一般に物体表面に汚染ガスが吸収・吸着（以後これを収着とよぶ）される速度 F（mg/cm²·s）は次式で求められる．

$$F = Vd \cdot C \tag{2.2}$$

ここで Vd はガス沈着速度（cm/s），C は汚染ガス濃度（mg/cm³）を示す．すなわち，ガスの沈着速度は物体におけるガスの収着速度を汚染ガス濃度で割った値となる．また，沈着速度は物体表面上で鉛直方向のガス濃度，気温，湿度，風速

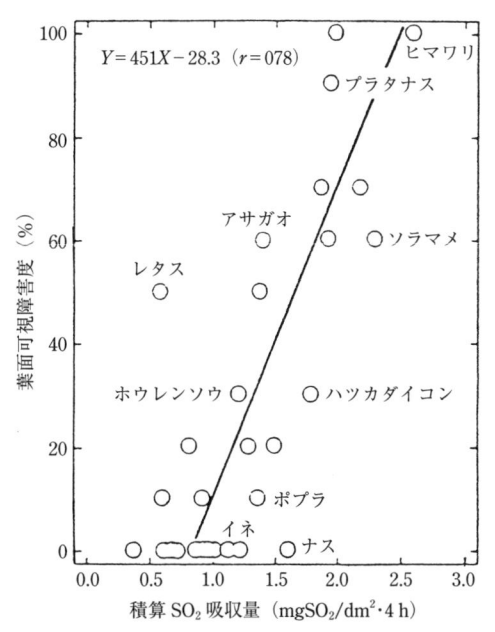

図 2.2 SO_2 暴露に伴う葉面の SO_2 吸収量と葉面の可視障害発現度との関係（Furukawa et al., 1980）

表 2.2 各種植物における SO_2 吸収速度と沈着速度（戸塚・三宅，1991）

植物名	測定条件		SO_2 吸収速度 (mg/dm²·h)	沈着速度* (cm/s)	文献
ハナノキ			0.088	0.09	
シラカバの一種			0.086	0.09	
モミジバフウ	気温 27±1℃		0.074	0.08	
トキワサンザシ	湿度 51±7%		0.072	0.08	Roberts (1974)
セイヨウイボタノキ	照度 1300 ft-c		0.068	0.07	
シャクナゲの一種	SO_2 濃度 1 ppm		0.056	0.06	
ヤチダモの一種			0.046	0.05	
ミヤマキリシマ			0.044	0.05	
ヨーロッパアカマツ	野外条件下	夏（3～11月）		0.13	Granat (1983)
		冬（12～2月）		0.09	
Diplacus aurantiacus	気温 20±1℃ 湿度 55±2% 照度（光合成有効日射）1000 μE·s/m²±5%（約 60 klx） SO_2 濃度（ppm） { *D. aurantiacus* : 0.96, *H. arbutifolia* : 1.71 }	暴露時間 { 1 (h), 4, 8 }	0.183, 0.208, 0.139	0.20, 0.23, 0.15	Winner and Mooney (1980)
Heteromeles arbutifolia		暴露時間 { 1, 4, 8 }	0.248, 0.230, 0.169	0.15, 0.14, 0.10	
インゲンマメ	気温 27～28℃		0.06	0.06	
トマト	湿度 65%		0.11	0.12	各取・戸塚
ソラマメ	照度約 30 klx		0.19	0.20	（未発表）
ヒマワリ	SO_2 濃度 1 ppm で 1 時間暴露		0.20	0.21	

* SO_2 沈着速度は暴露時のガス濃度として算出した値．

2.1 植物のガス吸収機構

表 2.3 各種植物における NO_2 吸収速度と沈着速度(戸塚・三宅,1991)

植物名	測定条件	NO_2 吸収速度 (mg/dm²·h)	沈着速度* (cm/s)	文献
インゲンマメ (初生葉)	葉温 25±0.5 ℃,照度 2×10⁵ erg/cm²·s(400〜700 nm),相対湿度 45±3%で 3.0 ppm NO_2 を暴露	0.33〜0.28	0.16〜0.14	Srivastava et al.(1975)
アサガオ		0.13	0.19	
トマト	気温 30℃,相対湿度は植物により多少異なるが 50〜60%,照度約 40 klx で各植物により多少異なるが,0.8〜1.2 ppm NO_2 を暴露した.測定値はガス暴露 2〜3 時間目の 1 時間平均値	0.19	0.28	名取・戸塚 (1980)
ヒマワリ		0.26	0.38	
キュウリ		0.07	0.10	
トウモロコシ		0.07	0.10	
ヒマ		0.12	0.18	

* NO_2 吸収速度は暴露時のガス濃度として算出した値.

表 2.4 各種植物における O_3 吸収速度と沈着速度(戸塚・三宅,1991)

植物名	測定条件	O_3 吸収速度 (mg/dm²·h)	沈着速度* (cm/s)	文献
ナラの一種(white oak)	気温 26±1.5℃	0.635	0.90	
シラカバの一種(white birch)	湿度 45±5%	0.536	0.76	
カエデの一種(Coliseum maple)	照度 2100 ft-c	0.502	0.71	
オハイオトチノキ	O_3 濃度 0.2 ppm	0.371	0.53	Townsend (1974)
カエデの一種(Redvein maple)		0.362	0.51	
モミジバフウ		0.285	0.40	
ハナノキ		0.278	0.39	
ヤチダモの一種(white ash)		0.272	0.39	
		0.239	0.34	
ペチュニア	照度 4 klx		0.23	
オステオスペルマム	O_3 濃度 0.17〜1.04 ppm		0.21	
キク			0.16	Thorne and Hanson (1972)
ツバキ……………… { 成熟しつつある葉			0.07	
成熟した葉			0.02	
ブーゲンビリア			0.05	
イチョウ			0.03	
ナラ			0.03	

* O_3 沈着速度は暴露時のガス濃度として算出した値.

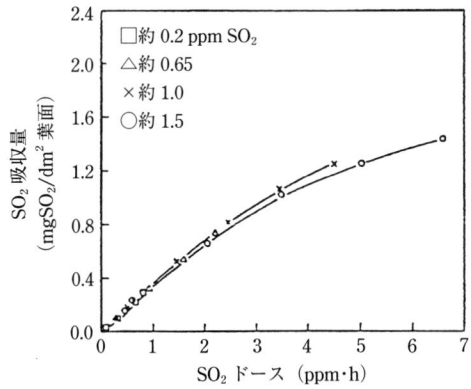

図 2.3 ヒマワリの SO_2 吸収量と SO_2 濃度 × 暴露時間(SO_2 ドース)との関係(大政・安保,1979 より改変)

測定条件は照度 20 klx,気温 35〜36℃,湿度 65%.

の変化を測定して,空気力学的に算出されうる.表 2.2〜2.4 に,気孔がほぼ全開と考えられる照度のもとで得られた単位面積あたりのガス吸収速度を暴露時のガス濃度で割って得られた単位濃度における沈着速度の測定例を示す.これらの値(単位は cm/s)は SO_2 に対して草本植物で 0.1〜0.2,木本植物で 0.05〜0.1,NO_2 に対して草本植物で 0.1〜0.4,オゾンに対しては木本植物で 0.3〜0.9 となっている.これらの値にガス濃度(単位は mg/cm³)を掛ければ吸収速度が得られる.

なお,これらの値が汚染ガス濃度によってどのように変化するかを検討する必要がある.図 2.3 に示したガス取り込み量と汚染ガスドース(暴露

したときの汚染ガス濃度と暴露時間との積）との間に直線関係が成立する範囲では，沈着量も暴露濃度に比例して増加すると思われる．たとえばSO_2ドースが4 ppm・hまで吸収量が直線的に増加する範囲では，SO_2濃度0.1 ppmで暴露した場合，暴露時間が40時間まで暴露時間に比例して吸収量が直線的に増加することを意味している．植物は体内に取り込まれたSO_2を硫酸塩に変える解毒機能をもっているので，実際には前述の40時間はさらに延びると考えられる．

2.1.3 ガス吸収能の植物種間差異

植物の汚染ガス吸収速度は主として葉面の気孔開度によって支配されている．一方，植物の水分放出を意味する蒸散速度は主に葉面の気孔開度や空気中の湿度によって変化する．

そこで，空気の乾燥状態の程度を示す水蒸気飽差（気温に対応して空気中に存在しうる飽和水蒸気圧と実際に存在している水蒸気圧との差）の一定量あたりおよび単位葉面積あたりの蒸散速度は気孔開度の一つの指標となりうる．数種の草本植物について蒸散速度と二酸化窒素（NO_2）の吸収速度との関係を調べた結果，図2.4に示すように同一の直線上に測定値が並んだ．このことは植物の種類によって気孔の数や開き具合が遺伝的に異なり，ガス吸収速度に差があることを示している．図2.4より読み取った各種植物のNO_2吸収速度を表2.5に示す．

各種の木本植物を14日間あるいは30日間にわたりO_3を暴露したときのガス吸収速度を図2.5に示す．同図は，樹木のO_3吸収速度が10 pphm（0.1 ppm）までいずれの植物でも直線的に増加することを示している．その勾配（縦軸の単位をmgO_3/dm^2葉面・hに変換して単位濃度あたりに換算；mgO_3/dm^2葉面・h・$ppmO_3$）はサクラ（品種：ソメイヨシノ）0.42，クヌギ0.28，ケヤキ0.25，クスノキ0.21，イチョウ0.17と算出される．これらの結果はいずれも葉面の気孔開度の差異を示す．気孔がよく開く植物は葉から水分を放

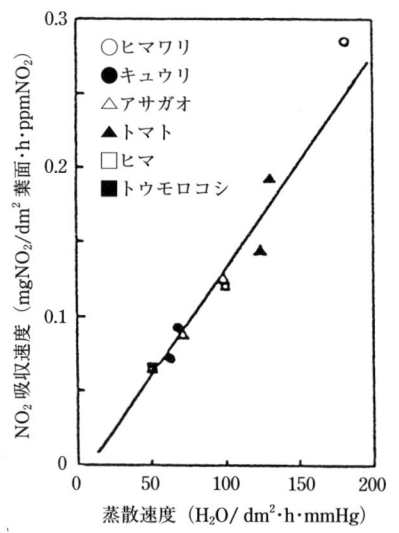

図2.4 種々の植物におけるNO_2吸収速度（単位ガス濃度あたり）と蒸散速度（単位水蒸気飽差あたり）との関係（名取・戸塚，1980）
照度33 klx，気温30℃，湿度50%，1 ppmNO_2で2時間暴露後．

表2.5 図2.4より読み取った各種植物のNO_2暴露濃度を1 ppmに換算したNO_2吸収速度

種 名	NO_2吸収速度 ($mg NO_2/dm^2$・h・ppm NO_2)
ヒマワリ	0.29
トマト	0.17
ヒマ	0.12
アサガオ	0.10
キュウリ	0.08
トウモロコシ	0.07

出しやすい．したがって，植物を育てるときに灌水を多く必要とする植物のほうが概してガス吸収能力が高いといえる．

2.1.4 大気浄化植物の検索

大気浄化機能の高い植物を検索する一つの方法として，植物体のガス吸収能力の指標である葉面拡散抵抗を測定する方法がある．

藤沼ら（1985）は野外条件下で広葉樹113種（落葉樹78種，常緑樹35種）の成熟葉裏面の葉面拡散抵抗と気孔密度を測定した．葉面拡散抵抗は水蒸気拡散型の気孔開度測定器（ポロメータ，

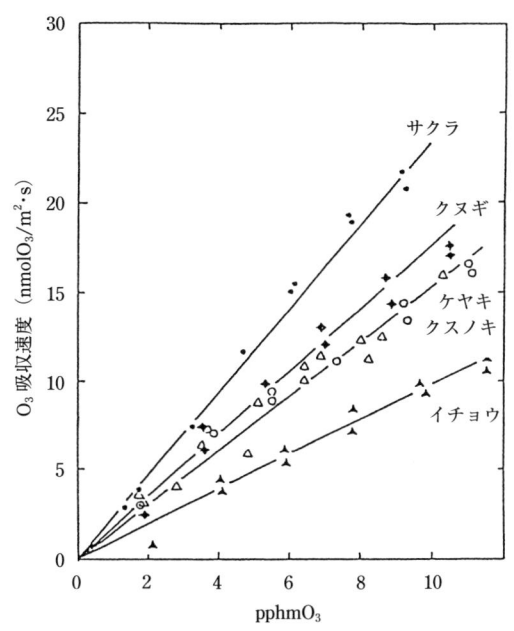

図 2.5 種々の街路樹の O_3 吸収速度と O_3 濃度との関係（Fujinuma et al., 1987）
●：サクラ，◆：クヌギ，○：クスノキ，△：ケヤキ，▲：イチョウ．
測定条件は気温 25 度，湿度 70%．
縦軸の単位：$1\ nmolO_3 = 10^{-9} \times 48gO_3$，横軸の単位：$1\ pphmO_3 = 0.01\ ppmO_3$．

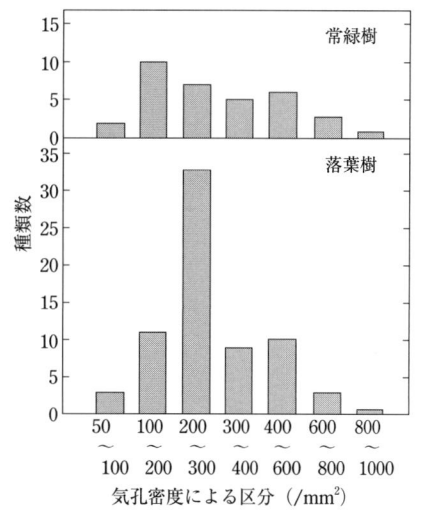

図 2.6 気孔密度の大きさにより分類した広葉樹種数の分布（藤沼ら，1985）
調査樹数は 42 科 104 種（落葉樹 70 種，常緑樹木 34 種）．

米国 LI-COR 社製）で測定した（大政ら，1988 参照）．この方法は計測する葉の生育環境とほぼ同じ温・湿度条件に保ったまま計測できるので，計測に対して人為的影響が少ない方法といわれている．調査は晴または高曇りの天候時に 9～14 時の間に行われた．各樹種の測定値は，5 枚以上の葉で同様な値が得られた場合にそれらの平均値で示されている．一方，気孔拡散抵抗に関係する気孔密度は全樹種の表面と裏面の転写標本を SUMP 法[*1]によって作成し，得られた標本から主葉脈や支脈を除いた葉身部の顕微鏡写真（1 視野 0.25 mm²）を撮影し，5 標本以上の写真で気孔数を計数した．それらの平均値を 1mm² あたりの気孔密度に換算して示した．得られたデータ一覧が巻末資料編（資料1，2）に採録されている．

a. 気孔密度の種間差異

葉面に毛の存在などにより葉裏面の気孔数が計測できなかった 9 種を除く落葉樹 70 種と常緑樹 34 種それぞれの葉裏面 1mm² あたりの気孔密度を 7 階級に区分し，各階級に該当する樹種数を図 2.6 に示した．計測した樹種のなかで最小値は落葉樹のハンノキの 61 個/mm²，最大値は常緑樹のキンモクセイの 958 個/mm² で両者間には約 5 倍の違いがあった．調査樹種の 3/4 が 100～400 個/mm² の範囲に存在していた．

一般に草本植物では葉の上面にも裏面同様に気孔が分布するが，木本植物ででは葉の上面に分布するものが少ないといわれている．藤沼ら（1985）の調査でも大半の樹種には葉の上面に気孔が存在せず，7 種の落葉樹と 3 種の常緑樹の計 10 種しか上面での存在が確認されたにすぎない．

b. 葉面拡散抵抗の種間差異

計測された葉面拡散抵抗値[*2]の平均値は 1.41 s/cm で，最小値はキリの 0.41 s/cm，最大

[*1] SUMP 法：鈴木式万能顕微印画法（Suzuki's Universal Micro Printing）の略称で液体絆創膏や液体接着剤を用いて検鏡のレプリカをとり，光学顕微鏡でその表面構造を観察する方法．実際の調査法については以下のホームページを参照（http://homepage3.nifty.com/seastar/sump/sump.html）．

[*2] 葉面拡散抵抗値：単位は s/cm で数値が大きいほど抵抗が大きい，すなわちガスが吸収されにくいことを示す．

値は常緑樹のアセビの4.08 s/cmであった．計測した落葉樹種での平均値は1.14，常緑樹種のそれは2.02 s/cmであった．図2.7に落葉樹と常緑樹に分けて葉面拡散抵抗の大きさにより整理した広葉樹種の分類状況を示す．落葉樹では全般的に葉面拡散抵抗の小さい種類が多いのに比べて，常緑樹では大きい種類が多いことが認められる．このことから，気孔開度は常緑樹より落葉樹のほうが一般的に大きいといえる．

数種の樹木では葉の上面の拡散抵抗も計測されているが，葉の上面に気孔が存在しない樹種や葉の上面の気孔密度が極端に小さいものは使用した測定器（気孔開度測定器）の計測限界以上の大きな拡散抵抗値を示している．Monsi（1944）は30種の植物で気孔密度と蒸散速度との関係を調べ，両者間には相関関係が認められないことを報告している．藤沼ら（1985）は104種で得られた測定結果を整理した結果，気孔密度と拡散低抵抗との間になんらの相関関係も認められず，葉面でのガス交換現象は気孔密度と無関係であることを明らかにした．

c. 樹木の光要求性と葉面拡散抵抗との関係

それぞれの植物にとってその種が生育するための最適環境条件が存在する．とくに樹木では生存条件が光条件によって決定されている．そこで飯島・安藤（1974a,b）が提案している生育に対する光要求性の区分，すなわち，極陽樹から極陰樹までを7階級に分類した分類法に準拠して藤沼ら（1985）が調査データを整理した．

その結果，拡散抵抗値と光要求性との間に負の一次相関が認められ，拡散抵抗値は陽樹的性質をもつもので小さくなる傾向が認められた．このことから葉面拡散抵抗値の大きさがそれぞれの樹種の成長に対する最適光環境に対応していることが明らかとなった．

d. 環境変動による葉面拡散抵抗の変化

大気と葉面とのガス交換の場である気孔は，光強度，水ストレス，あるいはガス状大気汚染物質の存在などの環境要因によって，その開閉運動が制御されている．藤沼ら（1981）は低濃度域のO_3やSO_2暴露による葉面での可視障害発現度や気孔開度の指標である蒸散速度がポプラ品種間で大きく異なることを報告している．したがって，気孔開度がこのような環境要因によって影響されにくいことが大気浄化機能の高い植物としての一つの条件になると考えられる．

そこで藤沼ら（1985）は光条件を変化させて樹木の気孔閉鎖の応答性を調べた．2.1.4項で述べた調査樹種のなかから34種を無作為に選択し，野外条件下でそれらの樹種の成熟葉を枝についたまま10分間暗箱で覆い，処理前後の葉裏面の拡散抵抗値を計測した．その結果，モモ，サンゴジュ，サザンカなどは処理前後の値がほとんど変化していないのに対して，テウチグルミ，ハルニレ，スダジイ，レンギョウ，モッコクなどでは処理後の値が処理前の5～10倍以上に大きくなり（気孔が閉じている），気孔閉鎖の応答性が樹種によって大きく異なっていた．この気孔応答性は落葉樹と常緑樹の差異，光要求性，あるいは処理前の葉面拡散抵抗値の大きさとの間にはいずれも相関関係は認められず，環境変化に対する気孔の開

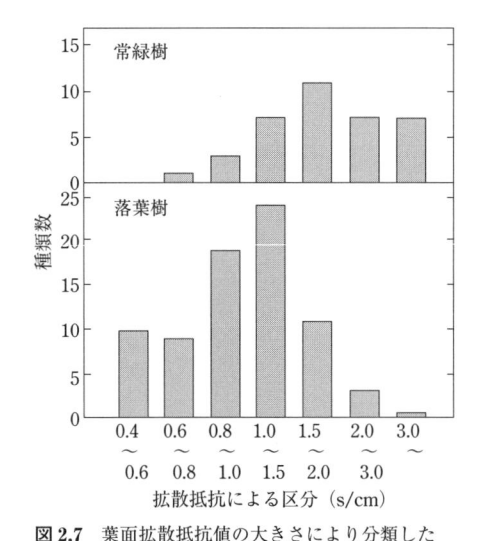

図2.7 葉面拡散抵抗値の大きさにより分類した広葉樹種の分布（藤沼ら，1985）
調査樹数は42科113種（落葉樹78種，常緑樹木35種）．

閉運動の応答性はそれぞれの樹種に固有の特性と考えられる．

2.2 単木のガス吸収能

2.2.1 単木のガス吸収能の評価法

都市域において街路樹や住宅地の生垣や庭木などのように面的には現れない程度の緑については，これまでも適切な評価法が提案されてこなかった．これらの緑は1戸あたり，1敷地あたりの量はわずかでも都市全体の総量でみるとかなりの量になりうる．

植物は葉の表面にある気孔を通じて空気中のCO_2を取り込むと同時に空気中に含まれているガス状大気汚染物質も吸収している．植物のCO_2吸収能力（光合成能力）は葉量や葉の傾き，配列など，葉の集団のもつ構造的特性によって変化するが，これらの特性は汚染ガスの吸収能力にも同様な変化を及ぼすことが知られている．それゆえ，CO_2吸収量と汚染ガス吸収量の比は大気中の汚染ガス濃度が植物の生育に影響を及ぼさないようなごく低濃度の範囲内であれば一定であるといえる．

このことから植物の光合成量をもとにあらかじめ求めておいたCO_2吸収量と汚染ガス吸収量との比から汚染ガス吸収量を推定することができる．推定手順は次のとおりである[*3]．

① 単葉における光合成・呼吸速度を野外条件下で終日実測し，単位葉面積あたりの1日の総光合成量を求める．これを季節ごとに実施し，その季節変化を把握して，1年間に吸収する単位葉面積あたりのCO_2吸収量（総光合成量，以下P_gと略称）を推定する．

② P_gに気候較差による地方別光合成能の補正係数を掛ける．

③ 樹木のパイプモデル理論を応用して単木の総葉量を推定し，着葉期間で補正する．

④ 上記の①〜③の推定結果をもとにして単木が1年間に吸収するCO_2吸収量（P_g）を推定する．

⑤ ④で求めたP_gおよび大気中の汚染ガス濃度のデータをモデル式（2.5節参照）に当てはめ，単木が1年間に吸収する汚染ガス吸収量を算定する．

2.2.2 光合成量（CO_2吸収量）の推定

四季別に測定するのが望ましいが，概算程度であれば植物の生理活性がもっとも強い7月上旬から8月下旬ごろの晴れた日中に陽のよく当たっている成熟葉を用いて測定する．測定装置としては高価であるが携帯式光合成・蒸散測定装置（米国LI-CA社製）を使うと便利である（大政ら，1988参照）．得られる値は測定対象とした樹木の年間を通じての最大値を示す．得られた数値は純光合成量でこれに測定装置（同化箱）を暗くした状態で得られる呼吸量を加えた総光合成量（P_g）を算出する．

前述の②において，地域による年平均気温や日射量などの気候較差について北海道と沖縄を除くその他の地域で地域格差が小さいので，P_gの概数を算出する場合には考慮しないでもよい．提案されている補正係数（K）は沖縄1.3と北海道0.6を除き，九州1.1，四国，中国，近畿，東海が1.0，関東，北陸が0.9，東北が0.8である（公害健康被害補償予防協会，1995）．表2.6に，春夏秋冬に計測されたデータをもとに落葉広葉樹，常緑広葉樹，中・低木における単位葉面積あたりの季節ごとに算出されたCO_2吸収量を示す．さらに表2.7の数値から年間総CO_2吸収量を算出した結果いずれも大差ないので，これらの平均値とし

[*3] 1991〜1993（平成3〜5）年度にかけて公害健康被害補償予防協会（現在は環境再生保全機構と改称）の委託調査にかかわる「大気浄化植樹事業推進検討委員会」（座長：戸塚績，事務局：プレック研究所）で検討された結果を一部簡略化して引用したものである（公害健康被害補償予防協会，1995参照）．

表 2.6 樹木の単位葉面積あたりの1日の総 CO_2 吸収量（季節別・天気別）（公害健康被害補償予防協会，1995）

樹　種	1日の総 CO_2 吸収量（$mgCO_2/dm^2 \cdot d$）			
	春	夏	秋	冬
落葉広葉樹高木				
ユリノキ	94/175	75/142	60/100	—
オオシマザクラ	87/172	81/193	67/140	—
エノキ	86/173	130/261	59/135	—
（平均）	(89/173)	(95/199)	(62/125)	—
常緑広葉樹高木				
クスノキ	38/60	115/181	80/140	27/65
アラカシ	53/72	108/121	54/102	56/105
トウネズミモチ	70/99	117/197	71/146	30/60
（平均）	(54/77)	(113/166)	(68/129)	(38/77)
中・低木				
サンゴジュ	78/133	105/130	47/104	58/113
ヒイラギモクセイ	72/124	107/198	69/118	53/117
トベラ	77/120	113/195	67/142	35/66
シャリンバイ	105/169	97/179	81/160	38/93
（平均）	(83/137)	(106/176)	(66/131)	(46/97)

表中の数値は，(曇天日の吸収量)/(晴天日の吸収量) を示す．

て $3.5 \, kgCO_2/m^2$ 葉面・y とした．

2.2.3　単木の総葉量の評価

約30種類の造園樹木について胸高直径（DBH；単位は cm）あるいは根元直径（D_0；単位は cm）と単木の総葉量（S；単位は m^2）との関係を調査した結果，次の回帰式が得られている（公害健康被害補償予防協会，1995 参照）．

落葉広葉樹高木：

$$\log S = 0.1643 + 1.6776 \times \log DBH \quad (2.3)$$

常緑広葉樹高木：

$$\log S = -0.0502 + 1.6999 \times \log DBH \quad (2.4)$$

中・低木：

$$\log S = -0.8223 + 2.3067 \times \log D_0 \quad (2.5)$$

この回帰式を用いて算出された総葉量と胸高直径（DBH）あるいは根元直径（D_0）との関係を表2.8に示す．

2.2.4　単木の汚染ガス吸収能の評価

表2.7に示した落葉広葉樹高木，常緑広葉樹高木，中低木の年間 CO_2 吸収量を比較してみると，中・低木の値が高木のそれと比較して若干高い値

表 2.7 樹木の単位葉面積あたりの年間総 CO_2 吸収量（例）（公害健康被害補償予防協会，1995）

樹　種	年間総 CO_2 吸収量（$kgCO_2/m^2 \cdot y$）	平均値（$kgCO_2/m^2 \cdot y$）
落葉広葉樹高木		
ユリノキ	2.8	
オオシマザクラ	3.2	
エノキ	3.7	
常緑広葉樹高木		
クスノキ	3.2	3.5
アラカシ	3.2	
トウネズミモチ	3.6	
中・低木		
サンゴジュ	3.7	
ヒイラギモクセイ	4.1	
トベラ	3.7	
シャリンバイ	4.2	

を示しているが，計算を簡略化する場合は高木と中・低木の値との平均値として $3.5 \, kgCO_2/m^2 \cdot$年 を使用してもよい．この値を以下に述べる2.5節に示したモデル式に適用して単木における年間の汚染ガス吸収量を算出する．

a. 都市域の独立住宅における樹木植栽による大気浄化効果の試算

敷地面積約 $200 m^2$ のうち植栽空間が $60 m^2$ ある独立住宅を想定して下記の樹木を植栽したと仮定

表 2.8 単木の形状別総葉量の推定結果（単位：m²）

DBH または D_0 (cm)	落葉広葉樹高木とマツ類	常緑広葉樹高木とマツ以外の針葉樹	中・低木
2	5	3	0.5
3	9	6	1.5
4	15	10	3
5	20	15	4
10	70	50	15
15	150	90	40
20	200	150	—
25	300	200	—
30	400	300	—
40	700	500	—
50	1000	700	—

樹木の形状については，高木は胸高直径（DBH），中・低木は根元直径（D_0）を用いる．

する．計算方法は以下のとおりである．
1) 植栽可能樹木を算出する．
①植栽可能空間幅が2m以上ある場所
　高木3本，中木30本，低木55本の植栽（面積合計45m²）を想定
②植栽可能空間幅が1m以上2m未満の場所
　中木30本，低木30本の植栽（面積合計10m²）を想定
③植栽可能空間幅が1m未満の場所
　中木30本のみの植栽（面積合計5m²）を想定
以上の植栽（植栽面積合計60m²）では本数が高木3本，中木90本，低木85本となる．
2) 植栽樹木による年間総CO_2吸収量を表2.9をもとに算出する．
○高木（樹高4mと仮定）の胸高直径10cmで表2.9より単木の年間総CO_2吸収量（P_g）を求めると1本あたり215 kgCO_2/y（落葉樹と常緑樹の値の平均）
○中木の根元直径を5cmと仮定すると1本あたりのP_gは14 kgCO_2/y
○低木の根元直径を3cmと仮定すると1本あたりのP_gは5 kgCO_2/y
3) したがって，敷地内に植栽されたすべての樹木による年間P_gを算出すると

　高木：$215 \times 3 = 645$
　中木：$14 \times 90 = 1260$
　低木：$5 \times 85 = 425$
　　以上合計　2330（kgCO_2/y）

ゆえにこれらの樹木による年間のCO_2吸収速度は2330 kgCO_2と算出される．
4) この住宅の所在地を東京都と仮定する．気候条件の差異による光合成能の地方格差補正のための補正値（K）は関東地方に位置する東京で$K = 0.9$である（2.2.2項参照）．
5) 近年の都市域における大気中SO_2濃度

表 2.9 単木の年間総CO_2吸収量（総光合成量，U_{CO_2}）概算表（単位：kgCO_2/y）

DBH または D_0 (cm)	樹高 (m)	落葉広葉樹高木*	常緑広葉樹高木**	中・低木
2	2〜2	18	11	2
3	2〜2	32	21	5
4	3〜3	53	35	11
5	3〜3	70	53	14
10	4〜5	250	180	53
15	6〜7	530	320	140
20	8〜10	700	530	—
25	10〜13	1100	700	—
30	12〜16	1400	1100	—
40	16〜21	2500	1800	—
50	20〜25	3500	2500	—

高木はDBH（胸高直径），中・低木はD_0（根元直径）を用いる．
樹高は，（強度の剪定を受けているもの）〜（剪定の軽微なもの）を示す．
*マツ類を含む．
**マツ以外の針葉樹を含む．

0.005 ppm（C_{SO_2}），NO$_2$ 濃度 0.028 ppm（C_{NO_2}）の単位を $\mu g/cm^3$ に換算すると

$$C_{SO_2} = 0.005 \text{ ppm}(25℃) = 0.16 \times 10^{-5} \mu g/cm^3$$
$$C_{NO_2} = 0.028 \text{ ppm}(25℃) = 5.3 \times 10^{-5} \mu g/cm^3$$

6）以上の各値を 2.5 節に述べるモデル式（2.10）と式（2.11）に代入して植栽面積 60 m^2 をもつ独立住宅における SO$_2$ と NO$_2$ の吸収量を求めると

$$U_{SO_2} = 12.7 \times 0.16 \times 10^{-5} \times 2330 \times 10^3 \times 0.9$$
$$= 42.6 \text{ g/戸}\cdot\text{y}$$
$$U_{NO_2} = 9.5 \times 5.3 \times 10^{-5} \times 2330 \times 10^3 \times 10^3 \times 0.9$$
$$= 1040 \text{ g/戸}\cdot\text{y}$$

最近では都市域における大気中 SO$_2$ 濃度が 0.005 ppm と著しく低くなっているので，植物による吸収量は年間 43 g 弱と少なくなっている．一方，NO$_2$ に関しては植物による大気浄化はかなり期待できることを示している．すなわち，2005（平成 17）年規制で乗用車の窒素酸化物排出量が 1 km 走行あたり 0.08 g と 1992（平成 4）年のそれの 1/3 に削減されているので，年間 13000 km 走行する 1 台の自動車から排出される窒素酸化物（$0.08 \times 13000 = 1040$ g）を敷地面積 200 m^2 程度の一戸建ての住宅に植栽されている樹木が吸収除去しうることになる．

◆ 2.3 植物群落による汚染ガス吸収量の測定例 ◆

植物群落では，孤立して生活している場合と異なって占有土地面積あたり数倍（草本群落）から 10 倍程度（森林）の葉面が重なり合っているため，葉面の受けている光の強さが群落の下層ほど弱く気孔開度も下層ほど小さい．植物群落の単位土地面積あたりのガス収着量には，植物体の表面での収着量と地表面におけるガスの吸着量が含まれる．

清水・戸塚（1979）は播種後 32 日目のヒマワリ鉢植え個体を使って人工気象室内のガス暴露室の床面に 22 cm × 25 cm 間隔で 56 鉢（鉢の部分をポリエチレン袋で被覆）を配列した．栽植密度は，18 個体/m^2 で葉面積指数（群落の総葉面積が占有土地面積の何倍かを示す値；LAI と略称）は 4 となった．このヒマワリ個体群に SO$_2$ 濃度 0.1～0.5 ppm を 0.1 ppm 刻みで 5 段階に変えて（ヒマワリ集団は SO$_2$ 濃度を変えるごとに取り換えて）それぞれ 2 日間ずつ暴露して，植物体中の硫黄含有量のガス暴露による増分を測定して植物群落による SO$_2$ 吸収速度を算出した．

図 2.8 に示すように SO$_2$ 吸収量は葉面の受けている照度の高い群落上層部でとくに高く，下層ほ

◎**コラム 1　横浜市全域の緑地による大気浄化量の評価**

横浜市緑政局（1984）が公表している横浜市全域植生調査報告書の現存植生図から，植生タイプ別の面積を読み取った結果をもとに植生による大気浄化量を試算（大気中 CO$_2$ 濃度 350 ppm，SO$_2$ 濃度と NO$_2$ 濃度は市内各区の 1988 年公表の年平均値を使用）した結果，CO$_2$ で 250 kt/y，SO$_2$ で 130 t/y，NO$_2$ で 270 t/y と推定された．一方，1988 年の統計資料から化石燃料の燃焼によって横浜市全域で排出された大気汚染物質量は SO$_2$ で 5000 t/y，NO$_2$ で 26000 t/y であった．したがって排出量に対する緑地による SO$_2$ と NO$_2$ の吸収量の割合はそれぞれ約 2.6％，1％ になる（公害健康被害補償予防協会，1995 参照）．

現在は公害対策の進展により大気汚染物質の排出量が 1988 年当時と比較して著しく減少しており，SO$_2$ や NO$_2$ の濃度も低下している．また，緑化事業も進展しているので最近では緑地による大気浄化効果は 1980 年代と比較して増大していると考えられる．

ど低い．この結果を利用して，空気中のSO$_2$濃度，群落上の照度とヒマワリ群落のSO$_2$吸収速度との関係を数式化して検討した．図2.9にみられるように，ヒマワリ群落のガス吸収速度はガス濃度が増大するにつれてある程度まで直線的に増大すること，SO$_2$濃度が0.1 ppm以下では群落上の照度が40 klx程度で飽和することを示した．ちなみにSO$_2$濃度0.1 ppm，照度40 klxのとき，ヒマワリ群落（LAI＝4）のガス吸収速度は1.8 mgSO$_2$/dm^{2}地面・14 h明期となっている．沈着速度に換算すると1.4 cm/sとなる．

一方，地表面におけるガス吸収について Payrisaat and Beilke（1975）がヨーロッパの各種土壌について測定しているデータによると沈着速度は土質によって若干異なり，0.4〜0.6 cm/sの範囲で変化している．また，この値は土壌含水量の低いほうが高い場合より低く，土壌pHの低下につれてほぼ直線的に低下している．

Hill（1971）はアルファルファ群落（LAI＝4〜5.5）で各種汚染ガスの吸収量を測定している．その結果を図2.10に示す．この実験では群落内の地表面を被覆していないので，図2.10の縦軸の値は植物体と地表面のガス吸着量を含んだ値である．同図の直線の勾配からガス沈着速度（式

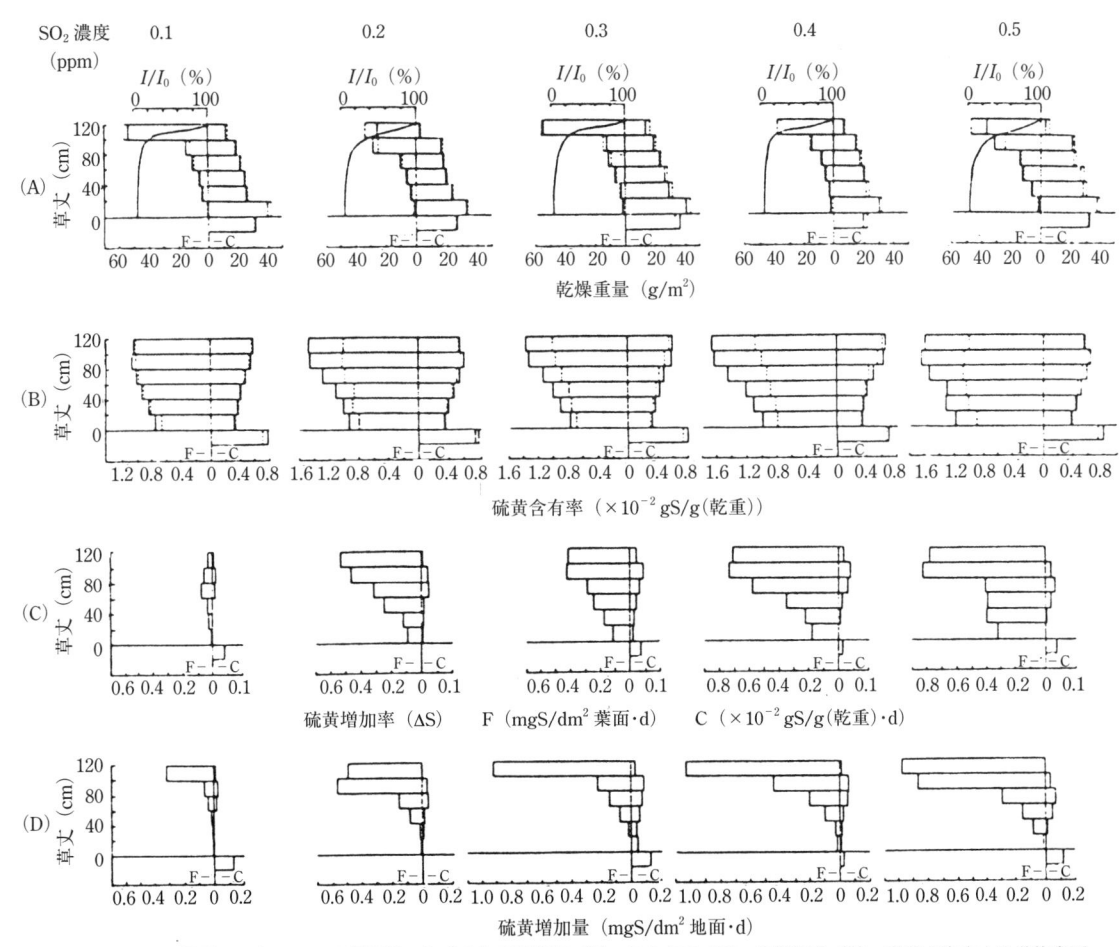

図 2.8 SO$_2$に暴露されたヒマワリ個体群における生産構造図（A），S含有率（B），S増加率（C），群落が占有する単位床面積あたりのS増加量（D）の層別変化（清水・戸塚，1979）
Fは同化器官，Cは非同化器官を示す．（A），（B）において実線はSO$_2$暴露処理区の値を，破線は対照区の値を示す．（A）においてI/I_0（群落内照度/群落上照度）はSO$_2$暴露処理区の個体群内の相対照度を示す．生産構造図についてはコラム2参照．

◎コラム 2　植物群落の生産構造図とは

　植物は一般に集団を構成して生活している．光合成をする同化器官（主として葉；F で表示）は群落上から入射してくる光を受けて光合成産物を生産し，光合成しない非同化器官（根や茎など；C で表示）にそれを供給して生活している．

　群落の同化器官や非同化器官の垂直分布を明らかにするために故門司正三東大名誉教授と故佐伯敏郎東大名誉教授の両氏が層別刈り取り法を考案した．その方法は群落に一定面積の方形区を設定し，群落上部から一定の高さごとに水平方向に刈り取り各層ごとに同化器官と非同化器官の生重量を測定して図に示した生産構造図を作成する．刈り取った植物は葉面積を測定し，茎や根など非同化器官と共に乾燥させて乾物重を測定する．なお植物を刈り取る前に層別に群落内照度を測定し群落上の照度を 100 とした相対照度（％）で垂直分布を図示する．

　これらの調査資料をもとに群落の光合成能力と光環境との関係を算出する理論を組み立て世界に先駆けて 1953 年に発表した（Monsi und Saeki 1953）．原著論文はドイツ語で書かれたもので 2005 年に英語に翻訳されて出版された．

　生産構造図には図にみられるようにセイタカアワダチソウやシロザ群落など広葉の植物から構成されている群落では広葉型が，イネを代表とするイネ科植物で構成されている群落ではイネ科型の生産構造図と大きく 2 種類に分類される．草本群落ばかりでなく，マツやスギなど木本を主とする森林でも広葉型の生産構造図が報告されている．

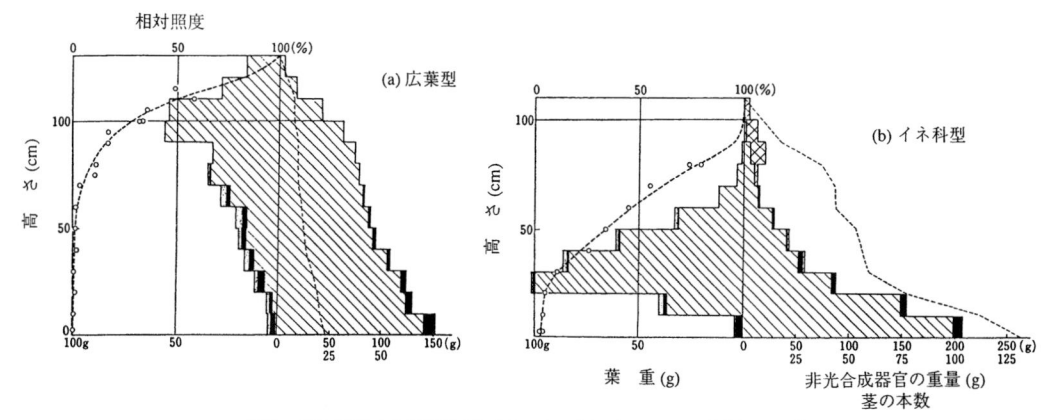

図 1　植物群落の生産構造図（Monsi und Saeki, 1953；広瀬, 2002）
高さ別に左側に葉のバイオマス，右側に非同化部分のバイオマスの分布を表示．左側の破線は相対照度，右側の破線は茎の本数．(a) シロザ群落（広葉型），(b) チカラシバ群落（イネ科型）．

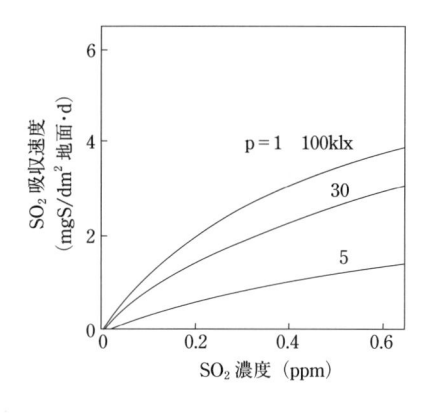

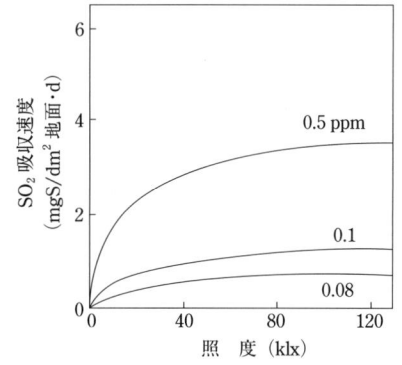

図2.9 ヒマワリ集団による単位土地面積あたりのSO₂吸収速度とSO₂濃度（上：図中の数字は照度klx）および照度（下：図中の数字はSO₂濃度ppm）との関係（清水・戸塚, 1979）

14時間明期, 気温25℃（昼）/20℃（夜間）, 湿度75%の場合.

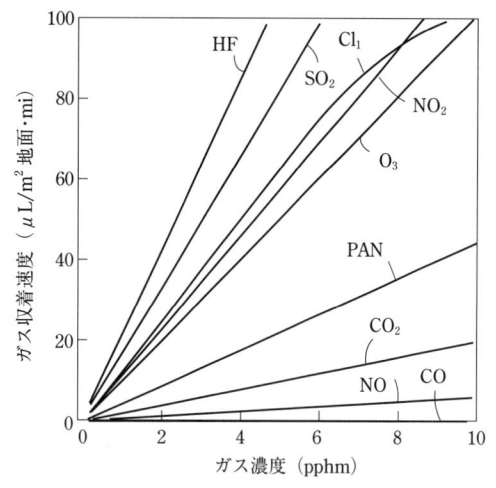

図2.10 アルファルファ群落における各種汚染ガスの収着速度（Hill, 1971）

群落の葉面積指数は4〜5.5.
測定条件は気温23〜24℃, 湿度45〜50%, 照度40〜45 klx.
群落上20 cmにおける風速1.8〜2.2 m/s, ガス暴露1〜2時間.

(2.2)の V_d；単位はcm/s）はSO₂で2.8, 一酸化炭素（CO）では0, 一酸化窒素（NO）で0.10, CO₂で0.33, 光化学オキシダントの一種PANで0.63, オゾン（O₃）で1.67, 二酸化窒素（NO₂）で1.90, 塩素ガス（Cl₂）で2.07, フッ化水素（HF）で3.77となっている. この結果を見ると化学反応性や分子拡散係数の大きいガスで吸収量が高いことを示している.

植物群落による大気浄化効果には葉面における吸収と吸着のほかに群落内を空気が拡散していく過程で希釈されたり, 地表面に吸着されたりする. また群落の縁を上昇していく空気の拡散現象によって遠方に運ばれ希釈されていくこともある. 野外における観測事例については第3章で詳述されている.

2.4 ヒマワリ群落による大気浄化効果についての試算

野外に生育するヒマワリ群落のSO₂沈着速度として清水・戸塚（1979）の実験結果で得られた植物群落のガス吸収速度の値（1.4 cm/s）と地表面における沈着速度0.6 cm/sを加えて同群落の収着速度を2 cm/sと仮定してヒマワリ群落の大気浄化力を検討してみた.

都市域におけるSO₂濃度を0.05 ppm（0.131 mgSO₂/m³, 25℃）とした場合のガス吸収速度は9.43 mgSO₂/m²地面·hとなる. その算出法は以下のとおりである.

2 (cm/s)×10⁻² (m/cm)×0.131 (mgSO₂/m³)
　×3600 (s/h) = 9.43

気孔が閉鎖する夜間のガス収着量を0として,

日中（14時間日長）のみガス収着がみられるとすれば 132 mgSO$_2$/m^2·d となる．一方，ヒマワリのNO$_2$取り込み速度はSO$_2$のそれの約0.8倍である（大政，1979）．したがって，NO$_2$の空気中濃度が 0.05 ppm のとき，ヒマワリ群落のNO$_2$収着速度は 132×0.8＝106 mgNO$_2$/m^2 地面·d と仮定できる．

近年の都市域における大気中NO$_2$濃度は約 0.03 ppm である．すでに述べたように，植物のガス取り込み速度はガス濃度と比例関係にあるので都市域における現在のNO$_2$濃度 0.03 ppm におけるヒマワリ集団のNO$_2$収着速度は 106×(0.03/0.05)＝64 mgNO$_2$/m^2·d となる．このことは都市域に生育するヒマワリ群落は 1ha あたり 1 日に 640g のNO$_2$を吸収しうることを意味している．

自動車から排出される窒素酸化物をヒマワリ集団に収着させるとすれば，どの程度の規模のヒマワリ緑地が必要か検討してみよう．自動車の排出ガスに関する 2005（平成17）年度規制では乗用車については 1 km 走行あたり窒素酸化物で 0.08 g となっている．そこで日中に 10000 台の乗用自動車が通行する道路では 1 km あたり 800 g の窒素酸化物が路上に排出されることになる．自動車から排出される窒素酸化物はNOであるが，空気中のO$_3$などで酸化されてNO$_2$になる．そこで自動車から排出される窒素酸化物をすべてNO$_2$と仮定して全排出量をヒマワリ集団に吸収させるとすれば，800÷640≒1.25 ha の緑地が必要である．この面積は道路の両側にそれぞれ幅 6.25 m のヒマワリグリーンベルトに相当する．しかし実際に緑地を造成する場合には，道路からの汚染ガスの拡散状態，NO→NO$_2$への化学反応速度，植物のガス吸収能を左右する各種環境要因の影響などを考慮して，大気浄化のためのグリーンベルトの規模を設定する必要がある．

なお，以上に述べたようなみどりの大気浄化機能を数量的に評価した資料としては，米国のロビネッティ（1978）が知られている．コラム3に内容の概要が紹介されている．

◎コラム3　ロビネッティ著『図説 生活環境と緑の機能』（ロビネッティ，1978）の紹介

　本書が日本で出版された1978年当時は，わが国では高度経済成長の負の遺産として公害問題が深刻化し，国立公害研究所が環境庁に設置され，公害問題の解明に本格的に取り組み始めた時期に相当する．米国でもほぼ同時期に生活環境の改善に人々の目が向けられていたことは興味深い（原著は1977年刊）．

　本書の内容は植物に対する考え方や植物の象徴性と機能性を明確化した後で，植物の機能的利用の項目で機能的植栽の内容と種類を整理している．次いで建築的機能植栽では建築要素としての可能性を区画の明確化や遮蔽，プライバシーの確保への利用に整理している．次に工学的機能植栽としてエロージョン防止，騒音防止，大気の浄化，交通コントロール，眩光および反射光制御について考察している．さらに気候調節機能植栽では太陽輻射調節，風の調節，雨・雪・霧などのコントロール，温度調節について述べ，最後に審美的植栽について言及している．

　以上のそれぞれの項目に関して多くの既存の研究成果を引用して学問的に裏づけのある知見を引用して述べているなど，今後も参考とすべき記述が多々認められる．また，各項目の内容をカラーで図解していることで内容の理解を容易にしている．当時としては斬新で著者の環境問題に対する意気込みが伺える．著者が「結語」で述べているように，不良な生活環境を改善し，より快適な環境を創造するためには植物の機能をどのように用いればよいのか，またそのためにはなにを知らなければならないかを繰り返し述べている．

◆ 2.5　緑地の大気浄化能評価のためのモデル式の開発 ◆

植物は葉の表面にある気孔を通じて空気中のCO_2を取り込むと同時に空気中に含まれる大気汚染ガスも吸収する．植物によるCO_2や汚染ガスの吸収は葉内の化学反応によっても律速されるが，主として物理的なガス拡散によって受動的に行われる．

緑地を構成する植物集団のCO_2吸収能力は，葉量や茎や枝に着いている葉の傾きや配列など，葉の集団（葉群）のもつ構造的特性によって変化しうる．しかしこれらの要因は汚染ガスの吸収能力にも同じように影響を及ぼす．それゆえ，汚染ガスの大気中濃度が植物の葉に可視障害を与えたり，CO_2同化作用（光合成）や水分を葉から放出する作用（蒸散作用）など植物の基本的生理作用を阻害したりしないような低濃度の範囲であれば，CO_2吸収量と汚染ガス吸収量との比をあらかじめ求めておけば緑地を構成する植物集団のCO_2固定能力のデータをもとに，緑地の汚染ガス吸収能力を推定することができる（戸塚，1987）．

この考え方に基づいて三宅（1990）は植物の総光合成速度（CO_2吸収速度）から植物集団によるSO_2やNO_2などの汚染ガス吸収量を簡単に推定できるモデル式を開発した．以下にその概要を紹介する（戸塚・三宅，1991）．

一般に汚染ガスの吸収速度と総光合成速度との関係は次式で表される．

$$U_{gas} = K_{gas} \times C_{gas} \quad (2.6)$$
$$U_{CO_2} = K_{CO_2} \times C_{CO_2} \quad (2.7)$$

ここで，U_{gas}：汚染ガスの吸収速度，U_{CO_2}：総光合成速度（CO_2の吸収速度），K_{gas}：汚染ガスの葉面拡散コンダクタンス，K_{CO_2}：CO_2の葉面拡散コンダクタンス，C_{gas}：大気中の汚染ガス濃度（ug/cm³），C_{CO_2}：大気中のCO_2濃度（ug/cm³）．

したがって，汚染ガスの吸収速度（U_{gas}）と光合成速度（U_{CO_2}）との比は

$$\frac{U_{gas}}{U_{CO_2}} = \frac{K_{gas}}{K_{CO_2}} \times \frac{C_{gas}}{C_{CO_2}} \quad (2.8)$$

となる．上式のうちK_{gas}/K_{CO_2}比は既存の測定データから推定され，SO_2，NO_2ではそれぞれ$K_{SO_2}/K_{CO_2}=8$，$K_{NO_2}/K_{CO_2}=6$とほぼ一定となる．

また，植物体の乾物重の大部分を占める多糖類（$C_6H_{10}O_5$で代表）と多糖類を合成する際に取り込まれるCO_2の重量比は$[6CO_2]/[C_6H_{10}O_5]=264/162=1.63$であるから，植物群落の総光合成量を$P_g$とすると群落の総光合成速度$U_{CO_2}$は次式で表される．

$$U_{CO_2} = 1.63 \times P_g \quad (2.9)$$

また大気中のCO_2濃度を350 ppmと仮定して，単位を$\mu g/cm^3$に換算すると

$$\begin{aligned} C_{CO_2} &= 350 \text{ ppm （25℃）} \\ &= \frac{44 \times 35 \times 10^{-6}}{22.4 \times 10^{-3} \times (273+25)/273} \\ &= 0.63 \ \mu g/cm^3 \end{aligned}$$

となる．したがってこれらの値を上式の吸収速度比に代入して変形すると，SO_2ならびにNO_2の

表2.10　植生区分別年間単位生産量（三宅，1990）

植生区分	P_n (t/ha·y)	P_n/P_g	P_g (t/ha·y)
田・特殊田	11	0.6	18
普通畑	12	0.6	20
樹園地	10	0.5	20
牧草地	8	0.6	13
針葉樹林（人工林）	14	0.3	47
針葉樹林（天然林）	11	0.3	37
常緑広葉樹林	20	0.3	67
落葉広葉樹林	9	0.5	18
竹林	10	0.5	20
草生地など（伐採跡地・未立木地・採草地を含む）	8	0.5	16
都市公園	5	0.5	10

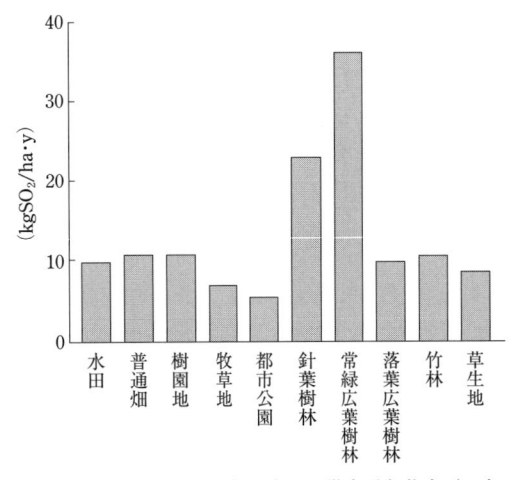

図2.11 種々の緑地の大気汚染ガス潜在吸収能力（三宅, 1990）
大気中の SO_2 濃度 10 ppb, CO_2 濃度 350 ppm.

吸収速度は，それぞれ次のような簡単なモデル式で推定できることになる．

$$U_{SO_2} = 20.7 \times C_{SO_2} \times P_g \quad (2.10)$$
$$U_{NO_2} = 15.5 \times C_{NO_2} \times P_g \quad (2.11)$$

単木あるいは植物集団が1年間に吸収する SO_2，NO_2 量は上の算定式で示すように年間の総 CO_2 吸収量と大気中の汚染ガス濃度から求めることができる．なお，このモデル式では係数の性格上，汚染ガス濃度の単位として $\mu g/cm^3$ を用いる必要があるが，総 CO_2 吸収量の単位は何でもよく，それと同じ単位で汚染ガスの吸収量が計算される．

2.6 緑地の大気浄化能力の評価

2.5節で述べたガス吸収に関するモデル式で緑地の汚染ガス吸収量を算定するためには植物集団の総光合成量のデータが不可欠となる．岩城（1981）は各種の植物集団についてこれまで報告されている生産力測定結果を総合し，植生区分ごとの平均的な年間純生産量（P_n）を決定している．この数値を用いて三宅（1990）は P_n を求め表2.10左端に取りまとめている．

さらに吉良（1976）の記述に従って P_n/P_g 比を植生区分ごとに表2.10中央の P_n/P_g のとおり報告している．この値を用いて単位面積あたりの年間総生産量（総 CO_2 吸収量）を算出した（表2.10右端参照）．

三宅（1990）はこの値を式（2.10）に代入して大気中 SO_2 濃度 10 ppb における潜在的ガス吸収能力を算出した．図2.11に示されているように常緑広葉樹林が最も吸収能力が高く，針葉樹林がこれに次いでいる．しかし，その他の植生はほぼ同じ程度の吸収能力を示している．ここで SO_2 濃度が半分に低下すればその割合に応じて吸収量は半分になる．また，NO_2 吸収量は大気中の CO_2 濃度 350 ppm，NO_2 濃度 0.03 ppm と仮定した場合 SO_2 濃度 0.01 ppm の場合の SO_2 吸収量の $(15.5/20.7) \times (0.03/0.01) = 2.2$ 倍となる．

2.7 大気浄化に適した植物

大気浄化に適した植物を選定する条件として
① 大気汚染物質の吸収能力が高いこと
② 大気汚染に対して抵抗力があること
③ 環境条件や植物体の生理的変動によって吸収能力が影響されにくいこと
の3点が重要である．

樹木の大気浄化能力は単葉における吸収能率とその季節変動や葉量，着葉期間などさまざまな要因の総和として求められる．2.1.4項で述べたように藤沼ら（1985）が各種植物について測定した結果をもとに，ガス吸収能力を表す気孔拡散抵抗から推定したガス吸収能率の種間差異を表2.11に示す．

また，表2.12につる植物の吸収能力とその他

2.7 大気浄化に適した植物

表 2.11 葉面拡散抵抗により推定した単葉における広葉樹のガス吸収能率（藤沼ら，1985より改変）

ガス吸収能率	常緑樹	落葉樹
高	マルバユーカリ，オオムラサキ，ニシキギ，ヤマモモ	キリ，ケヤキ，シンジュ，コウゾ，センダン，エノキ，オニグルミ，キササゲ，テウチグルミ，ムクゲ，ツルウメモドキ，クヌギ，カキノキ，モモ，ミズナラ，トサミズキ，ヤマハギ，シダレザクラ，ナンキンハゼ，オオヤマザクラ，ユリノキ，ニワトコ，エゴノキ，レンギョウ，ニセアカシア，シラカバ，アメリカマンサク，シデコブシ，ミズキ，ハナズオウ，マユミ，イチョウ，サルスベリ，キブシ，ハルニレ，ヤブウツギ，アオギリ
中	チャノキ，サネカズラ，サンゴジュ，ムベ，ルリヤナギ，クロガネモチ，タイサンボク，ヒメタイサンボク，マルバシャリンバイ，スダジイ，シラカシ，ウバメガシ，クロモジ，クスノキ，モッコク，ヤツデ，アラカシ，マテバシイ	ソメイヨシノ，スイカズラ，イヌシデ，カルミヤ，サトザクラ，イヌエンジュ，オオデマリ，モミジバフウ，ハンノキ，アケビ，オオベニガシワ，ヌルデ，ノウゼンカズラ，ウメモドキ，ギンカエデ，ヤマツツジ，コナラ，ウメ，アベリア，オオバヤシャブシ，コブシ，ポーポーノキ，カシワ，トチノキ，カリン，クリ，ヤマフジ，リョウブ，ダンコウバイ，トウカエデ，スズカケノキ，ナツハゼ，ライラック，ヒメヤシャブシ，アカエデ，イヌブナ
低	タブノキ，ベニカナメモチ，トウネズミモチ，ユズリハ，シロダモ，タラヨウ，キンモクセイ，サザンカ，アオキ，ヤブツバキ，ヒサカキ，ヒイラギナンテン，サカキ，アセビ	ダイオウグミ，キヅタ，ゴヨウツツジ，ハクウンボク

ガス吸収能率は，葉面拡散抵抗の大きさによって，高（葉面拡散抵抗1 s/cm 未満），中（同1 s/cm 以上2 s/cm 未満），低（同2 s/cm 以上）とした．

表 2.12 つる植物とその他の植物の葉面拡散抵抗の比較（藤沼ら，1985より作成）

	植物名	葉面拡散抵抗 (s/cm)
落葉樹	ケヤキ	0.46
	ユリノキ	0.82
	イチョウ	0.93
	ソメイヨシノ	1.01
	コナラ	1.28
常緑樹	ヤマモモ	0.98
	シラカシ	1.65
	クスノキ	1.80
	マテバシイ	1.98
	ヤブツバキ	3.34
つる植物	ツルウメモドキ	0.63
	スイカズラ	1.06
	アケビ	1.16
	サネカズラ	1.20
	ノウゼンカズラ	1.23
	ムベ	1.26
	ヤマフジ	1.60
	キヅタ	2.48

葉面拡散抵抗は汚染ガス吸収能率の指標であり，この値が小さい樹種のほうが吸収能率にすぐれている．

の常緑樹や落葉樹のそれらと比較した結果を示す．一般的につる植物のガス吸収能力は木本植物に比較して同等か若干低い．戸塚（未発表）の測定結果では晴天日の1日あたりのNO_2吸収量（$mgNO_2/dm^2 \cdot d$）はアサガオ（品種：スカーレット）で21.6，ヘデラ15.9，クズ15.8であった．

久野（1991）は都市域における大気汚染物質の光化学オキシダントが樹木に与える影響を24種類の樹木について各個葉の光合成能力と蒸散速度および気孔コンダクタンスを測定して樹木の大気浄化能力と大気汚染耐性を比較している（図2.12）．大気浄化能力については落葉樹のほうが常緑樹に比較してやや高く，常緑樹はやや低い種類が多い．また，大気汚染耐性については常緑樹も落葉樹もほぼ似た耐性を有するといえる．

なお，資料編の資料3に関東地方周辺において大気浄化を目的とした樹種リストが一覧表としてまとめられている．

［戸塚　績］

(1) 大気浄化能力

	大 ←―――――――――――――― 大気浄化能力 ――――――――――――――→ 小						
落葉樹	ポプラ	エゴノキ ケヤキ エノキ	クヌギ コナラ ミズキ ヤシャブシ	ハナミズキ ガマズミ コブシ ムクノキ	トウカエデ	イチョウ	
常緑樹			シャリンバイ	シラカシ サンゴジュ スダジイ	ヤブツバキ シロダモ サザンカ	ヤマモモ カクレミノ マテバシイ	サカキ

(2) 大気汚染耐性

	強 ←―――――――――――――― 大気汚染耐性 ――――――――――――――→ 弱						
落葉樹		イチョウ トウカエデ	ミズキ ヤシャブシ ムクノキ	エゴノキ ハナミズキ エノキ	クヌギ コナラ コブシ ガマズミ	ケヤキ	ポプラ
常緑樹	サカキ	マテバシイ ヤマモモ	カクレミノ サザンカ サンゴジュ	シャリンバイ ヤブツバキ シラカシ	スダジイ シロダモ		

図 2.12　25 種類の樹木の大気浄化能力および大気汚染耐性の比較（久野，1991）

文 献

Fujinuma, Y., Furukawa, A., Totsuka, T., and Tazaki, T. (1987): Uptake of O3 by various street trees, *Environ. Control Biol.*, **25** (2), 31-39.

藤沼康美, 戸塚 績, 相賀一郎 (1981): 大気汚染物質に対する感受性のポプラ品種間差異, 国立公害研究所研究報告, (28), 149-159.

藤沼康実, 町田 孝, 岡野邦夫, 名取俊樹, 戸塚 績 (1985): 大気浄化植物の検索—広葉樹における葉面拡散抵抗特性の種間差異, 国立公害研究所研究報告, (82), 13-28.

古川昭雄 (1987a): 大気浄化能力の植物種間差異, 国立公害研究所研究報告, (108), 25-32.

古川昭雄 (1987b): 大気汚染に対する感受性の植物種間差, 国立公害研究所研究報告, (108), 211-223.

Furukawa, A., Isoda, O., Iwaki, H., and Totsuka, T. (1980): Interspecific difference in resistance to sulfur dioxide, *Res. Rep. Natl. Inst. Environ. Stud.*, (11), 113-126

Gaastra, P. (1958): Photosynthesis of crop plants asiinfluenced by light, carbon dioxide, temperature and stomatal diffusion resisitances, *Meded. Landbouwhogesch. Wageningen*, **59**, 1-68.

Granat, L. (1983): Measurements of surface resistance during dry deposition of SO2 to wet and dry coniferous forest (*Effects of accumulation of air pollutants in forest ecosystems*, Ulrich, B., and Pankrath, J. eds., D. Reidel Publishing, Dordrecht, Holland), pp. 83-89.

原薗芳信, 大政謙次 (1987): 大気と植物のガス交換, 国立公害研究所研究報告, (108), 53-72.

Hill, A. C. (1971): Vegetation: A sink for atmospheric pollutants, *J. Air. Pollut. Contr. Assoc.*, **21**, 341-346.

広瀬忠樹 (2002): 群落の光合成と物質生産, (光合成, 駒嶺穆総編集, 佐藤公行編, 208p, 朝倉書店) pp. 150-162.

飯島 亮, 安蒜俊比古 (1974a): 庭木と緑化樹 1—針葉樹・常緑樹, 290p, 誠文堂新光社.

飯島 亮, 安蒜俊比古 (1974b): 庭木と緑化樹 2—落葉高木・低木類, 330p, 誠文堂新光社.

岩城英夫 (1981): わが国におけるファイトマス資源の地域的分布について, 環境情報科学 **10**, 54-61.

環境省 (1988): 大気環境に関する緑地機能検討会 (座長: 沼田 真), 1987-1988.

吉良竜夫 (1976): 陸上生態系概論 (生態学講座 2), 119p, 共立出版.

公害健康被害補償予防協会 (1995): 大気浄化植樹マニュアル—きれいな大気をとりもどすために, 296p, ワールド印刷.

久野春子 (1991): 環境保全からみた緑化樹の特性, 今月の農業—農業・資材・技術, **35** (12), 44-48.

久野春子, 横山 仁 (2003): 都市近郊の大気環境下における樹木の生理的特徴 (II)—24 樹種のガス交換速度, 日本緑化工学会誌, **28** (4), 530-541.

松尾芳雄, 三宅 博, 青木正敏 (1992): 大気浄化機能からみた農林業的土地利用の存在効果—東京都における大気汚染ガス吸収量の推定から, 農土試, **58** (2), 131-137.

三宅 博 (1990): 植物の生産力に基づく緑地の大気浄化機能の評価, 文部省「人間環境系」研究報告書 038-N31, 1530.

Monsi, M. (1944): Untersuchungen ueber die pflanzliche Transpiration, mit besonderer Berücksichtigung der Stomataeren und inneren Regulation, *Jpn. J. Bot.*, **13**, 367-433.

Monsi, M., und Saeki, T. (1953): Über den Lichtfaktor in

den Pflanzengesellschaften und seine Bedeutung für die Stoffproduction, *Jpn. J. Bot.*, **14**, 22-52.

Monsi, M., and Saeki, T. (2005): On the factor light in plant communities and its importance for matter production, *Ann. Bot.*, **95**, 549-567.

名取俊樹 (1987): SO_2, NO_2, O_3 の複合汚染と植物の葉面拡散コンダクタンス, 国立公害研究所研究報告, (108), 239-244.

名取俊樹, 戸塚 績 (1980): 二酸化窒素の短期および長期暴露に伴う植物のガス収着速度を支配する植物側の要因について, 大気汚染学会誌, **15**, 329-333.

名取俊樹, 戸塚 績 (未発表): 各種植物の SO_2 吸収速度の測定例

野内 勇 (2001): 大気環境変化と植物の反応, 391p, 養賢堂.

大政謙次 (1979): 植物群落の汚染ガス収着機能—現象の解析とそのモデル化, 国立公害研究所研究報告, (10), 367-385.

大政謙次, 安保文章, 名取俊樹, 戸塚 績 (1979): 植物による大気汚染物質の収着に関する研究—(II) NO_2, O_3 あるいは NO_2+O_3 暴露下における収着について, 農業気象, **35** (2), 77-83.

大政謙次, 近藤矩朗, 井上頼直 (1988): 植物の計測と診断, pp108-111, 朝倉書店.

Payrisaat, M., and Beilke, S. (1975): Laboratory measurements of the uptake of sulphur dioxide by different europian soils, *Atmos. Environ.*, **9**, 211-217.

Roberts, B. R. (1974): Foliar sorption of atmospheric surfur dioxide by woody plants, *Environ. Pollut.*, **7**, 133-141.

ロビネッティ, G. O. 著, 米国内務省国立公園局, 米国造園家協会編 (1978): 図説 生活環境と緑の機能 (三沢 彰, 山本正之訳, 原著は1977年出版, 米国), 137p, 産業技術センター.

清水英幸, 戸塚 績 (1979): ヒマワリ個体群による SO_2 吸収量の推定, 国立公害研究所研究報告, (10), 139-158.

Srivastava, H. S., Jollife, P. A., and Runeckles, V.C. (1975): Inhibition of gas exchange in bean leaves by NO_2, *Can. J. Bot.* **53**, 466-474.

Thorne, L., and Hanson, G. P. (1972): Species differences in rates of vegetal ozone abosorption, *Environ. Pollut.*, **3**, 303-312.

戸塚 績 (1987): 植物の生産力に基づく各種植物群落のガス吸収量の評価, 国立公害研究所研究報告, (108), 19-24.

戸塚 績 (未発表): ツル植物のアサガオ, ヘデラ, クズの NO_2 吸収能について.

戸塚 績, 三宅 博 (1991): 緑地の大気浄化機能, 大気環境学会誌, **26** (4), A71-A80.

Townsend, A. M. (1974): Sorption of ozone by nine shade tree species, *J. Am. Soc. Hort. Sci.*, **99**, 206-208.

Winner, W. E., and Mooney, H. A. (1980): Ecology of SO2 resistance: I. Effects of fumigations on gas exchange of deciduous and evergreen shrubs, *Oecologia* (Berl.), **44**, 290-295.

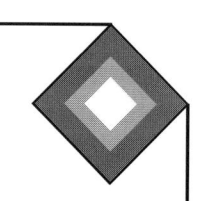

3 植栽による大気浄化機能の評価

植物による大気浄化に期待されていることは，基本的には大気中から汚染物質が植物の機能によって取り除かれて，大気がきれいになることである．植物のこうした機能は広く知られているので，街に樹木を植えれば植えただけ，大気が浄化されるであろうことは間違いない．

植物による大気の浄化は，気孔によるガス交換に伴う吸収と，葉面など植物体への粉じんなどの吸着による．また，植栽が存在することで生じる大気汚染物質の拡散も，本来の意味で浄化とはいえないが，局地的に汚染濃度を下げることができるので，広い意味では浄化といえよう．

植物による大気浄化機能の活用は古くは造園分野で防じん，防煙対策として取り組まれており，1970年代に入って，道路近傍の高濃度NO_2汚染対策としても考えられ始めた．大規模道路の建設にあたっては環境施設帯を設けるなどの道路構造令の改正（1982年）も行われ，環境対策として緑地帯が設置され始めた．しかし，これらの緑地で，どれだけNO_2汚染が低減するのかを調査した報告は，市民団体による日比谷公園などでの測定例（藤田，1992）を除くと筆者らの報告（小川ら，1989，1990，1993，1996）以外にはほとんどなかった．

沿道の植栽については，主として「大気浄化能の大きい植物は何か」に関心が集まった．浄化能が大きければそれだけ大気がきれいになり，濃度も下がる，と考えられるからである．しかし，筆者らが野外で長期間実測した結果では，大気汚染濃度の低減には，まったく異なる要因の影響が大きいことがわかった．

本章では，はじめに，浄化の対象となる大気汚染の現状と特徴について示したうえで，都市緑地や沿道緑地帯で大気汚染物質の濃度がどう変動するのか，実測事例を紹介する．

◆ 3.1 大気汚染の実態と特徴 ◆

3.1.1 二酸化窒素，浮遊粒子状物質による大気汚染の実態

沿道緑地帯の大気浄化効果を考える前に，大気汚染の現状や特徴を知っておく必要がある．

大気環境中の二酸化窒素（NO_2）濃度は，図3.1に示した全国常時監視結果（環境省，2012a）の推移で明らかなように，1970年代から，ごく最近に至るまで，なかなかNO_2濃度が下がらず，とくに道路際に設置された自動車排ガス測定局（以下，自排局という）では，「高濃度横ばい」状態が続いていた．しかし，一酸化窒素（NO）は自動車排ガス規制の効果で少しずつ低下し続け，近年になってようやくその後を追うようにNO_2濃度も低下し始めている．

ただし，NO_2の環境基準は「日平均値が0.04〜0.06 ppmのゾーン内またはそれ以下」だが，

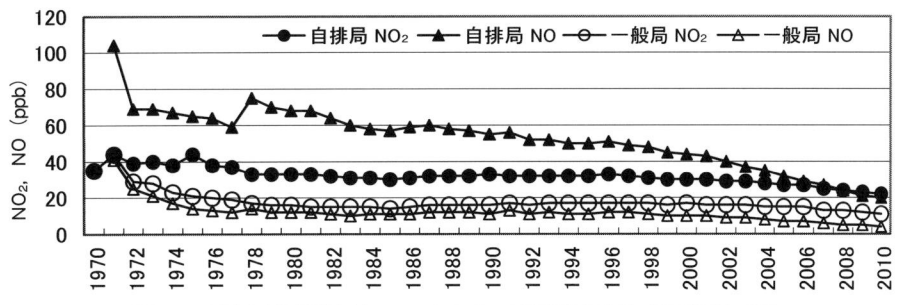

図 3.1 全国常時監視測定局の NO_2 および NO 濃度測定結果（年平均値）推移
環境省大気環境モニタリング実施結果「二酸化炭素及び一酸化窒素濃度の年平均値の推移」の一般環境局，自排局より作成．
http://www.env.go.jp/air/osen/tokyo_h22/rep01.pdf

それを決めるための専門委員会のクライテリア（判定基準）は「年平均値で 0.02〜0.03 ppm」であり，自排局はいまでも全国平均で，ようやくクライテリアの「下限値」に到達する段階である．環境基準である日平均値の「下限値」0.04 ppm 以下で評価すると，2010（平成 22）年度の一般環境では 1332 局中 79 局が，自排局では 416 局中 200 局が依然として超過している．したがって，一般環境局での NO_2 濃度汚染はおおむね改善されたが，大規模道路周辺はいまだ十分とは言い難い汚染状況にある．

浮遊粒子状物質（SPM）[*1]による汚染は，首都圏などの都市部では長年，高汚染が続き，環境基準の達成率がきわめて低かったが，2002（平成14）年に施行，2007（平成19）年に改正された「自動車から排出される窒素酸化物及び粒子状物質の特定地域における総量の削減等に関する特別措置法」（以下，「自動車 NO_x・PM 法」）によるディーゼル車対策によって著しく改善した．NO_x・PM 法対象地域（首都圏や大阪，兵庫，愛知，三重）では，2004（平成 16）年度には一般局は環境基準の達成率 100％，自排局も 23 区内の 1 局のみ残して達成，2008（平成 20）年度以降は一般局，自排局とも 100％の達成率になった（環境省，2012a）．

ただし，より微小な粒子の健康影響が確認されたことから 2009（平成 21）年 9 月に微小粒子状物質（PM2.5）[*2]の環境基準が定められ，「1 年平均値が $15\mu g/m^3$ 以下であり（長期基準），かつ，1 日平均値が $35\mu g/m^3$ 以下（短期基準）であること」とされた．現状では微小粒子状物質の有効測定局数はまだ少ないが，PM2.5 はその多くの沿道で環境基準を超過する傾向にある．2010（平成 22）年度に PM2.5 の長期基準および短期基準の両方を満たした環境基準達成局は，一般局で 11 局（32.4％），自排局で 1 局（8.3％）にすぎない（環境省，2012b）．

以上のように，これまで主役であった NO_2，SPM 大気汚染が比較的，改善傾向にあることから，従来のような NO_2 などの高汚染対策として緑地帯の設置が求められる地域は限られてきている．しかし，ディーゼル車から多量に排出される微小粒子状物質などを考えれば，「大規模道路沿道の環境施設帯」の設置は有効であり，その効果

[*1] 浮遊粒子状物質（Suspended Particulate Matter：SPM）：大気中に浮遊する粒子状物質であって，その粒径が 10 ミクロン（μm）以下のものをいう．さまざまな物質の混合物であるため，季節・場所などにより濃度や組成が異なる．環境基準は，1 時間値の 1 日平均値が $0.10 mg/m^3$ 以下であり，かつ，1 時間値が $0.20 mg/m^3$ 以下であること（48.5.8 告示）．

[*2] 微小粒子状物質（PM2.5）：大気中に浮遊しているおおむね $2.5\mu m$ 以下の微小粒子のことで，従来から環境基準を定めて対策を進めてきた浮遊粒子状物質（SPM；$10\mu m$ 以下の粒子）中に含まれる．肺の奥深くまで入りやすく，呼吸系への影響に加え，循環器系への影響が心配されている．測定法上は粒径が $2.5\mu m$ の粒子を 50％の割合で分離できる分粒装置を用いて，より粒径の大きい粒子を除去した後に採取される粒子のこと．

3.1.2 大気汚染の特徴

a. 沿道地域におけるNO_xの距離減衰

道路際のNO_x, NO_2濃度が著しく高いことは，全国の常時監視結果からすでに明白である（図3.1）．自動車から排出されたNO_xの約8割はNOなので大規模道路近傍のNO濃度は周辺の一般環境よりも著しく高濃度となる．これが道路を離れるにしたがって拡散して減衰する（距離減衰；図3.2）が，その過程で一部はオゾン（O_3）と反応してNO_2に変化するのでさらに減衰が進む．

NO_2は，自動車から排出されるNO_x中，酸化触媒を装着していない長期規制のディーゼル車で約2割（木下，2007）であるが，NOからの生成が加わりながら拡散し，低下していく．当然，道路近傍は周辺の一般環境より高濃度となるが，NOに比べれば距離減衰は小さい．なお，図3.2は1978（昭和53）年に埼玉県内浦和所沢線（現さいたま所沢線）沿道でNO_xを2ヵ月間連続測定した結果（埼玉県環境部，1978）である．現在より濃度レベルは高いが，道路から33m地点までの減衰が大きいことがわかる．沿道濃度から150m地点濃度を引いた値を自動車排ガス寄与分とすると，33m地点ではNO_xが1/3に，NO_2は半減していることに注目する必要がある．

このような道路端からの距離減衰は，一般に日射が強い程，風が強い程大きい．そのため深夜には小さくなる傾向にある．こうした汚染特性から，沿道の高濃度汚染対策としては，道路から生活圏をできるだけ離すことが非常に有効であることがわかる．

b. 沿道大気汚染の日変動

図3.3は前述の浦和所沢線の道路からの距離別の時刻変動を平均値で表したもので，NO_x濃度は朝と夕方から夜にかけて高濃度になり，日中は大きく低下している．これは交通量の変動パター

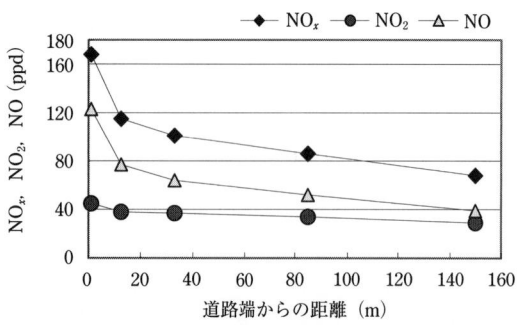

図3.2 県道浦和所沢線沿道におけるNO_x, NO_2, NO濃度の距離減衰（埼玉県環境部，1978より作成）
1978年10～12月に埼玉県内浦和所沢線（現さいたま所沢線）道路端からの距離別に5地点（1, 12.5, 33, 85, 150 m）を連続測定．日交通量2.7万台．

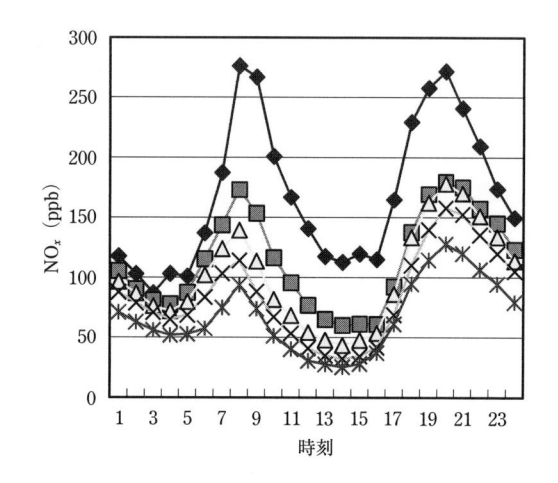

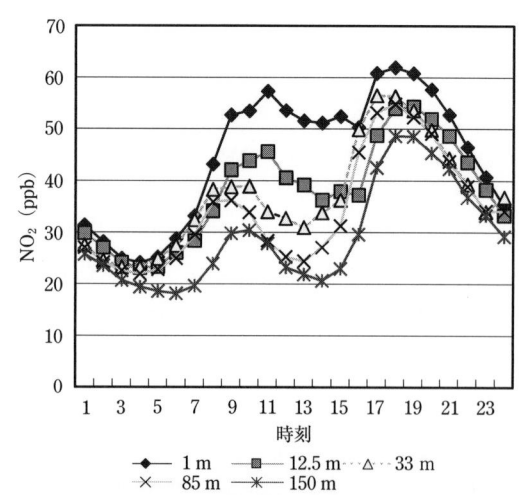

図3.3 県道浦和所沢線道路端からの距離別NO_x, NO_2濃度時刻変動（埼玉県環境部，1978）
1977年10～12月，日交通量2.7万台．

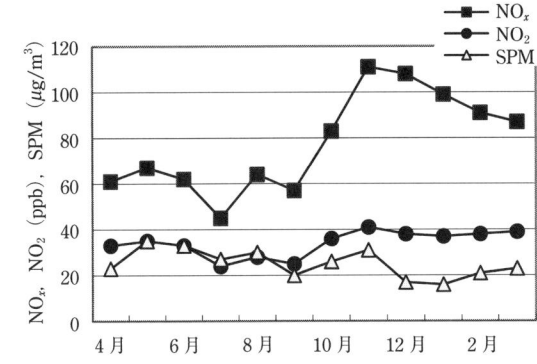

図3.4 埼玉県戸田美女木常時監視測定局におけるNO$_x$, NO$_2$, SPM濃度の月平均値変化（2011年度）
埼玉県常時監視システムより作成.
http://www.taiki-kansi.pref.saitama.lg.jp/kankyo/main

c 大気汚染の季節変動

図3.4は大気常時監視結果（埼玉県，2011）から月変動を示したもので，NO$_x$, NO$_2$濃度は冬季に高まる．これは冬季にいくぶんNO$_x$排出量が増えることにもよるが，基本的には地表付近が冷やされて大気が安定化し，大気が拡散しにくくなるためである．地表が熱せられて大気が不安定化する夏季は汚染物質が入道雲のように上空高く拡散するため，濃度は比較的上昇しにくい．

このような，夏に低く，冬高濃度，日中低く，朝夕高濃度，というNO$_x$など一次汚染物質の特徴は，残念なことに植物の光合成活性が高い時期とは一致しない．SPMも近年まではディーゼル車起源の一次粒子が多かったため，NO$_x$と同様に冬季にも高まる傾向があったが，近年では一年を通してNO$_x$よりも季節変動は小さくなった．NO$_x$・PM法によりディーゼル排気粒子の重量濃度が著しく減少した地域では冬季でもそれほど高濃度にならず，紫外線によってより多く粒子が生成（二次生成粒子）される春から夏季の濃度と同等か，下回るようになったためである．

ンと似ているが，日中の濃度低下は大きすぎる．その原因は主として前述の気象条件による拡散条件の変化にある．平均的には朝夕は大気が安定化して拡散しづらく，日中は日射などで大気が暖められて鉛直方向に拡散しやすくなるためである．NO$_2$も同様であるが，日中，オゾンとNOの反応によって新たに生成するぶんだけ，濃度の低下は小さい．

◆ 3.2 都市緑地による大気浄化測定例 ◆

本章では，はじめに，緑地のなかで大気汚染物質の濃度が本当に下がるのかについて，構造と規模の異なる2つの都市緑地内外のNO$_2$濃度などを自動測定機などで長期間，測定した事例を紹介する．

2つの緑地とも緑地外に比べてNO$_2$濃度が低下することは確認されたが，その低減率（（外部濃度−外部濃度）÷外部濃度×100％）は小規模の緑地のほうが大きかったり，必ずしも日中や夏が大きくなかったりと，「植物による吸収」から期待される結果とは異なっていた．

3.2.1 小面積で放置された二次林の窒素酸化物濃度低減効果

1984（昭和59）年の夏季2ヵ月間，さいたま市内公害センター（現埼玉県浦和合同庁舎．以下，旧公害センターという）に隣接した0.3 haの小緑地内外のNO$_2$濃度を測定した（小川，1985）．

小緑地はコナラ，シラカシ，エノキなどの二次林を中心に高密度で，藪化し，外周はアマチャヅル，ヘクソカズラなどのつる植物がマント群落[*3]を形成していた．周囲は水田，住宅街で，南側200 mには東西に走る県道さいたま所沢線（日交通量28000台）が，東側700 mには南北に走る国道17号新大宮バイパス（日交通量76000台）がある．

[*3] マント群落：林の周囲に発達するつる植物や小低木の群落．マントのように森林内への風の吹き込みを防いだり，日光の直射による乾燥を防いだりする効果がある．

表 3.1 旧公害センターに隣接した小緑地（0.3 ha）内外のNO_x, NO_2, NO 濃度（ppb）および緑地による低減率（%）（小川, 1985）

汚染質	昼夜別	対 照	群落内	濃度差	低減率（%）
NO_x	昼	27.8	25.0	2.8	10.1
	夜	29.6	27.0	2.6	8.8
	全日	28.7	26.0	2.7	9.4
NO_2	昼	15.9	12.3	3.6	22.6
	夜	18.3	14.3	4.0	21.9
	全日	17.1	13.3	3.8	22.2
NO	昼	11.9	12.7	−0.8	−6.7
	夜	11.3	12.7	−1.4	−12.4
	全日	11.6	12.7	−1.1	−9.5

調査は 1984 年 7 月 10 日から 8 月末日, 昼は 6 時から 18 時, 夜は 18 時から朝 6 時まで. ケミルミ NO_x 計 1 台に電磁弁を取り付け緑地内外を 30 分間隔で切り替えて測定.
低減率は（対照濃度−緑地内濃度）÷対照濃度×100（%）.

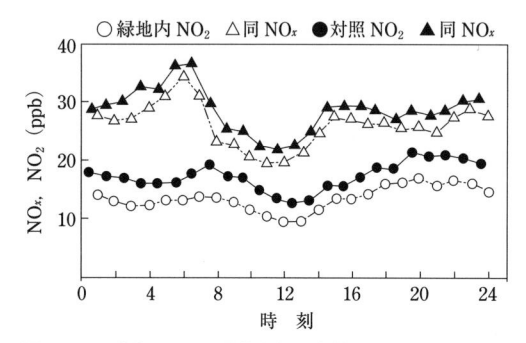

図 3.5 旧公害センター隣接小緑地内外の NO_x, NO_2 濃度時刻変化（1984 年 7〜8 月）（小川, 1985）

ケミルミ NO_x 計[*4]1 台を緑地の外部 20 m 地点に配置し, 緑地内外の濃度を 30 分ずつ, 電磁弁で切り替えて測定した. 結果は表 3.1 に示すとおり, 緑地内の NO_2 濃度は外部より平均値で 3.8 ppb, 22.2% 低かった. しかし NO 濃度は逆に外部より 1.1 ppb 高く, 低減率（（対照濃度−緑地内濃度）÷対照濃度×100%）は −9.5%, NO_x 濃度全体では 2.7 ppb, 9.4% の低減率であった. 時刻変動でも終日, 緑地内部の NO_2 濃度が外部を下回り（図 3.5）, 緑地による NO_2 濃度の低減効果は明らかであった.

NO_2 低減率の時刻変化は平均値で 14.1〜28.6% の範囲内にあった. NO_x の低減率は NO が負の低減率になったため, おおむね NO_2 の 1/2 程度で, 昼夜による差も小さかった. NO の低減率が負になる原因については, 同所で同時に測定したオゾン（O_3）濃度が, 2 ヵ月の平均値で林外 30.1 ppb に対し林内が 27.8 ppb と 2.3 ppb 低かったことから, 自動車から排出された NO が NO_2 に変化する反応が緑地内では抑制されたことが一因である.

荒木ら（1983）, 久野ら（1985）によっても樹林内の O_3 濃度が低いことが報告されていることから, 緑地内部の NO の NO_2 への変化が抑制されること, 逆に外部ではすみやかに相対的に高い O_3 によって NO が NO_2 に変化して減少することで負の低減効果になったものと考えられる.

一般に, 植物は光強度が増すに従って気孔を開き活発なガス交換を行うため, NO_2 などの汚染質の吸収も日中に多いことが報告されている（古川ら, 1985）. しかし, 諸要因の複雑にからみあった都市域の緑地による NO_2 濃度などの低減効果には, 必ずしもこのことが主要因とはなっていないようである.

3.2.2 大面積で管理された二次林の窒素酸化物濃度などの低減効果

大面積の二次林の調査は埼玉県新座市の平林寺近郊緑地保全地区の緑地（4.7 ha; 以下, 平林寺隣接緑地という）で実施した. 緑地は南側に接する小さな市道（日交通量 6000 台）を境に, 47 ha の平林寺境内林に隣接したコナラ, クヌギ, アカマツなどからなる典型的な二次林で, 樹冠部がほぼ連続しているため, これが測定結果に大きな影響を及ぼした. 樹高はおおむね 12 m 以下で, 内

[*4] ケミルミ NO_x 計：試料大気にオゾンを反応させると, NO から励起状態の NO_2 が生じ, これが基底状態に戻るときに化学発光する. この発光強度を測定して, 試料大気中の NO 濃度を測定する. 一方, 試料大気をコンバータとよばれる変換器に通じて NO_2 を NO に変換したうえで化学発光の強度を測定すると, 試料大気中の NO_x（NO＋NO_2）の濃度が測定できる. これらの測定値の差をとることによって, 試料大気中の NO_2 濃度を測定する方法である. 詳細は国立環境研究所環境数値データベース／環境 GIS「大気汚染状況の常時監視結果データの説明（測定物質）」参照のこと.

3.2 都市緑地による大気浄化測定例

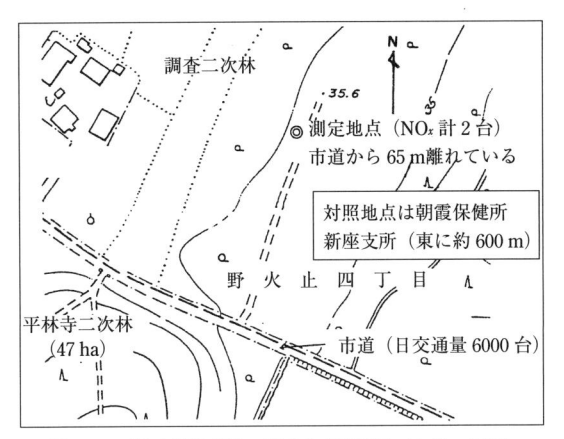

図3.6 平林寺隣接緑地の調査地点配置図（小川，1986）面積 4.7 ha，平林寺緑地を合わせると 52 ha．調査期間は 1985 年 6〜12 月．

部は下草刈りなどの管理が行き届いた開放的な空間となっている（図3.6）．

緑地内の測定点は南側市道から 65 m 離れた地点で，あらかじめ並列運転して調整したザルツマン NO_x 計，光散乱粉じん計を各1台設置し，緑地内の高さ 2 m の位置で1時間値を連続測定した（小川，1986）．対照地点は緑地内測定点から約 600 m 東側の朝霞保健所新座支所で，同様にザルツマン NO_x 計，光散乱粉じん計を設置した．

両測定点とも北側の国道 254 号（日交通量 48000 台）から 330 m，南側の市道から 65 m の等距離にあり，対照としての有効性はあらかじめ簡易 NO_2 サンプラー（ポリフロンペーパーで覆い，風の影響を軽減したアルカリろ紙法）で確認した．

a. 緑地内外の NO_2，NO，NO_x 濃度および低減率

二次林のような落葉樹を中心とした緑地は，枝葉の繁った夏季と，落葉した冬季では群落の構造や植物の活性がまったく異なるので，緑地による大気汚染低減効果も季節によって変動することは想像に難くない．

表3.2 に緑地内外の NO_x などの測定結果を示したが，筆者の予想に反して平林寺との境界市道は朝夕に通勤用乗用車の走行が多く，しかも樹冠によって道路上空が半ば覆われていたため，自動車排ガスが上空に拡散しにくく，道路から調査地点方向に吹く南系風の時間帯は，緑地内の NO_x 濃度が対照地点を顕著に上回ることが多かった．そのため，道路からの自動車排ガスの影響を少しでも除外するため，道路を横切らない北方向からの風（E〜WNW；以下，N系風という）の時間

表3.2 平林寺隣接緑地内外の NO_2, NO, NO_x 濃度（ppb），SPM 濃度（$\mu g/m^3$）および低減率（小川，1986）

			対照	群落内	濃度差	低減率（%）
全期間	全日	NO_2	28.7	25.5	3.2	11.1
		NO	31.6	29.5	2.1	6.7
		NO_x	60.3	55.0	5.3	8.8
		SPM	59.5	49.1	10.4	17.4
N系風時 (E〜WNW)	全日	NO_2	29.9	25.4	4.5	15.2
		NO	33.6	31.1	2.5	7.6
		NO_x	63.5	56.5	7.0	11.1
		SPM	64.7	53.1	11.6	17.9
	昼間	NO_2	29.6	26.5	3.1	10.5
		NO	24.2	23.0	1.2	5.0
		NO_x	53.8	49.5	4.3	8.0
		SPM	67.1	54.8	12.3	18.3
	夜間	NO_2	30.3	24.5	5.8	19.1
		NO	41.9	38.1	3.8	9.1
		NO_x	72.2	62.6	9.6	13.3
		SPM	63.1	52.5	10.6	16.8

N系風時は南側道路の影響を軽減するため，E〜WNW 風時間値を集計した．調査期間は 1985 年 6〜12 月．
SPM は相対濃度．

値についても集計した.

全期間平均の低減率は，NO_2 が 11.1%，NO が 6.7%，NO_x が 8.8% で，緑地内では NO_2，NO 濃度が低減することが確認された．また，市道の影響を軽減した N 系風時では，群落内汚染質の濃度は対照より NO_2 が 4.5 ppb，NO が 2.5 ppb，NO_x が 7.0 ppb 低く，低減率はそれぞれ 15.2，7.6，11.1% と大きくなり，樹冠に覆われた道路がなければ，もっと大きな低減効果があったはずであることは示唆されている.

また，N 系風時の昼間（7〜18 時）の低減率は NO_2 が 10.5%，NO が 5.0% なのに対し，夜間（7〜18 時）は NO_2 が 19.1%，NO が 9.1% と，いずれも約 2 倍大きかった．NO_2 の濃度レベルは昼間 29.6 ppb，夜間 30.3 ppb と同レベルであったが，夜間は大気が比較的安定しているうえに，南側市道の交通量も，通勤時間帯の数時間を除く夜間はきわめて少なく，その直接的影響が昼間より格段に小さかったためと考えられる.

b. 緑地内外の SPM 濃度および低減率

街中や道路分離帯の植栽がしばしば黒く汚れているのをみかけるように，粉じんが植栽に付着することは明らかであるが，その結果，どれだけ大気中の SPM 濃度が低減するのであろうか.

表 3.2 に示した約半年間の SPM 濃度（相対濃度）は林外の対照地点が $59.5\mu g/m^3$ に対し，林内が $49.1\mu g/m^3$ と，$10.4\mu g/m^3$ 低く，低減率は 17.4% で，同時期に調査した NO_2 の低減率 11.1% をいくぶん上回る結果で，SPM 濃度も緑地によって低減することが確認された．南側道路からの自動車排ガスの影響を軽減した N 系風時では林外濃度 $64.7\mu g/m^3$ に対し林内は $53.1\mu g/m^3$，低減率は 17.9% で全期間とほとんど変わらなかった.

さらに，粉じんの粒径別の低減効果を明らかにするため，調査期間中の 1 週間，ローボリュームアンダーセンサンプラー[*5]（以下，アンダーセンサンプラーという）で粒径別に粉じんを採取し，緑地内外を比較した（表 3.3）.

表 3.3 平林寺隣接地内外における光散乱粉じん計およびアンダーセンサンプラーによる粉じん濃度測定比較（単位：$\mu g/m^3$）（小川，1986）

	アンダーセンサンプラー			光散乱粉じん計
	全量	粗大粒子	微小粒子	
対照内	85.9	40.5	45.4	67.7
群落内	66.7	30.1	36.6	52.0
低減率（%）	22.4	25.7	19.4	23.2

光散乱粉じん計の値は相対濃度．測定は 1985 年 6 月 5〜12 日.

一般に大気中の粉じんの粒径分布は，1〜2 μm を境に 0.85 μm および，3.9〜5.7 μm 付近をピークとする二山型のパターンを示す．2 μm 以下の微小粒子は主として燃焼起源や二次生成粒子で，その有害性から近年，PM2.5 の環境基準が定められた．2 μm 以上の粗大粒子はおおむね自然起源である.

アンダーセンサンプラーで採取した全量は緑地外部の対照が $85.9 \mu g/m^3$，内部が $66.7 \mu g/m^3$ に対し，光散乱粉じん計[*6]はそれぞれ 67.7，$52.0 \mu g/m^3$ を示した．低減率ではアンダーセンサンプラーが 22%，光散乱計が 23%，とほぼ同じ結果が得られている．目的にした粒径別の低減率は粒径の大きい粗大粒子（アンダーセンサンプラー 5 段目を境に 2.1 μm 以上）が 26% で，微小粒子（2.1 μm 以下）の 19% をやや上回っており，比較的大きな粒子のほうが植物群落によって低減しやすいことが示された．粗大粒子は緑地内の風速低下で重力落下による沈降が促進されるし，植物体にも捕捉されやすいためと考えられる.

[*5] ローボリュームアンダーセンサンプラー：多数の孔をもつ合金のステージが 8 段積み重ねられた構造で，粒径 0.43〜11 μm の大気中粉じんを粒径別に捕集する装置．0.43 μm 以下の粒子は，バックアップフィルターによってろ過捕集される．吸引流量は 28.3L/min.

[*6] 光散乱粉じん計：試料大気に光を照射し，その散乱光の強度を測定することにより，浮遊粒子状物質の相対濃度を測定するもの．相対濃度を質量濃度に換算するには，標準測定法であるろ過捕集法との並行測定を行って，換算係数（F 値）を求める必要がある．この換算係数は，湿度，粒径，組成の影響により地域的，時間的変動がある．詳細は国立環境研究所環境数値データベース／環境 GIS「大気汚染状況の常時監視結果データの説明（測定物質）」参照のこと.

3.2.3 都市緑地による NO$_2$, SPM 濃度の低減

構造と規模の異なる2つの都市緑地内外のNO$_2$濃度などを自動測定機で調査した結果，旧公害センター隣接のわずか0.3 ha の小緑地は夏季2ヵ月間のNO$_2$濃度低減率が22.2％であったのに対し，自動車排ガスの影響を受けていたとはいえ4.7 ha の平林寺隣接緑地の7，8月の低減率15.3，8.3％（小川ら，1993）を上回った．

大気中のNOはO$_3$によってNO$_2$に変化することから，緑地内のO$_3$濃度が低いとNO$_2$濃度も低くなる．旧公害センター隣接緑地では，緑地内のO$_3$濃度が平均2.3 ppb低かったため，緑地内でのNO$_2$の生成が外部より，そのぶんだけ抑制されて高い低減率になった．また，夏季の一般環境ではNOは拡散しやすく，NO$_2$への変化も速いので，その時期，NOが滞留したマント群落に覆われた緑地内は相対的には高濃度になりやすい．また，昼夜別のNO$_2$低減率では旧公害センター隣接の小緑地で同レベル，平林寺隣接緑地では夜が昼を上回っていた．

こうしたことを考えると，NO$_2$濃度の低減に植物による吸収が関与しているとしても，それ以上に緑地の構造や周辺の発生源との位置関係，大気汚染濃度レベル，およびそれらに影響を与える気象要因・拡散条件の変化が大きく影響しているものと考えられる．

3.3 沿道植栽による大気浄化測定例

沿道の大気汚染対策についてはこれまでさまざまな案が考えられてきた．大規模道路の建設にあたっては環境施設帯などを設置するという道路構造令に加えて，2007（平成19）年には自動車NO$_x$・PM法第6条および第8条の規定に基づき定められた総量削減基本方針にも，「NO$_x$・PMが高濃度となる交差点の周辺では，濃度が高くなる時間帯や地形，沿道の利用状況など地域の実情に応じて，道路の緑化や環境施設帯の整備なども含めて，国や地方自治体などが連携して施策を進めていくべきである」とされ，局地的汚染対策の一つとして沿道植栽があげられている．

筆者らは，自動車排出ガスによりNO$_x$やSPMが高濃度となっている大規模沿道で，植栽の大気汚染低減効果について，数年間にわたって調査し，長期間の平均値としてNO$_2$やSPM濃度が低減することを明らかにしてきたが，ここでも植栽の構造や風向きなどの拡散条件などによって，低減効果が著しく変動することが確認された（小川ら，1987，1989，1990）．

以下に，主として常緑樹からなる国道17号沿い（日交通量4.3万台）の上尾運動公園沿道緑地

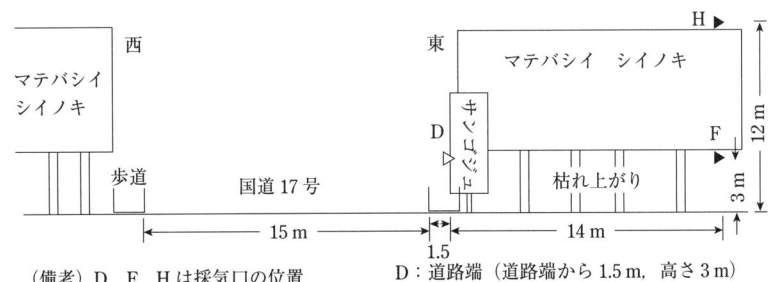

図 3.7 上尾運動公園緑地帯およびNO$_x$計などの設置地点の模式図（小川，1989，1993）
対照地点の採気口は緑地帯のない公園の北側で緑地帯内測定地点と等距離で道路端から15.5 m地点，高さ3 mに設置．緑地帯の幅は約14 m，長さは200 m.

帯と，主として落葉樹からなる国道17号バイパス沿い（日交通量8万台）の与野公園沿道緑地帯での調査例を紹介する．

3.3.1 主として常緑樹からなる上尾運動公園沿道緑地帯

上尾運動公園の沿道緑地帯はSSEからNNW方向に走る道路の両側にあり，図3.7に示すとおりマテバシイ，シイノキ（スダジイ）などの常緑高木が，幅10〜15m，長さ200mにわたって植栽されている．東側緑地帯の道路側は樹高5m程度のサンゴジュが1列，生垣状に植栽されて緑の壁を形成している．緑地帯の樹高は12m未満で，内部の枯れ上がりが著しい．

東側緑地帯の植栽面積は約2800m^{2}で，サンゴジュなどの低木を除く高さ8m以上の高木類の立木密度は10.8本/100m^{2}である．一方，道路西側の緑地帯は所々，通路として分断され，内部は一部駐車場になっている．下枝も歩行を妨げないよう，おおむね2.5mの高さまで切り落とされている．

このように道路両側の植栽構造が異なることから，はじめに道路両側で簡易測定によるNO$_2$濃度分布調査を行い（小川，1989），続いてNO$_2$濃度の低減が確認された東側の緑地帯を対象に，あらかじめ並列運転，調整したザルツマンNO$_x$計で連続測定を行った（小川，1987，1989，1993）．

a．簡易法によるNO$_2$濃度分布の測定結果

調査は風の影響を軽減した分子拡散型NO$_x$サンプラー（以下，NO$_x$サンプラーという）を用いて，1985（昭和60）年6，7，10，12月に各3回ずつ行った．測定地点は道路端から直角方向に，2m（緑地帯前面），15m，30m，70mとし，道路の東側に2列，西側に3列，計20地点とした．うち東西の各1列8地点は，道路際に植栽のない所で，緑地内と比較するための対照地点とした．

図3.8下段は東西緑地帯周辺のNO$_2$濃度の平均値を，上段はそれぞれ対照濃度を100とした相対濃度で示したものである．NO$_2$濃度は道路の

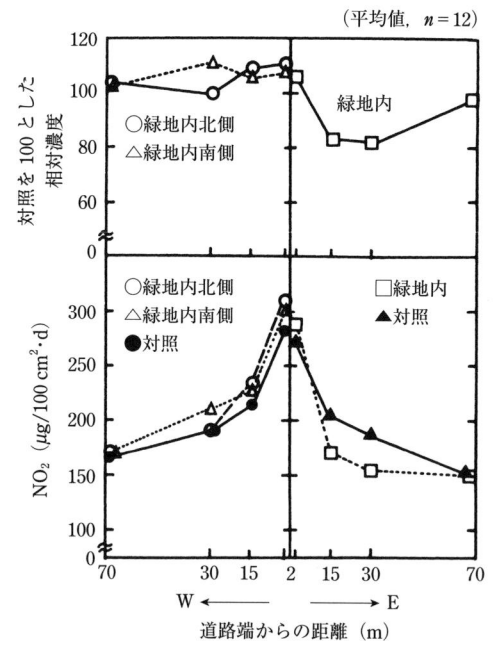

図3.8 上尾運動公園沿道緑地帯の簡易法によるNO$_2$濃度分布（下）および対照地点を100とした相対濃度（上）（小川，1989，1993）
測定は分子拡散型NO$_x$サンプラーを用い，道路からの距離別に各3個を地上高2.5m付近の枝などに吊るして各3回大気暴露後，定法で定量し，平均値で表示した．

両側とも道路から離れるに従って低下する距離減衰を示し，東側緑地内の道路から15m地点（以下15m地点という）の濃度は171μg/100cm^2・dで，その対照地点206μg/100cm^2・dを下回ったが，緑地帯が分断され隙間の多い西側では，ほとんど対照地点と同レベルであった．

道路から等距離にある対照地点のNO$_2$濃度を100とした東側緑地内の相対濃度（図3.8上段）は15m地点が83で17％の低減がみられた．70m地点が対照と同程度となったのは，公園内の小道路に設置したためである．また，緑地帯前面の道路際2m地点のNO$_2$濃度は東西両地点とも緑地帯のない対照地点より高く，緑地に挟まれた道路内には自動車排出ガスが滞留していることが示されている．

東側緑地内15m地点での季節別のNO$_2$低減率は7月＞6月＞10，12月で，それぞれ平均値で28，22，9，9％であった．NO$_x$サンプラーによ

3.3 沿道植栽による大気浄化測定例

表3.4 上尾運動公園緑地帯内外のNO₂, NO濃度月平均値（単位：ppb）（小川, 1989, 1993）

		6月	7月	8月	9月	10月	11月	12月	平均
NO₂	道路端	45.6	38.1	29.4	36.5	41.1	41.2	48.6	40.1
	対照	28.6	25.2	18.7	23.1	28.7	37.3	41.8	29.1
	緑地内	25.4	21.8	16.8	19.8	23.9	31.3	35.8	25.0
	樹冠上部	25.7	21.2	17.2	22.4	25.5	32.7	37.9	26.1
	濃度差	3.2	3.4	2.0	3.3	4.8	6.1	6.0	4.1
	低減率（%）	11.2	13.5	10.7	14.3	16.7	16.4	14.4	14.1
	同静穏時（%）	24.8	27.4	23.7	24.7	23.6	17.8	16.4	22.6
NO	道路端	176.7	172.2	116.0	150.1	186.3	254.3	320.4	196.6
	対照	27.9	27.8	23.2	22.0	35.8	63.7	87.9	41.9
	緑地内	29.5	30.4	28.5	19.6	27.1	52.6	75.8	37.6
	樹冠上部	21.4	19.3	17.8	18.7	30.1	53.4	73.6	33.5
	濃度差	−1.4	−2.6	−5.3	2.5	8.7	11.1	12.1	4.3
	低減率（%）	−5.7	−9.4	−22.8	11.4	24.3	17.4	13.8	10.3
	同静穏時（%）	35.8	31.9	22.2	22.5	31.4	16.2	17.0	25.3

調査は1986年6～12月.
濃度差＝対照濃度−緑地内濃度, 低減率%＝(対照濃度−緑地内濃度)÷対照濃度×100（%）.
静穏時（%）は風速0.3m/s以下のときの低減率.

る各月3回の限られた回数の調査結果では，連続して密な緑地帯ではNO₂濃度が低減し，その大きさは夏季が冬季を上回ったが，冬季でも一定の低減効果がみられた．また分断され隙間の多い西側緑地帯では低減効果はみられず，緑地帯によるNO₂の低減効果には緑地帯の構造の影響が大きいことが伺えた．

b. 自動測定機によるNO₂, NO, SPM濃度の測定

沿道緑地帯周辺の濃度変動を動的に，しかも確実に明らかにするために自動測定機による長期測定を行った．1986（昭和61）年6～12月の半年間，図3.8中のD（道路端から1.5m；以下道路端という），F（緑地内；道路端から15.5m），H（樹冠上部；緑地内Fの上部）地点と，緑地帯を外れたFの対照地点CのNO₂, NO濃度をザルツマンNOₓ計で連続測定した．

NO₂濃度などの測定結果は表3.4に示したとおりで，全期間の平均値ではNO₂は道路端で40.1ppbであったが15.5m離れた対照地点Cでは29.1ppbに減衰し，これと等距離にある緑地内Fは25.0ppbで対照より4.1ppb, 14.1%低かった．NOは道路端が196.6ppbときわめて高かったが，急速に減衰し，15.5m離れた対照は41.9ppb, 緑地内は37.6ppbで，対照より4.3ppb, 10.3%低かった．

また，緑地内測定地点Fの上部にある樹冠上部HのNO₂は26.1ppbで緑地内をやや上回ったが，NOは緑地内より4.1ppb低い33.5ppbであった．

月別の平均値でも，各月とも緑地内のNO₂濃度は対照よりも低く，濃度差の最高は11月の6.1ppb, 最小は8月の2.0ppbであった．低減率でも7, 8月よりも10, 11月が大きく，最高は10月の16.7%, 最低は8月の10.7%となり，先に示したNOₓサンプラーによる測定結果とは異なる逆の傾向となった．

一方，NO濃度は6月から8月にかけて緑地内が外部の対照よりも高濃度となり，低減率は−5.7～−22.8%の負となった．9月以降は対照の濃度レベルが上昇し始めて緑地内を上回り，濃度差は12月に最大12.1%, 低減率では10月に最大24.3%となった．

一般に，ある地点の大気汚染濃度は発生源の排出強度とそこからの距離，および気象条件などで決定されるので，沿道地域は，とくに風向など拡

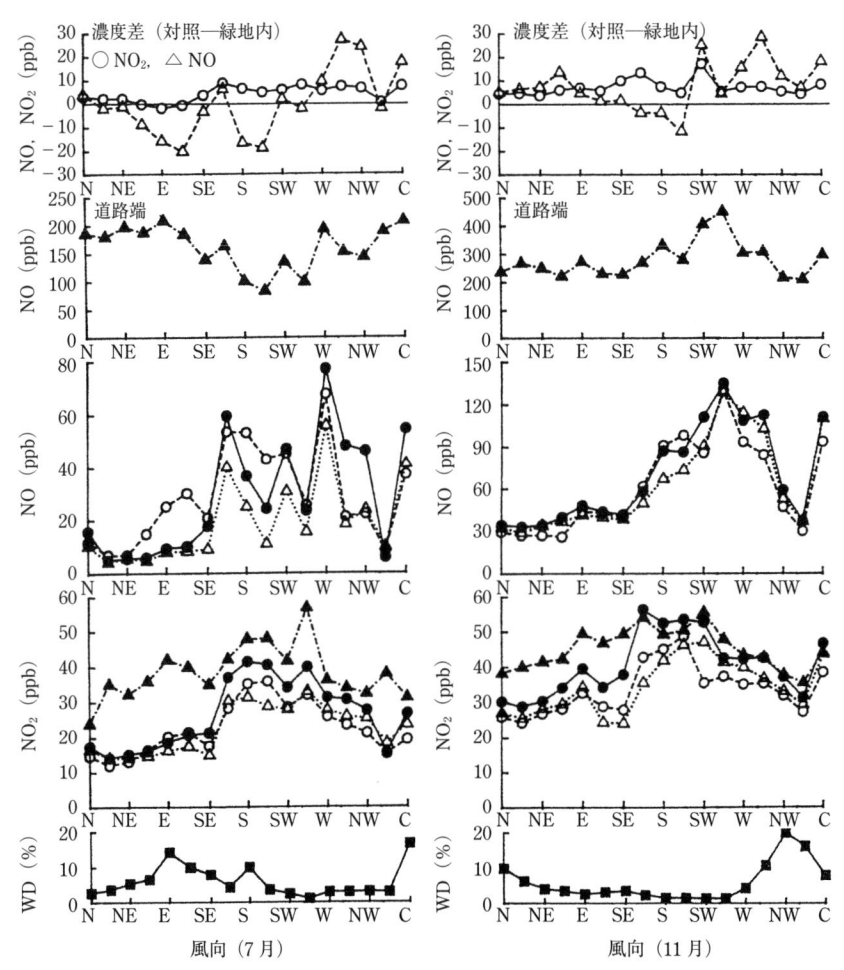

図3.9 上尾運動公園沿道緑地帯内外の7, 11月の風向別NO₂, NO濃度（小川, 1989,1993）
下から1段目は風向別出現頻度, 2段目はNO₂, 3段目は緑地内外のNO, 4段目は道路端のNO, 最上段はNO₂, NO濃度差（対照―緑地内）. 3段目, 4段目のNO濃度は7月, 11月のスケールが異なる.
1～4段目までの凡例：●対照, ○緑地内, ▲道路端, △樹冠上部.

散条件の影響が大きい．そこでほとんど無風に近い静穏時（風速0.3 m/s以下）について比較してみると，NO, NO₂濃度の変動傾向そのものは変わらなかったが，NO₂, NO濃度とも低減率が著しく高まった（表3.4）．大気の水平方向への拡散が遅くなるため，緑地内に自動車排ガスが侵入しずらくなったものと考えられる．NO₂低減率の最高は7月で27.4％に，NOは6月で35.8％に達した．

次に風向の影響を検討するため7月と11月を例に，1時間値の測定結果を風向16方位別に区分し，地点別にNO₂, NO濃度および緑地内外の濃度差などを平均値で図3.9に示した．最下段に示した7月の風向別出現頻度はE系風を中心とする緑地帯から道路方向への風（以下，逆風という）が多く，W系の道路から緑地帯方向への風（以下，横断風という）の割合は少なかった．7月の各地点のNO₂, NO濃度は横断風時に高く，逆風時に低かったが，道路端だけは逆風時にも比較的高濃度となった．

このように風上の道路端が高濃度となる現象は，ビル街などでストリートキャニオン現象（磯村, 1976）として知られている．ビルにあたった風によって道路内に鉛直方向の渦巻ができ，風上

側道路端が高濃度になるもので，本調査地点のような道路両側の緑地帯でも，同様の現象が生じたものと考えられる．

緑地帯内外の NO_2 濃度は SE～NW の平行風から横断風および静穏時（C）で緑地内が対照を下回って，低減効果がみられたが，N～ESE の逆風時には濃度レベルも低く，ほとんど濃度差はなかった．

NO も W～NW の横断風および静穏時に大きな低減効果がみられたが，NNE～SE の逆風時および S～SSW の S 系平行風時には緑地内の NO 濃度が対照を上回る傾向をみせた．

一般に平坦地では，道路から汚染質が拡散する場合，風下方向が高濃度となり，風上方向が低濃度となるので，当然の結果といえる．横断風時は風下の対照地点が高濃度となるのに対して，緑地帯があると，自動車排ガスの一部が上空に拡散するので，緑地内の NO_2 や NO はやや低濃度となる．逆風時にストリートキャニオン現象が起きて道路端濃度が高まり，緑地内にも侵入して，やや濃度が上昇したが，道路端から 15.5 m 離れた対照地点では濃度が上がらないので，緑地内の NO 濃度が外部を上回ることになった．それでも NO_2 の濃度が同レベルだったのは，濃度レベルが低かったことと，都市緑地の項（3.2 節）で示したように，緑地内 O_3 濃度が対照地点よりも低いことで NO から NO_2 の変化が遅れるためと考えられる．

11 月は 7 月に比べて大気が安定化するため NO_2，NO の濃度レベルは高い．NO_2 は横断風時を中心に全風向で緑地内が対照を下回り，NO は S 系平行風時にやや緑地内が対照を上回ったほかは，各風向で低減効果が認められた（図 3.9 最上段）．7 月の逆風時のような濃度上昇はみられていない．11 月の樹冠上部の NO，NO_2 濃度は SW～NNW の横断風および静穏時に明確に緑地内を上回ったが，これは緑地帯の遮閉効果によって自動車排出ガスが鉛直方向に拡散されていることを示す証拠である．一方 7 月の樹冠上部の NO 濃

表3.5 上尾沿道緑地帯内外の SPM 濃度測定結果（6～12 月 $\mu g/m^3$）（小川，1987）

	道路端	対照	緑地内	濃度差	低減率（%）
全期間	88.3	64.6	58.0	6.6	10.2
昼間	87.9	62.9	57.2	5.7	9.1
夜間	88.7	66.2	58.8	7.4	11.2

SPM 濃度は光散乱粉じん計による相対濃度．採気口の高さは 3 m．

度は大気が不安定なため拡散しやすく，各地点のなかでもっとも低いことが多かったが，それでも NO_2 では WSW～NNW の横断風時および静穏時にいくぶん緑地内を上回った．NO_2 濃度の樹冠上部と緑地内の差が NO の濃度差よりも大きいのはオゾンによる NO_2 の生成と NO の消費のためであろう．

以上のように，沿道緑地帯による NO_2，NO 濃度の低減効果は風向によって，それも季節によって大きく変動している．こうした沿道緑地帯による大気汚染低減効果は，主に緑地帯の構造のもつ遮閉効果と，それに起因する自動車排出ガスの上空方向への拡散および，そのような拡散条件を左右する大気安定度や風向の影響が大きいことがわかった．

なお，この間，同時に計測していた SPM の測定結果を表 3.5 に示す．対照地点の SPM 濃度の全期間の平均値は 64.6 $\mu g/m^3$，緑地内が 58.0 $\mu g/m^3$ で，濃度差は 6.6 $\mu g/m^3$，低減率は 10.2% となり，沿道緑地帯でも SPM が低減することが確認された．昼夜別の差もほとんど見られなかった．

3.3.2 落葉樹からなる与野公園沿道緑地帯

与野公園の沿道緑地帯は，主として落葉樹が 5 列にわたって帯状に植栽された，よくみられる一般的な緑地帯である．

与野公園沿道緑地帯は SSE から NNW 方向に走る国道 17 号バイパス（日交通量約 8 万台）に沿って，道路の東側にあり，図 3.10 に示すとおり，ケヤキ，イチョウ，サクラなどの落葉高木が，幅 13.6 m，長さ 150 m にわたって植栽されている．道路に面する緑地帯西側はキョウチクト

ウ，ツツジ，サツキなどが緑地帯の裾を覆っているが，その上部は，ケヤキなどの樹冠部との間に空隙が目立った．植栽されている高さ8m以上の樹木の立木密度は7.9本/100 m²である．

1987年6月から12月にかけて，あらかじめ調整したザルツマンNOx計を，道路端から15.5 m離れた緑地帯内（L）およびその対照地点（C）に各2台設置し高さ2.5 mと樹冠上部の高さ12 m（U）の大気を連続測定した．また，緑地内およびその対照地点には光散乱粉じん計も設置し，SPM濃度も測定した（小川，1988，1990）．

測定結果を表3.6に示す．全期間の平均値では，緑地内L（以下，緑地内という）のNO₂濃度は35.6 ppbで外部の対照地点（以下，対照地点という）より2.7 ppb低く，低減率は7.0%，NO濃度は緑地内が61.1 ppb，対照地点が62.5 ppbで低減率は2.2%にすぎなかったが，いずれも緑地帯によって，長期平均的には濃度が低減した．この間，緑地の樹冠上部U（以下，樹冠上部という）のNO₂濃度は32.7 ppbで対照の上部（以下，対照上部という）の32.4 ppbとほぼ等しかったが，NO濃度は樹冠上部が50.0 ppbで対照上部44.5 ppbを5.5 ppb上回った．なお，NO濃度は調査した7ヵ月間のうち，4ヵ月間が緑地内濃度が外部の対照を上回る結果であった．

前項でも述べたとおり，沿道の大気汚染濃度は風向の影響を強く受けるので，風速0.3 m/s以下の静穏時のみのデータを集計してみるとNO₂濃度の緑地帯による低減率は全静穏時平均値で7.3%であり，全期間平均値の7.0%と同レベルであったが，NO濃度では低減率が6.8%と約3倍になった．月変動を比較してみると，NO₂，NO濃度とも各月の低減率が正となり，とくにNOの上昇が目立った．このような変動には，上尾運動公園沿道緑地帯と同様，主として風向などの気象要因の影響が大きいことが確認されている．

以上，2ヵ所の沿道緑地帯で行った長期測定の結果，沿道緑地帯周辺のNO₂，NOなど濃度変動とその大気汚染低減効果は，主として緑地帯の構造に起因する遮閉効果と緑地帯内外の大気拡散速度およびNO₂生成速度の違いで著しく変化することがわかった．とくに，緑地帯の構造の相違による影響は大きく，上尾運動公園の事例では，西側の分断された緑地帯では大気汚染の低減効果がみられなかったのに対し，東側の密植された，樹高の高い緑地帯の場合，比較的大気汚染低減効果

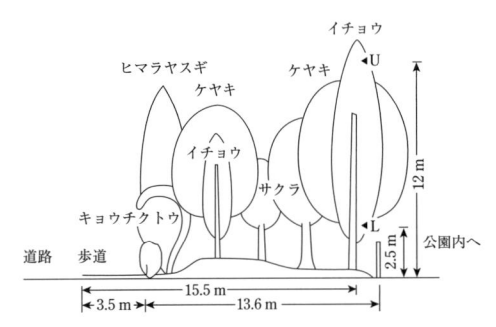

図3.10 与野公園沿道緑地帯および測定地点の配置図（小川，1988，1990）
Lは緑地帯内（高さ2.5 m）の測定地点，Uは樹冠上部（高さ12 m）．道路は国道17号バイパス（日交通量8万台）．

表3.6 与野公園沿道緑地帯内外のNO₂，NO，SPM濃度測定結果（小川 1988）

		対照 CL	緑地内 FL	対照上部 CH	緑地内上部 FH	濃度差 (CL−FL)	濃度差 (CH−FH)	緑地内の低減率（%）
NO₂ (ppb)	全日	38.3	35.6	32.4	32.7	2.7	−0.3	7.0
	静穏時	39.9	37.0	36.7	36.6	2.9	0.1	7.3
NO (ppb)	全日	62.5	61.1	44.5	50.0	1.4	−5.5	2.2
	静穏時	94.9	88.4	77.4	88.3	6.5	−10.9	6.8
SPM (μg/m³)	全日	68.9	64.8	—	—	4.1		6.0
	静穏時	88.0	84.0	—	—	4.0		5.4

対照CL：h=2.5m，緑地内FL：h=2.5m，対照上部CH：h=12m，緑地上部FL：h=12m．
静穏時は風速0.3m/s以下のとき．

が大きかった．これは緑地帯によって横断風時に自動車排ガスの水平方向の拡散が妨げられて，一部が鉛直方向に拡散するためである．与野公園の緑地帯のように隙間の多い緑地帯では，鉛直方向への拡散効果はあるものの，自動車排ガスが緑地内にこもりやすく，NO はかえって高濃度になることも多かった．同じ緑地帯であっても植栽の仕方によっては，大気汚染の低減効果に大きな差があることがわかる．

3.3.3 沿道緑地帯のある都市公園内の NO_2 濃度低減範囲

これまで沿道の緑地帯が NO_2 などの大気汚染を低減する効果があることを述べたが，本項では，その効果が緑地帯後方のどこまで及ぶのか，についての調査結果を紹介する．

都市部にある公園，緑地は外周部の植栽を挟んで道路に囲まれていることが多い．そのような公園内外で自動車から排出される代表的大気汚染物質 NO_x がどのような分布をしているのかを

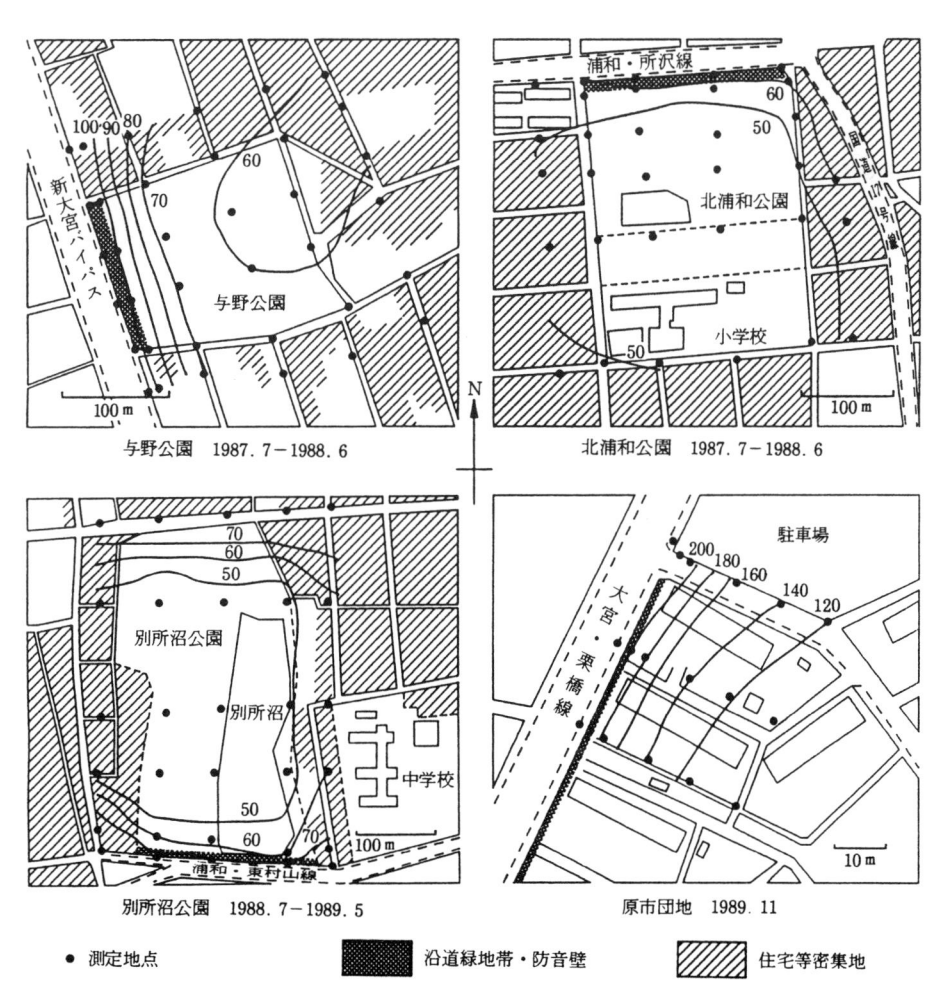

図 3.11 調査地点図および NO_2 濃度分布（平均値，ppb）（松本ら，1990）

測定地点数は北浦和公園36ヵ所，別所沼公園32ヵ所，与野公園30ヵ所．分子拡散型 NO_x サンプラーを防水シェルター内に納めて各1年間，毎月2回，枝などに吊るして24時間暴露し，分析，定量した．防音壁を対象とした原市団地の測定は11月に2回のみ．

与野公園の西側には国道17号線新大宮バイパス（日交通量約8万台），北浦和公園の北側に浦和・所沢線（同，約2万台），東側に国道17号（同，約2万台）が接する．別所沼公園の南側には浦和・東村山線（同，約2万台）が接する．防音壁を調査したさいたま栗橋線の日交通量は5万台．

分子拡散型NO_xサンプラー（PTIO-NO_xサンプラー）[*7]で測定した．調査はさいたま市内の北浦和公園，別所沼公園および前項で紹介した与野公園で実施した（松本ら，1990）．いずれの公園も外周部には緑地帯が設けられている．

調査地点および調査結果のNO_2等濃度線は図3.11に示したとおりで，3つの公園とも，主として周辺道路から離れることによる距離減衰の影響で，1年間の平均値では公園内のNO_2濃度が周辺部よりも低くなっていることが確認されている．加えて，道路から等距離の公園内と外部の対照のNO_2濃度平均値（公園外は2列，内部は2～3列の平均値）を比較した結果では，いずれの公園でもNO_2濃度は公園内部が低いことが確認されている．公園内のNO_xの対照地点に対する年間の平均低減率は与野公園6～9％，北浦和公園9～10％，別所沼公園で17～40％と，いずれも公園内が外部の対照より低濃度で，自動車排ガスの影響が軽減されている（松本ら，1990）．

沿道緑地帯が大気汚染を低減する理由の一つが自動車排ガスの水平方向の流れを妨げ，鉛直方向に拡散させるためであるが，それなら防音壁であってもNO_2濃度の低減が確認されると考えられる．そこで，日交通量約5万台で南北に走る大宮栗橋線沿いの上尾原市団地西側の防音壁（高さ3m）を対象に，分子拡散型NO_xサンプラーを用い，18地点で24時間調査を実施した．わずか2回の調査ではあるが，高さ2mの位置で測定した結果は防音壁後方5m地点でNO_2が北側に設置した対照地点よりも13.5％，30m地点で7.5％，50m地点では3％の低減が確認された．また，緑地帯と同様に，道路端と防音壁間のNO_2濃度が対照地点よりも12.3％高濃度となっていることも，防音壁に拡散を妨げられた結果が現れている．

◆ 3.4 沿道汚染対策としての緑地帯の評価 ◆

上尾運動公園の沿道緑地帯によって，6～12月の平均で，NO_2濃度が4.1 ppb，14％，与野公園の沿道緑地帯では2.7 ppb，7％低減したが，この効果が前面道路から拡散してくる自動車排ガス寄与分のおおむね何％に相当するのかを概算した（小川，1989，1993）．

上尾運動公園の道路端のNO_2濃度は40.1 ppb，14m離れた対照地点は29.1 ppbなので，対照地点での前面道路を走行する自動車からのNO_2濃度の寄与分は40.1 ppb－29.1 ppb＝11 ppbである（実際は後背地濃度との差が寄与分．実測値はないが約13 ppb程度と推定）．そのうち4.1 ppbが低下したということは，道路から14mの地点では自動車排ガス寄与分の37.3％（4.1 ppb÷11 ppb×100）を低減させたことになり，局地的対策としては著しい効果，ということができる（実際は31％程度）．

次に，植物による吸収の割合を既存の文献をもとに試算してみた．戸塚ら（1991）はヒマワリ集団で，大気中NO_2濃度が0.05 ppmのとき，64 mgNO_2/m^2・dと試算している．（2.4節参照）岡野（1987）は^{15}N希釈法で大気中NO_2濃度が0.06 ppmのとき，好条件下でポプラは葉面積100 cm^{2}あたり0.2 mg/d吸収するとしている．これらの方法により，上尾運動公園の道路両側の緑地帯約4000 m^{2}のNO_2収着量を計算すると，戸塚らのヒマワリでは256 g/dとなる．常緑樹の収着量をその1/2と仮定すれば123 g/d程度と試算される．岡野はサンゴジュのNO_2吸収速度をポプラの1/3程度と測定しており，それを調査

[*7] 分子拡散型NO_xサンプラー（PTIO-NO_xサンプラー）：分子拡散の原理を用いてNO，NO_2を同時に測定するパッシブ・サンプラーのことで簡易測定法の一種．トリエタノールアミンをしみこませたろ紙でNO_2を，トリエタノールアミンと有機酸化剤PTIO（2-Pheny1-4, 4, 5, 5-tetramethlimidazoline-3-oxide-1-oxyl）をしみこませたろ紙でNO_xを同時測定できる．横浜市環境科学研究所の平野ら（2010）が考案．

表3.7　緑地帯前面道路からのNO_x排出量と緑地帯によるNO_2吸収率（小川，1989，1993）

調査地点	緑地帯の規模	交通量 （台／日）	NO_x排出量 (kg)	NO_2吸収速度 $(mg/d \cdot 100\ cm^2)$	NO_2吸収量 (g)	吸収割合 (%)	NO_2低減率 (%)
上尾公園 （両側）	長さ200m 幅14m	43000	17.2	0.07	148	0.9	14.1
与野公園 （片側）	長さ150m 幅13.6m	80000	27.5	0.14	140	0.5	7

NO_2吸収量は，岡野が^{15}N希釈法による上限的数値として示したポプラやケヤキ，キョウチクトウ，サンゴジュの数値をもとに，落葉樹中心の与野公園は$0.14\ mg/d \cdot 100\ cm^2$，葉面積指数を5と仮定して算出した．常緑樹中心の上尾運動公園はNO_2の吸収量を$0.07\ mg/d \cdot 100\ cm^2$，葉面積指数5.5と仮定して算出した．
NO_x排出量は実走行代表モードで作成した埼玉県の排出係数で算出．NO_x排出量およびNO_2吸収量は1日あたり推定値．低減率は7ヵ月間の実測平均値．

地点の値とし，かつ葉面積指数をやや大きめに5.5と仮定するとNO_2吸収速度は好条件下で148 g/dとなる（表3.6）．

一方，緑地前面の道路200 mを通過する自動車のNO_x排出量は，実走行モードにより8車種別に作成した埼玉県環境部（1987）の区間速度30 km/hの排出係数で計算すると$17.2\ kg/200m \cdot d$である．したがって，調査地点の緑地帯4000 m^2の好条件下でのNO_2吸収量123〜148 gは，前面道路通過車からのNO_x排出量の0.7〜0.9％という結果であった．同様に，岡野の方法で計算した与野公園の沿道緑地帯のNO_2吸収割合は0.5％である（表3.7）．

大気中のNO_2濃度は大気が安定な冬季に高まることが多く，植物の吸収に頼って大規模道路の大気汚染を浄化することの困難さが理解できる．とはいえ，それはひとえに局地的な自動車からのNO_x排出量が多すぎるためで，NO_2濃度としては実際に上尾沿道緑地帯で14.1％，与野沿道緑地帯でも7％の低減が確認されており，沿道緑地帯はNO_2，PM2.5が高濃度となる大規模道路の局地的対策として有効である．

なお，沿道大気汚染の局地的対策として「土壌浄化法」や「光触媒」などの技術が開発され，NO_2の捕集量などが報告されているが，トンネル内を対象とした「低濃度脱硝設備」によるものを除いて，どれだけ大気中の濃度を下げることができるのかは明らかではないようである．

◆ 3.5　局地的大気汚染対策としての沿道緑地帯の条件 ◆

植栽による大気の浄化は，植物による吸収，吸着によるが，汚染の低減を目指すのであれば，広い意味では拡散効果による濃度の低減も浄化といえる．同じ大気汚染対策でも，汚染レベルや周辺の居住環境などによって緑地帯の植栽方法も異なってくる．

新規大規模道路の建設にあたって，NO_2やPM2.5の局地的汚染対策を本章の調査結果をもとに考えてみると，

・自動車排ガスは距離減衰が大きいので，緑地帯はできるだけ広いことが望ましいし，
・連続して樹高の高い緑地帯は自動車排ガスを鉛直方向に拡散させるため，一層の濃度低下が期待できる．
・冬季にも濃度を低減させるためには落葉しない常緑樹をベースにした植栽が望ましいということができる．

一方，同じ大規模道路でも，居住空間が十分に離れている所では，汚染大気が流入しやすい植栽にして，汚染質をできるだけ吸収，吸着させ，少しでも，その絶対量を減らすことを優先すべきである．また，周辺がビル街の既存道路の場合，気象条件によっては自動車排ガスが滞留するので，滞留を助長する可能性が高い新たな植栽は大気汚

染対策としては有効とはいえない．

　現在の沿道大気環境は，1970年代から続いたNO$_2$やSPMの高濃度汚染がようやく改善傾向になってきており，過去のような「高濃度汚染の局地的対策」の対象となる所は少なくなっている．緑地帯がSPM濃度も低減することから，ディーゼル排ガスの寄与が大きいPM2.5の対策としての有効性は期待できる．また，今後も自動車排ガス規制の効果が期待できることを考えれば，植栽空間による距離減衰を期待したうえで，さらに，SPMなどを収着しやすい樹木の植栽を考えることが基本となろう．

　なお，広域を移流・生成してくる光化学オキシダントは，沿道ではむしろ，高濃度NOと反応して一般環境よりも濃度は低いので，オキシダント対策として限れば沿道緑地帯は不要である．近年はようやく，従来考えられてきた大気汚染物質の吸収，吸着を考えた植栽が必要になってきているといえよう．

[小川和雄]

文　献

荒木眞之，佐々木長儀，本木　茂，岡上正夫（1983）：オゾン濃度減衰に及ぼす樹林の効果，林試研報，**321**，51-87.

藤田敏夫（1991）：恐るべき自動車排ガス汚染—環境と健康を破壊するクルマ社会，158p，合同出版.

古川昭雄，佐々木美緒子，森田茂広（1985）：植物群落によるオゾンの吸収，国立公害研究所特別研究報告，**82**，123-136.

平野耕一郎監修，前田裕行，斉藤勝美（2010）：短期暴露用拡散型サンプラーを用いた環境大気中のNO，NO$_2$，SO$_2$，O$_3$およびNH$_3$濃度の測定方法（改訂版），http://www.city.yokohama.lg.jp/kankyo/mamoru/kenkyu/shiryo/pub/d0001/d0001.pdf（2013.8.28アクセス）.

磯村誠二（1976）：市街地における自動車排ガス拡散の風洞実験，公害，**11**（4），38-52.

環境省（2012a）：大気監視モニタリング実施結果「大気汚染状況について」平成22年度版，http://www.env.go.jp/air/osen/index.html（2012.8.1アクセス）.

環境省（2012b）：大気監視モニタリング実施結果「微小粒子状物質測定データについて」平成22年度版，http://www.env.go.jp/air/osen/pm/monitoring.html（2012.8.1アクセス）.

木下輝昭（2007）：大型ディーゼル車への酸化触媒装着によるNO$_2$排出量比率の変化について，東京都環境科学研究所年報，29-33.

国立環境研究所：環境数値データベース／環境GIS「大気汚染状況の常時監視結果データの説明（測定物質）」，http://www.nies.go.jp/igreen/explain/air/sub.html（2013.7.31アクセス）.

久野春子，寺門和也，宮田和恭（1985）：都市内人工コナラ林の生長過程と環境への影響，人間と環境，**11**（2），31-44.

松本利恵，小川和雄（1990）：植物群落の大気浄化効果に関する研究（第7報），埼玉県公害センター年報，**17**，30-36.

小川和雄（1993）：沿道緑地帯による窒素酸化物低減効果に関する研究，埼玉県公害センター研究報告，**20**，特1-99.

小川和雄，高野利一（1985）：植物群落の大気浄化効果に関する研究（第1報），埼玉県公害センター年報，**12**，45-51.

小川和雄，高野利一（1986）：植物群落の大気浄化効果に関する研究（第2報），埼玉県公害センター年報，**13**，56-62.

小川和雄，高野利一（1988）：植物群落の大気浄化効果に関する研究（第4報），埼玉県公害センター年報，**15**，63-71.

小川和雄，高野利一（1989）：沿道緑地帯による窒素酸化物低減効果の変動要因，人間と環境，**14**（3），3-11.

小川和雄，松本利恵，高野利一（1990）：中規模沿道緑地帯による大気汚染低減効果について，人間と環境，**15**（2），2-10.

小川和雄，高野利一（1996）：植物群落の大気汚染低減効果に関する研究，全国公害研会誌，**11**（3），33-38.

岡野邦夫（1987）：植生の大気浄化能に関する研究，国立公害研究所特別研究総合報告，**108**，89-102.

埼玉県（2011）：大気汚染常時監視システム，年報等，http://www.taiki-kansi.pref.saitama.lg.jp/kankyo/main（2012.8.1アクセス）.

埼玉県環境部（1978）：沿道地域における窒素酸化物拡散調査，3-87

埼玉県環境部（1987）：移動発生源排出係数と交通量伸び率設定調査報告書，102p.

戸塚　績，三宅　博（1991）：緑地の大気浄化機能，大気環境学会誌，**26**（4），A71-80.

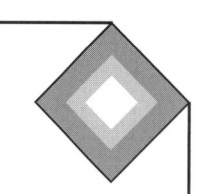

4 大気環境改善のための緑地の整備

緑地の有する大気環境改善の効果については，1987～1988（昭和62～63）年に環境庁大気保全局内（現環境省）に「大気環境に関する緑地機能検討会」（座長：沼田眞）が設けられ，大気環境保全に配慮した都市緑地の整備のあり方が検討された．その成果として『大気浄化植樹指針—緑のインビテーション』（環境庁，1989）が発刊された．また，これを受けて1991～1993（平成3～5）年に公害健康被害補償予防協会（現（独）環境再生保全機構）の委託調査にかかわる「大気浄化植樹事業推進検討委員会」（座長：戸塚績，事務局：プレック研究所）が設けられた．ここでは技術的事項の強化充実がはかられ，『大気浄化植樹マニュアル』（公害健康被害補償予防協会，1995）が発刊された．筆者は，これらの検討委員会に事務局として深くかかわったことから，以下，これらの成果を引用しながら大気環境保全に主眼をおいた沿道緑地の整備，屋上・壁面などの建築空間緑化について事例をまじえて紹介したい．なお，写真の一部を口絵にも掲載している．

◆ 4.1 沿道緑地帯の整備 ◆

4.1.1 沿道緑地の大気汚染低減効果のメカニズムと関連要因

a. 沿道緑地の大気汚染物質低減効果のメカニズム

沿道緑地における大気汚染物質の低減効果のメカニズムを図4.1に示す．緑地による大気汚染物質の低減効果は，遮蔽，拡散，吸収，吸着（沈着）の4つの効果に整理される．

遮蔽効果は，密生した枝葉の存在により，その物理的作用によって緑地内への大気の流れが阻害・遮蔽されることにより緑地の反対側に汚染された空気が流れ込まないような効果である．また，拡散効果は，汚染物質が密生した枝葉や樹冠に沿って樹冠上方に持ち上げられ上方に拡散する効果である．

これに対して，吸収効果は，植物が光合成や呼吸などの生理作用を通じて空気を植物体内に取り込む際に，空気中の汚染物質が気孔を通じて植物体内に吸収される作用のことである．また，吸着効果（沈着効果）は，葉面などに汚染物質が付着し物理的に捕捉される作用である．

ここで注意したいのは，吸収効果や吸着効果では，汚染物質の植物体内への吸収や植物体表面への捕捉により，大気中の汚染物質濃度がそのぶん低下するのに対して，遮蔽効果や拡散効果は保全

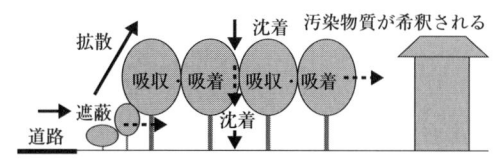

図4.1 沿道緑地における大気汚染物質の低減効果のメカニズム

対象である場所の大気汚染物質濃度は低下するものの，大気中の汚染物質量自体には変化がなく，総量は変わらないことである．

吸収効果については，以前は気孔開度に関連し，光合成速度や蒸散速度が大きい樹種ほど効果が大きいと考えられていた．しかし，吸収効果よりも遮蔽効果や拡散効果のほうがより大きいこと，気孔を介しての吸収効果に加え，葉面などに沈着する吸着効果も無視できないこと，また，最近の研究では，気孔開度のほかに，汚染物質に対する解毒作用や植物体内での代謝作用の違いなど，低減効果のメカニズムは，より複雑であることが明らかにされつつある．

しかしながら，遮蔽・拡散と吸収・吸着の役割の比がどの程度であるかなど，詳しいことはいまだわかっていないのが実状であり，これらの作用が複合的に作用し，互いに複雑に影響しあいながら，結果として沿道緑地による汚染物質の低減効果をもたらしているものと考えられる．

b. 汚染物質の低減効果にかかわる各種要因

沿道緑地の整備により大気汚染物質の低減効果を高めるためには，これらの効果に影響を及ぼす各種要因を考慮して，植栽樹種の選定，植栽配置，植栽構成，植栽後の維持管理などを検討する必要がある．

大気汚染物質の低減効果に影響を及ぼす要因としては，図4.2に示すように，道路交通量などの大気汚染物質の発生源にかかわる因子，高架・掘込などの道路構造にかかわる因子，風向・風速などの気象にかかわる因子，植栽構成などの緑地構造にかかわる因子，樹種などの植物の特性にかかわる因子など，さまざまな因子が考えられる．

4.1.2 沿道緑地整備における配慮事項

a. 沿道緑地整備の目的

沿道緑地整備（道路緑化）の目的は，視線誘導・線形予告・遮光などの安全面にかかわる機能，遮蔽・景観調和・景観演出などの景観形成にかかわる機能，防風・防雪・防音などの環境保全にかかわる機能などさまざまな面があるが，沿道の大気環境保全に主眼をおいた沿道植栽は環境保全機能の一つに位置づけられる．

ここで，個々の機能は，たとえば道路標識，ガードレール，遮音壁などの人工構造物のほうが効果的な場合も多いが，沿道緑地整備は，これらの機能の複合的な効果が期待でき，何よりも利用者や沿道住民にもたらす緑の潤いややすらぎといった面で人工構造物とは比較にならないものである．

b. 大気環境の改善に主眼を置いた沿道緑地整備の基本的考え方

沿道の大気環境の改善に主眼を置いた緑地整備のためには，緑地による吸収・吸着や遮蔽・拡散により汚染物質の低減効果を高め，豊富な緑量を

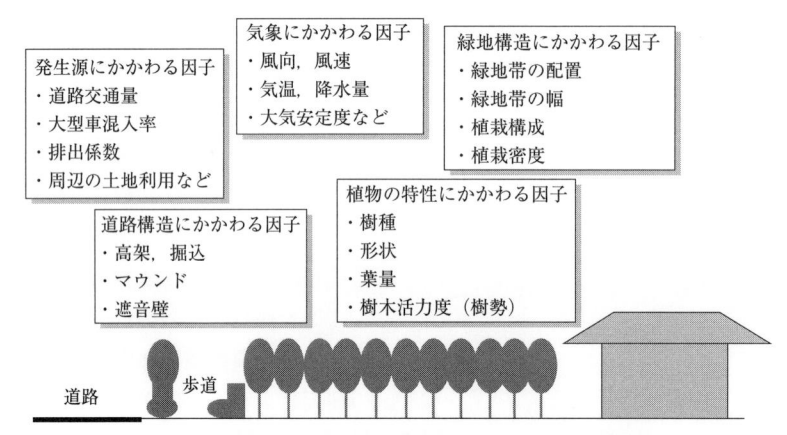

図4.2 沿道緑地の大気汚染物質低減効果にかかわる各種要因

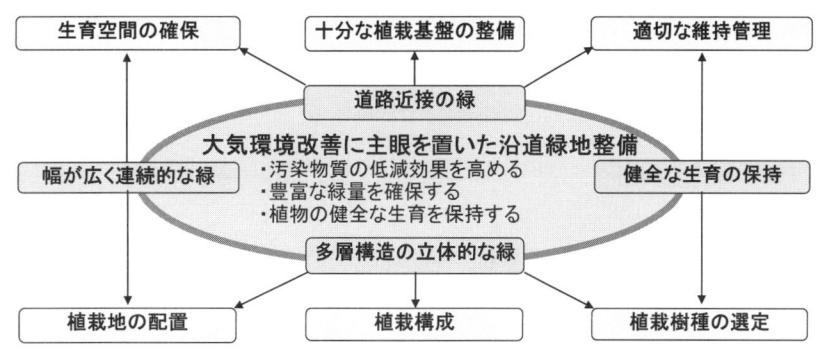

図4.3 大気環境保全に主眼を置いた沿道緑地整備の基本的考え方と整備のポイント

```
生育空間の確保    十分な植栽基盤の整備    適切な維持管理
            ↘        ↓        ↙
              道路近接の緑
  幅が広く  ─  大気環境改善に主眼を置いた沿道緑地整備  ─  健全な
  連続的な緑      ・汚染物質の低減効果を高める              生育の保持
                 ・豊富な緑量を確保する
                 ・植物の健全な生育を保持する
              多層構造の立体的な緑
            ↗        ↑        ↖
植栽地の配置    植栽構成    植栽樹種の選定
```

確保するとともに，植物本来の大気浄化能力を十分発揮できるように，健全な生育を確保する必要がある．そのためには，図4.3に示すように，緑地構造として，できるだけ道路に近接した場所に植栽すること，緑地帯の幅を広くとること，多層構造の立体的な緑地にすること，連続的な緑地にすること，個々の植物の健全な生育を保持することなどが重要なポイントになる．

大気汚染物質の低減効果を高めるためには，汚染物質濃度の高い発生源に近い場所に植栽するのが効果的であり，そのような厳しい環境下にあっては，十分な植栽基盤整備や生育空間の確保が必要である．また，幅が広く連続的な緑を確保するために，植栽の配置や生育空間の確保の工夫も必要である．また，総量としての緑量を最大限に確保するためには多層構造の立体的な緑が望ましく，植栽配置，植栽構成，植物の選定や配置に留意する必要がある（図4.4）．

さらに，植栽した植物の本来の能力を十分に発揮させるためには，健全な生育の保持をはかることが重要であり，生育条件に合った樹種選定や日常の適切な維持管理が必要になってくる．なお植栽に使用する樹種の選定にあたって，花や実をつける植物も選ぶことにより，蜜蜂や鳥などが飛来して生態系を構成する緑地の造成を心がけることが望ましい．

c. 沿道緑地整備の配慮事項

沿道緑地整備の基本的考え方を踏まえ，植栽のイメージを図4.5に示すとともに，緑地整備にあたっての配慮事項を整理した．

図4.4 中央分離帯における複合植栽の例
常緑樹と落葉樹，高木・中木・低木の組合せによる複合植栽により緑量を高めると効果的である（千葉県浦安市）．

1) 植栽基盤の整備 沿道緑地整備の対象地は，一般に生育基盤が狭小で，アスファルトやコンクリートに被覆され乾燥しやすい理化学性の不良な土壌条件，排ガスなどによる劣悪な大気環境に加え，通行人などによる踏圧など，都市特有の厳しい環境下にあることから，植栽した樹木も生育を阻害されやすい．このため，植栽した樹木が何よりも健全に生育し，その植物が本来有している生理生態的能力や抵抗性を十分に発揮できるように，植栽基盤の整備により良好な生育環境を整備することが重要である．

2) 生育空間の確保 都市域の街路空間は一般に狭く，街路樹などの生育空間も制限されるが，緑地による大気汚染物質低減効果を最大限発揮するためには，可能な限り樹木を大きくのびの

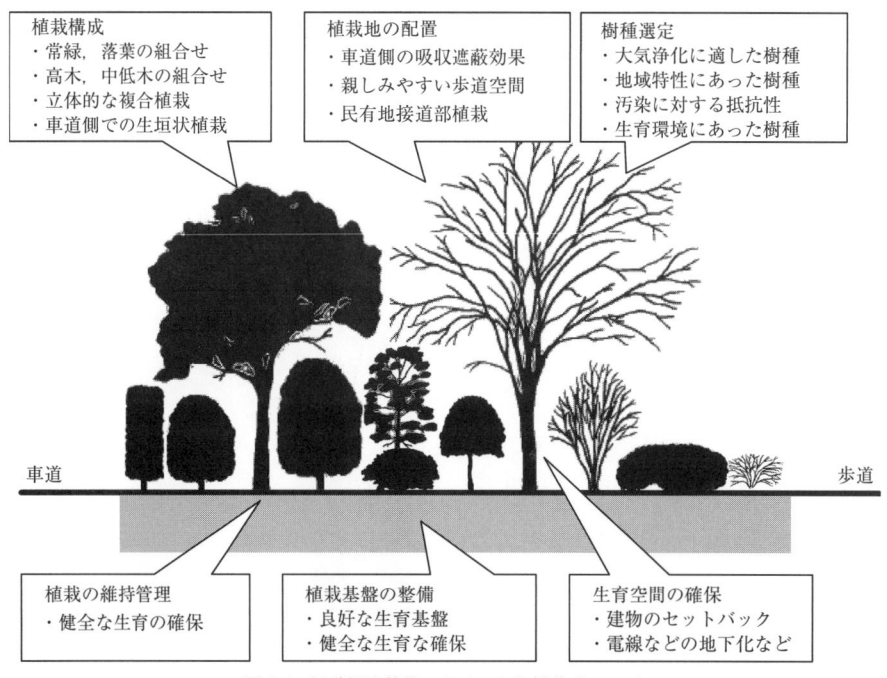

図4.5 沿道緑地整備のポイントと植栽イメージ

植栽構成
・常緑，落葉の組合せ
・高木，中低木の組合せ
・立体的な複合植栽
・車道側での生垣状植栽

植栽地の配置
・車道側の吸収遮蔽効果
・親しみやすい歩道空間
・民有地接道部植栽

樹種選定
・大気浄化に適した樹種
・地域特性にあった樹種
・汚染に対する抵抗性
・生育環境にあった樹種

植栽の維持管理
・健全な生育の確保

植栽基盤の整備
・良好な生育基盤
・健全な生育の確保

生育空間の確保
・建物のセットバック
・電線などの地下化など

車道／歩道

図4.6 生垣状の植栽の例
汚染物質が大気中に拡散してしまう前に道路端で吸着させるのが効果的．生垣状の植栽は遮蔽効果が大きい（千代田区霞ヶ関桜田通り）．

びと育てるのが効果的である．このため，建築物のセットバックや緑地を道路の片方側に寄せるなど，植栽帯拡幅の工夫，電線・電話線の地下の共同溝への埋設，道路標識や信号の設置場所の工夫など，生育空間確保の配慮が必要である．

3) 植栽地の配置 沿道緑地の大気汚染物質低減効果のうち吸収効果は，植物に生育阻害を生じないような通常の汚染物質濃度の範囲では，一般に濃度に比例して大きくなる．よって，汚染物質が上空に拡散してしまう前に，できるだけ発生源である道路近傍で吸収するのが効率的である（図4.6）．このため，道路の歩道植栽帯，中央分離帯，遮音壁，高架下などを積極的に緑化することが重要である．隣接する公有地や民有地の接道部を生垣などで緑化すると，吸収効果ばかりでなく，遮蔽・拡散による低減効果も期待できる．

4) 植栽構成 限られた緑地のなかで最大限の低減効果を上げるためには，常緑樹と落葉樹，高木と中低木を適宜組み合わせ，多層構造の立体的な複合植栽が望ましい．また，水平的には発生源に近い車道側に複合植栽や生垣状の植栽を行い，隣接する公有地や民有地の接道部に生垣を設けるのも効果的である．また，とくに生活環境の保全が求められる場所では，築堤（マウンド造成）による緑化（図4.7）が効果的であり，環境施設帯として整備されているところが多い．

5) 樹種選定 大気汚染物質の低減をはかるためには，大気浄化能力の高い植物を用いるのが

図 4.7 環境施設帯における複合植栽の例
マウンドを造成し生育基盤を充実させると高木・中木・低木を組み合わせた緑量のある緑地が形成できる（江東区辰巳の環境施設帯）．

図 4.8 県道 276 号の歩道植栽帯の例
幅員を広くとり，緑豊かな緑道を形成し，花木も多用されて親しみやすい緑地空間を創出している（千葉県浦安市美浜）．

理想であるが，都市特有の厳しい生育環境を考えると，生育阻害要因を緩和し，良好な生育環境を整えるには限界がある．このため，植物の特性をよく考慮したうえで生育環境にあった樹種選定をする必要がある．車道側での抵抗性の強い樹種の選定，冬季の低減効果を期待する場所では常緑樹の導入など，植物の特性，生育環境，期待する効果などを十分に考慮して樹種選定する必要がある．

6) 維持管理 植栽後の維持管理は，植栽基盤整備と同様きわめて重要である．植栽した樹木が健全に生育し，その樹種本来の能力を十分に発揮できるよう，剪定・刈込み，病虫害防除，施肥，灌水など，適切な維持管理を行う必要がある．なお，空間的な制約のない場所では，剪定を最小限に控え，大きくのびのびと育てるのが望ましい．

4.1.3 沿道植栽帯の事例

a. 歩道植栽帯

沿道緑地のうち歩道植栽帯は中央分離帯とともに，発生源である車道にもっとも近接した場所に位置している．植物による大気浄化効果は，植物の生育に障害を与えないような極低濃度の汚染物質濃度の範囲内では，汚染物質の濃度に比例して増加することから，自動車の排ガスが大気中に拡散してしまう前に，できるだけ排ガスの発生源である車道に近い，中央分離帯や歩道植栽帯に植栽するのが効果的である．

歩道の幅員が広い場合には，植栽帯の幅を可能な限り広くとり，高木・中木・低木・地被植物，常緑樹と落葉樹を適宜組み合わせることによって多層林形態の葉量の多い樹林帯の形成を目指す（複合植栽）（図 4.7）．この場合，車道側に抵抗性が一般的に高く，年間を通じて低減効果が期待できる常緑広葉樹を主体に，歩道側には落葉樹や花・実の美しい花木などを多用して，四季の変化に富む，親しみやすい歩道空間を形成するのが望ましい．

また，車道側には抵抗性が強く，刈込みにも耐える常緑の中低木により生垣状の植栽を仕立てるのも効果的である（図 4.8）．さらに，隣接する公園緑地や公共施設の緑地などの既存緑地との連続性をはかり，これと一体的に整備して，緑量のある緑地空間を創出することは，大気環境保全の面ばかりでなく，都市景観形成の面でも効果的である．

一方，歩道の幅員が狭く，植栽帯を広くとれない場合には，あえて車道の両側に植栽帯を設けず，片側だけに植栽帯を寄せれば比較的余裕がで

図4.9 真砂クスノキ通りの中央分離帯植栽の例
歩道植栽帯と中央分離帯にクスノキを植栽し，のびのびと育てており，大気浄化効果も期待される（千葉市美浜区）．

図4.10 東京外郭環状道路（国道298号）の環境施設帯植栽の例
周辺住宅地の生活環境保全のために環境施設帯を設け，親しみやすい空間を創出（埼玉県草加市）．

き，また遮蔽効果の大きい生垣状の植栽も狭い空間ではとくに有効な方法である．

b. 中央分離帯

中央分離帯は，往復交通流の分離，対向車線の誤認防止，視線誘導，夜間走行時の対向車線のヘッドライトの遮蔽など，道路交通機能上重要な交通施設であるが，発生源である車道にもっとも近いことから，沿道緑地整備により大気環境保全をはかるうえでもっとも重要な場所の一つである．

中央分離帯は，道路に隣接する沿道の建物などによる植栽空間の制限や，電線・電話線などの架空線や信号・道路標識などのサインの障害，日照権問題など，植栽するうえで障害の多い道路施設のなかで，障害が比較的少ない場所であり，沿道緑地整備にとってもっとも有効な位置にある．このため，幅員が広い場合には，高木を自然仕立てでのびのびと大きく育て，また，常緑樹・落葉樹，高木・中低木・地被類を適宜組み合わせた複合植栽により，ボリュームのある緑地帯を形成するのが効果的であり，都市景観の向上にも寄与する（図4.9）．

一方，幅員が狭い場合には，中低木の列植や地被類による植栽が主体になる．大気汚染のとくに著しい場所では，大気汚染に対する抵抗性が強く，年中，遮蔽効果や吸収・吸着効果が期待できる常緑樹主体で，枝が密生し，刈込みにも耐える樹種を選定するのが望ましい．また，交差点周辺では，横断歩道の歩行者の安全，防犯のために，低木や地被類を導入するなど，見通しの確保に注意する必要がある．

c. 環境施設帯

環境施設帯は，騒音や大気汚染など，道路走行に伴い発生する各種環境影響を防止・軽減し，沿道住民の生活環境保全に資するために，道路空間と周辺地域との間に緩衝地帯として設けられるものである．具体的には，車道の周辺に一定幅員の用地を確保し，そこに植樹帯，側道，歩道，環境影響防止用の盛土（築堤）などを設けて，騒音・振動，排ガスの低減のほか，日照確保，気象緩和，道路景観の向上などをはかるものである．

環境施設帯は，一般の道路植栽地に比べて幅員がかなり広く余裕もあるため，常緑樹高木を主体に多種類の植物による混交林の造成が可能であり，高木・中木・低木・地被類，常緑樹・落葉樹の組合せにより多層林形態の樹林を造成することにより，より緑量豊かな植栽帯を形成することが可能であり，大気環境改善のうえでも効果的である（図4.10）．

このうち築堤（マウンド造成）およびそこでの緑地整備は，遮音壁のような圧迫感がなく，盛土するため土壌条件も改善され，排ガスの遮蔽・拡散や吸収・吸着，騒音・振動の軽減など，沿道住

民の生活環境保全上きわめて有効である．築堤の植栽については，土壌の有効土層の厚いマウンド中央部には高木樹種を大きくのびのびと育て，車道側は常緑樹を主体に緑のボリュームを高め，年間を通じての大気環境改善効果をはかることとし，歩道側（周辺の宅地側）は，落葉樹を主体に，花や実の美しい四季の変化が楽しめるような親しみやすい緑地空間になるように配慮する．

d．高架下・遮音壁など

このほか植栽が可能な施設として，高速道路や鉄道の高架下，遮音壁などの壁面，交差点や交通島，歩道橋やペデストリアンデッキなどの歩行者専用空間などがあげられる．

1) 高架下　高速道路や鉄道の高架下は，面的にみれば必ずしも広い空間とはいえないが，直線的に長いのが特徴であり，移動発生源である車道に沿った緑の連続性という点においても，今後，大気環境改善のために積極的に植栽を推進すべき場所の一つである．

従来，圧迫感があり，暗く，埃っぽく，殺伐とした，このような未利用の土地空間を植栽し親しみやすい空間に変えていくことには大きな意義がある．しかし，日陰になりやすく，降雨が遮られ乾きやすい，植物の生育にとって厳しい生育環境下にある高架下では，耐陰性や耐乾性の強い植物の選定，スプリンクラーなどの灌水システムの設置，灌水や病虫害対策を含めた日常的な保育管理や定期的な巡視が不可欠である（図4.11）．

2) 遮音壁などの壁面　遮音壁や高速道路の橋脚や擁壁などの壁面は，都市景観を損ねるため修景の必要があるが，自動車排ガスの発生源にもっとも近く，沿道緑地整備のうえでももっとも効果的な場所の一つである．これらの場所の多くは，擁壁などの向きにもよるが，一般に南側では照り返しが厳しく，北側では日照不足になりやすいうえ，植栽場所が狭く，土壌条件も良くないため，必要に応じて土壌の入替や土壌改良などの土壌改善の必要がある．壁面の前面に植栽空間がある場合には，高木の列植や高木・中低木や常緑樹・落葉樹の組合せにより，緑量のある樹林帯を形成する．植栽空間が狭い場合には，金属ネットなどの登坂補助資材などを設置して，厳しい環境にも耐えうるツタやヘデラ類などのつる植物の導入なども考えられる（図4.12）．

3) 交差点・交通島　交差点やそこにある交通島は，交通の流れを誘導し，歩行者の安全を確保するなど，道路交通上重要な施設であるが，交差点周辺は，直行する交通の流れが重なり，また渋滞のため，排ガスによる局地的大気汚染が顕著であり，そのような場所に緑地帯の整備を行う意義は大きい．

しかし，交差点では，交通安全の確保が第一で

図4.11 首都高速5号池袋線の高架下植栽の例
マテバシイ，ヤツデ，ヘデラなどの耐陰性の強い樹種が導入されている（板橋区高島平）．

図4.12 東京外郭環状道路（国道298号）の遮音壁植栽の例
遮音壁前面に盛土し，クスノキ・ヤマモモ・ツバキなどの常緑樹主体の複合植栽を行っている（埼玉県草加市）．

図 4.13 学園大通りの交通島植栽
交差点では安全上見通しの確保が最優先のため，剪定にも耐える低木のサツキが導入されている（茨城県つくば市竹園）．

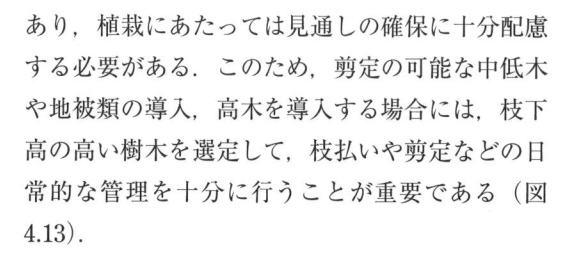

図 4.14 交差点の歩道橋の橋詰植栽の例
通常はデッドスペースになりやすい歩道橋の橋詰を高木・中低木の組合せにより緑化している（千葉市美浜区）．

あり，植栽にあたっては見通しの確保に十分配慮する必要がある．このため，剪定の可能な中低木や地被類の導入，高木を導入する場合には，枝下高の高い樹木を選定して，枝払いや剪定などの日常的な管理を十分に行うことが重要である（図4.13）．

4） 歩道橋・ペデストリアンデッキ 歩道橋や駅前ロータリー，ペデストリアンデッキ（歩行者専用デッキ）の橋詰などは，デッドスペースになりやすく，従来植栽されることも少なかったが，もっとも目立ちやすい道路附帯施設の一つであり，景観的にも配慮が望まれる場所である．このような場所を緑化することは，大気環境改善の面でも効果的である．とくに橋詰では，生育基盤である土壌条件が一般に不良なうえ，日照不足や降水遮断による乾燥化などを考慮し，常緑樹を主体に耐陰性が強く，大気汚染に対する抵抗性も強い樹種や地被植物を選定する（図 4.14）．

◇ 4.2 建築空間における緑地の整備 ◇

4.2.1 都市域における緑地の現状と建築空間緑化への期待

わが国の都市域における緑化施策は，公園や緑地などの公共用地の整備に始まっているが，近年の地価の高騰は公園緑地の整備をより困難にしている．現在，都市公園法，都市緑地法，首都圏・近畿圏近郊緑地保全法などの緑地の整備や保全に関するさまざまな法律によって都市公園や緑地が保全・整備されている．

都市公園等面積，一人あたりの都市公園等面積は，図 4.15 に示すように，1960（昭和 35）年に約 14300 ha，約 2.1 m^2/人，2008（平成 20）年に約 115000 ha，約 9.6 m^2/人で，それぞれこの間約 8 倍，約 5 倍に増加している．しかし，欧米諸国の主要都市と比べると整備水準は依然として低く，環境や防災への対応などの各種政策課題に対応しつつ，整備の推進が求められている．とくに，最近は整備実績が頭打ちの状況にあり，今後，都市域において公園緑地の飛躍的な拡大をはかることは困難と考えられ，土地の有効活用が重要な課題になっている．

こうしたなか，近年，都市の再開発に伴って中高層の業務ビルや集合住宅などのコンクリート建造物が増えており，屋上や壁面など，従来利用されることの少なかった建築空間を緑化空間として活用している事例も増えている．

「平成 23 年全国屋上・壁面緑化施工実績調査」（国土交通省，2012）によると，図 4.16 に示すよ

朝倉書店〈環境科学関連書〉ご案内

野生動物保護の事典

野生生物保護学会編
B5判 792頁 定価29400円（本体28000円）（18032-9）

地球環境問題，生物多様性保全，野生動物保護への関心は専門家だけでなく，一般の人々にもますます高まってきている。生態系の中で野生動物と共存し，地球環境の保全を目指すために必要な知識を与えることを企図し，この一冊で日本の野生動物保護の現状を知ることができる必携の書。〔内容〕I：総論（希少種保全のための理論と実践／傷病鳥獣の保護／放鳥と遺伝子汚染／河口堰／他）II：各論（陸棲・海棲哺乳類／鳥類／両生・爬虫類／淡水魚）III：特論（北海道／東北／関東／他）

水環境ハンドブック

日本水環境学会編
B5判 760頁 定価33600円（本体32000円）（26149-3）

水環境を「場」「技」「物」「知」の観点から幅広くとらえ，水環境の保全・創造に役立つ情報を一冊にまとめた。〔目次〕「場」河川／湖沼／湿地／沿岸海域・海洋／地下水・土壌／水辺・親水空間／「技」浄水処理／下水・し尿処理／排出源対策・排水処理（工業系・埋立浸出水）／排出源対策・排水処理（農業系）／用水処理／直接浄化。「物」有害化学物質／水界生物／健康関連微生物。「知」化学分析／バイオアッセイ／分子生物学的手法／教育／アセスメント／計画管理・政策。付録

環境緑化の事典（普及版）

日本緑化工学会編
B5判 496頁 定価14700円（本体14000円）（18037-4）

21世紀は環境の世紀といわれており，急速に悪化している地球環境を改善するために，緑化に期待される役割はきわめて大きい。特に近年，都市の緑化，乾燥地緑化，生態系保存緑化など新たな技術課題が山積しており，それに対する技術の蓄積も大きなものとなっている。本書は，緑化工学に関するすべてを基礎から実際まで必要なデータや事例を用いて詳しく解説する。〔内容〕緑化の機能／植物の生育基盤／都市緑化／環境林緑化／生態系管理修復／熱帯林／緑化における評価法／他

水　の　事　典

太田猛彦・住　明正・池淵周一・田渕俊雄・眞柄泰基・松尾友矩・大塚柳太郎編
A5判 576頁 定価21000円（本体20000円）（18015-2）

水は様々な物質の中で最も身近で重要なものである。その多様な側面を様々な角度から解説する，学問的かつ実用的な情報を満載した初の総合事典。〔内容〕水と自然（水の性質・地球の水・大気の水・海洋の水・河川と湖沼・地下水・土壌と水・植物と水・生態系と水）／水と社会（水資源・農業と水・水産業・水と工業・都市と水システム・水と交通・水と災害・水質と汚染・水と環境保全・水と法制度）／水と人間（水と人体・水と健康・生活と水・文明と水）

環境リスクマネジメントハンドブック

中西準子・蒲生昌志・岸本充生・宮本健一編
A5判 584頁 定価18900円（本体18000円）（18014-5）

今日の自然と人間社会がさらされている環境リスクをいかにして発見し，測定し，管理するか――多様なアプローチから最新の手法を用いて解説。〔内容〕人の健康影響／野生生物の異変／PRTR／発生源を見つける／in vivo試験／QSAR／環境中濃度評価／曝露量評価／疫学調査／動物試験／発ガンリスク／健康影響指標／生態リスク評価／不確実性／等リスク原則／費用効果分析／自動車排ガス対策／ダイオキシン対策／経済的インセンティブ／環境会計／LCA／政策評価／他

図説 日本の山 ―自然が素晴らしい山50選―
小泉武栄編
B5判 176頁 定価4200円（本体4000円）（16349-0）

日本全国の53山を厳選しオールカラー解説〔内容〕総説／利尻岳／トムラウシ／暑寒別岳／早池峰山／鳥海山／磐梯山／巻機山／妙高山／金北山／瑞牆山／縞枯山／天上山／日本アルプス／大峰山／三瓶山／大満寺山／阿蘇山／大崩岳／宮之浦岳他

図説 日本の河川
小倉紀雄・島谷幸宏・谷田一三編
B5判 176頁 定価4515円（本体4300円）（18033-6）

日本全国の53河川を厳選しオールカラーで解説〔内容〕総説／標津川／釧路川／岩木川／奥入瀬川／利根川／多摩川／信濃川／黒部川／柿田川／木曽川／鴨川／紀ノ川／淀川／斐伊川／太田川／吉野川／四万十川／筑後川／屋久島／沖縄／他

身近な水の環境科学
日本陸水学会東海支部編
A5判 176頁 定価2730円（本体2600円）（18023-7）

川・海・湖など、私たちに身近な「水辺」をテーマに生態系や物質循環の仕組みをひもとき、環境問題に対峙する基礎力を養う好テキスト。〔内容〕川（上流から下流へ）／湖とダム／地下水／都市・水田の水循環／干潟と内湾／環境問題と市民調査

生息地復元のための野生動物学
M.L.モリソン著 梶 光一他監訳
B5判 152頁 定価4515円（本体4300円）（18029-9）

地域環境を復元することにより、その地域では絶滅した野生動物を再導入し、本来の生態を取りもどす「生態復元学」に関する初の技術書。〔内容〕歴史的評価／研究設計の手引き／モニタリングの基礎／サンプリングの方法／保護区の設計／他

里山・里海 ―自然の恵みと人々の暮らし
国連大学高等研究所日本の里山・里海評価委員会編
B5判 216頁 定価4515円（本体4300円）（18035-0）

国連大学高等研究所主宰「日本の里山・里海評価」（JSSA）プロジェクトによる現状評価を解説。国内6地域総勢180名が結集して執筆。〔内容〕評価の目的・焦点／概念的枠組み／現状と変化の関係／問題と変化への対応／将来／結論／地域クラスター

HEP入門 ―〈ハビタット評価手続き〉マニュアル― （新装版）
田中 章著
A5判 244頁 定価3990円（本体3800円）（18036-7）

公害防止管理者試験・水質編では、BODに関する計算問題が出題されるが、これは簡単な微分方程式を解く問題である。この種の例題を随所に挿入した"数学苦手"のための環境数学入門書。〔内容〕指数関数／対数関数／微分／積分／微分方程式

ランドスケープエコロジー
武内和彦著
A5判 260頁 定価4410円（本体4200円）（18027-5）

農村計画学会賞受賞作『地域の生態学』の改訂版。〔内容〕生態学的地域区分と地域環境システム／人間による地域環境の変化／地球規模の土地荒廃とその防止策／里山と農村生態系の保全／都市と国土の生態系再生／保全・開発生態学と環境計画

国際共生社会学
東洋大学国際共生社会研究センター編
A5判 192頁 定価2940円（本体2800円）（18031-2）

国際共生社会の実現に向けて具体例を提示。〔内容〕水との共生／コミュニティ開発／多民族共生社会／共生社会のモデリング／地域の安定化／生物多様性とエコシステム／旅行業の課題／交通政策と鉄道改革／エンパワーメント／タイの町作り

国際環境共生学
東洋大学国際共生社会研究センター編
A5判 176頁 定価2835円（本体2700円）（18022-0）

好評の「環境共生社会学」に続いて環境と交通・観光の側面を提示。〔内容〕エコツーリズム／エココンビナート／持続可能な交通／共生社会のための安全・危機管理／環境アセスメント／地域計画の提案／コミュニティネットワーク／観光開発

環境共生社会学
東洋大学国際共生社会研究センター編
A5判 200頁 定価2940円（本体2800円）（18019-4）

環境との共生をアジアと日本の都市問題から考察。〔内容〕文明の発展と21世紀の課題／アジア大都市定住環境の様相／環境共生都市の条件／社会経済開発における共生要素の評価／米英主導の構造調整と途上国の共生／環境問題と環境教育／他

国際開発と環境 ―アジアの内発的発展のために
東洋大学国際共生社会研究センター監修
A5判 168頁 定価2835円（本体2700円）（18039-8）

アジアの発展と共生を目指して具体的コラムも豊富に交えて提言する。〔内容〕国際開発と環境／社会学から見た内発的発展／経済学から見た～／環境工学から見た～／行政学から見た～／地域開発学から見た～／観光学から見た～／各種コラム

図説 生態系の環境
浅枝 隆編著
A5判 192頁 定価2940円（本体2800円）(18034-3)

本文と図を効果的に配置し、図を追うだけで理解できるように工夫した教科書。工学系読者にも配慮した記述。〔内容〕生態学および陸水生態系の基礎知識／生息域の特性と開発の影響（湖沼，河川，ダム，汽水，海岸，里山・水田，道路など）

世界自然環境大百科 1　生きている星・地球
大原 隆・大塚柳太郎監訳
A4変判 436頁 定価29400円（本体28000円）(18511-9)

地球の進化に伴う生物圏の歴史・働き（物質，エネルギー，組織化），生物圏における人間の発展や関わりなどを多数のカラーの写真や図表で解説。本シリーズのテーマ全般にわたる基本となる記述が各地域へ誘う。ユネスコMAB計画の共同出版。

世界自然環境大百科 3　サバンナ
大澤雅彦総監訳／岩城英夫監訳
A4変判 500頁 定価29400円（本体28000円）(18513-3)

ライオン・ゾウ・サイなどの野生動物の宝庫であるとともに環境の危機に直面するサバンナの姿を多数のカラー図版で紹介。さらに人類起源の地サバンナに住む多様な人々の暮らし、動植物との関わり、環境問題、保護地域と生物圏保存を解説

世界自然環境大百科 6　亜熱帯・暖温帯多雨林
大澤雅彦監訳
A4変判 436頁 定価29400円（本体28000円）(18516-4)

日本の気候にも近い世界の温帯多雨林地域のバイオーム、土壌などを紹介し、動植物の生活などをカラー図版で解説。そして世界各地における人間の定住、動植物資源の利用を管理や環境問題をからめながら保護区と生物圏保存地域までを詳述

世界自然環境大百科 7　温帯落葉樹林
奥富 清監訳
A4変判 456頁 定価29400円（本体28000円）(18517-1)

世界に分布する落葉樹林の温暖な環境、気候・植物・動物・河川や湖沼の生命などについてカラー図版を用いてくわしく解説。またヨーロッパ大陸の人類集団を中心に紹介しながら動植物との関わりや環境問題、生物圏保存地域などについて詳述

シリーズ〈緑地環境学〉　緑地環境のモニタリングと評価
恒川篤史著
A5判 264頁 定価4830円（本体4600円）(18501-0)

"保全情報学"の主要な技術要素を駆使した緑地環境のモニタリング・評価を平易に示す。〔内容〕緑地環境のモニタリングと評価とは／GISによる緑地環境の評価／リモートセンシングによる緑地環境のモニタリング／緑地環境のモデルと指標

シリーズ〈緑地環境学〉3　郊外の緑地環境学
横張 真・渡辺貴史編著
A5判 288頁 定価4515円（本体4300円）(18503-4)

「郊外」の場において、緑地はいかなる役割を果たすのかを説く。〔内容〕「郊外」とはどのような空間か？／「郊外」のランドスケープの形成／郊外緑地の機能／郊外緑地にかかわる法制度／郊外緑地の未来／文献／ブックガイド

シリーズ〈緑地環境学〉4　都市緑地の創造
平田富士男著
A5判 260頁 定価4515円（本体4300円）(18504-1)

制度面に重点をおいた緑地計画の入門書。〔内容〕「住みよいまち」づくりと「まちのみどり」／都市緑地を確保するためには／確保手法の実際／都市計画制度の概要／マスタープランと上位計画／各種制度ができてきた経緯・歴史／今後の課題

シリーズ〈環境の世界〉〈全6巻〉
東京大学大学院新領域創成科学研究科環境学研究系編集

1. 自然環境学の創る世界
東京大学大学院環境学研究系編
A5判 216頁 定価3675円（本体3500円）(18531-7)

〔内容〕自然環境とは何か／自然環境の実態をとらえる（モニタリング）／自然環境の変動メカニズムをさぐる（生物地球化学的，地質学的アプローチ）／自然環境における生物（生物多様性、生物資源）／都市の世紀（アーバニズム）に向けて／他

2. 環境システム学の創る世界
東京大学大学院環境学研究系編
A5判 192頁 定価3675円（本体3500円）(18532-4)

〔内容〕環境世界創成の戦略／システムでとらえる物質循環（大気，海洋，地圏）／循環型社会の創成（物質代謝，リサイクル）／低炭素社会の創成（CO_2排出削減技術）／システムで学ぶ環境安全（化学物質の環境問題，実験研究の安全構造）

3. 国際協力学の創る世界
東京大学大学院環境学研究系編
A5判 216頁 定価3675円（本体3500円）(18533-1)

〔内容〕環境世界創成の戦略／日本の国際協力（国際援助戦略，ODA政策の歴史的経緯・定量的分析）／資源とガバナンス（経済発展と資源断片化、資源リスク、水配分、流域ガバナンス）／人々の暮らし（ため池、灌漑事業、生活空間、ダム建設）

4. 海洋技術環境学の創る世界
東京大学大学院環境学研究系編
A5判 196頁 定価3675円（本体3500円）(18534-8)

〔内容〕環境世界創成の戦略／海洋産業の拡大と人類社会への役割／海洋産業の環境問題／海洋産業の新展開と環境／海洋の環境保全・対策・適応技術開発／海洋観測と環境／海洋音響システム／海洋リモートセンシング／氷海とその利用

環境と健康の事典

牧野国義・佐野武仁・篠原厚子・中井里史・原沢英夫著
A5判 576頁 定価14700円（本体14000円）（18030-5）

環境悪化が人類の健康に及ぼす影響は世界的規模なものから，日常生活に密着したものまで多岐にわたっており，本書は原因等の背景から健康影響，対策まで平易に解説。〔内容〕〔地球環境〕地球温暖化／オゾン層破壊／酸性雨／気象，異常気象〔国内環境〕大気環境／水環境，水資源／音と振動／廃棄物／ダイオキシン，内分泌撹乱化学物質／環境アセスメント／リスクコミュニケーション〔室内環境〕化学物質／アスベスト／微生物／電磁波／住まいの暖かさ，涼しさ／住まいと採光，照明，色彩

環境化学の事典

指宿堯嗣・上路雅子・御園生誠編
A5判 468頁 定価10290円（本体9800円）（18024-4）

化学の立場を通して環境問題をとらえ，これを理解し，解決する，との観点から発想し，約280のキーワードについて環境全般を概観しつつ理解できるよう解説。研究者・技術者・学生さらには一般読者にとって役立つ必携書。〔内容〕地球のシステムと環境問題／資源・エネルギーと環境／大気環境と化学／水・土壌環境と化学／生物環境と化学／生活環境と化学／化学物質の安全性・リスクと化学／環境保全への取組みと化学／グリーンケミストリー／廃棄物とリサイクル

環境考古学ハンドブック

安田喜憲編
A5判 724頁 定価29400円（本体28000円）（18016-9）

遺物や遺跡に焦点を合わせた従来型の考古学と訣別し，発掘により明らかになった成果を基に復元された当時の環境に則して，新たに考古学を再構築しようとする試みの集大成。人間の活動を孤立したものとは考えず，文化・文明に至るまで気候変化を中心とする環境変動と密接に関連していると考える環境考古学によって，過去のみならず，未来にわたる人類文明の帰趨をも占えるであろう。各論で個別のテーマと環境考古学のかかわりを，特論で世界各地の文明について論ずる。

自然保護ハンドブック（新装版）

沼田 眞編
B5判 840頁 定価26250円（本体25000円）（10209-3）

自然保護全般に関する最新の知識と情報を盛り込んだ研究者・実務家双方に役立つハンドブック。データを豊富に織り込み，あらゆる場面に対応可能。〔内容〕〈基礎〉自然保護とは／天然記念物／自然公園／保全地域／保安林／保護林／保護区／自然遺産／レッドデータ／環境基本法／条約／環境と開発／生態系／自然復元／草地／里山／教育 他〈各論〉森林／草原／砂漠／湖沼／河川／湿原／サンゴ礁／干潟／島嶼／高山域／哺乳類／鳥／両生類・爬虫類／魚類／甲殻類／昆虫／土壌動物／他

ISBN は 978-4-254- を省略

（表示価格は2012年8月現在）

朝倉書店
〒162-8707 東京都新宿区新小川町6-29
電話 直通(03) 3260-7631　FAX (03) 3260-0180
http://www.asakura.co.jp　eigyo@asakura.co.jp

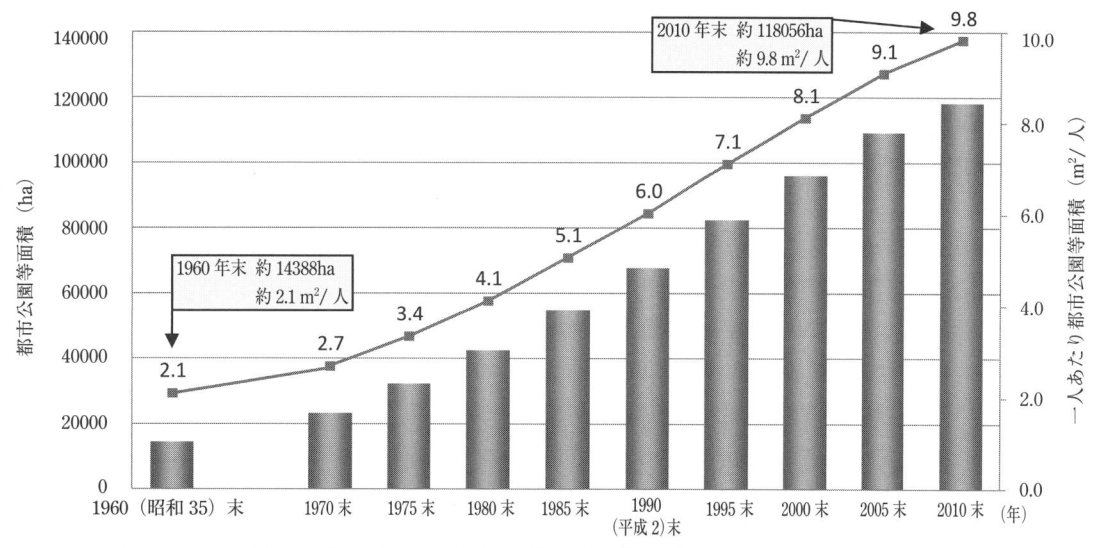

図4.15 わが国における都市公園等の面積の推移（国土交通省，2009）

うに1年間あたりの施工面積は2000（平成12）年実績に比べ2008（平成20）年には屋上緑化が約3倍，壁面緑化は約38倍に増加し，累計施工面積は2000〜2011（平成12〜23）年の12年間で，屋上緑化が約330ha，壁面緑化が約48haとなっている．この調査は施工会社などへのアンケート調査によるため，全国のすべての屋上緑化・壁面緑化の施工面積を把握したものではないので，実際の施工実績はより大きいものと推定される．

近年，使用電力量の削減，ヒートアイランド現象の緩和，住宅団地の住民や業務ビルの従業員などの憩いの場の創出，美しく潤いのある都市空間の形成などの観点から，建築物の屋上緑化や壁面緑化が積極的に行われている．都市の市街地に大面積の公園緑地を新たに創出するのは容易なことではない．しかし，屋上・ベランダ・壁面・室内（アトリウム）・外構などの建築空間にはまだまだ緑化の余地が残されており，今後の都市緑化の主要なターゲットであり，大気環境改善を主眼とした都市緑地整備のうえでも重要な場と位置づけられる．

これらの緑地は，個々にみれば小面積にすぎないが，都市全体の総量でみれば，相当程度に大きな割合を占めることになり，大気環境改善のうえでも見逃せない．

4.2.2 建築空間における緑化上の課題と配慮事項

a. 建築空間緑化の技術的課題

1） 緑化地としての建築空間の環境条件　屋上や壁面などの建築空間の緑化地は，通常の緑化地（自然地盤）と異なり，次に示すように植栽した植物の生育にとってかなり厳しい生育環境下にある．このため，緑化にあたっては，建築空間に特有なこのような環境圧に対する配慮が求められ，生育基盤の確保，灌水施設の整備や防風対策，樹種選定，日常的な保育管理がより重要である．

緑化地としての建築空間の環境圧

① 植栽基盤は多くの場合人工地盤であり，土壌厚が薄く有効土層に乏しい
② 降雨に乏しく地下からの給水がないため灌水が必要で，夏季に乾燥しやすい
③ 高架下や壁面の向きによっては日陰になりやすく，日照が不足しやすい
④ ビルの屋上や西・南向きの壁面では日射の照り返しが強く，高温になりやすい

屋上緑化 施工面積

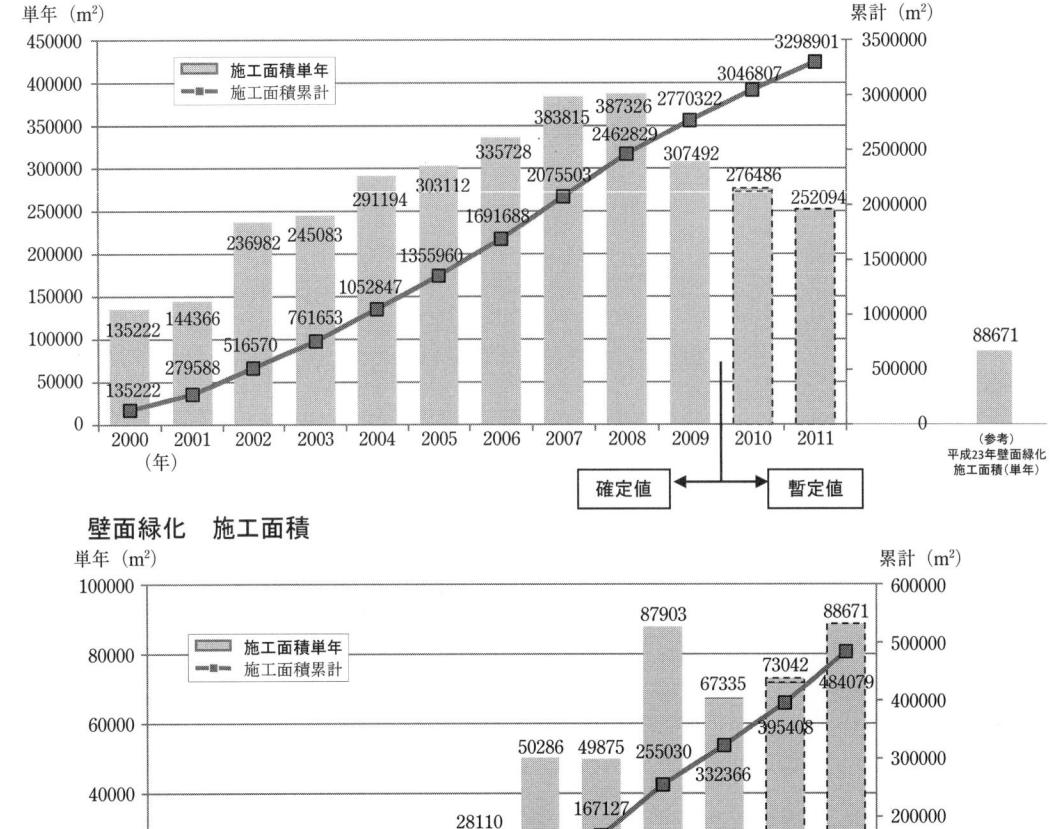

壁面緑化 施工面積

図 4.16　全国屋上・壁面緑化累積施工面積の推移（国土交通省，2012）

⑤ビル風の発生など風が強いため，耐風のための樹体の支持が必要である

2) 植栽が建築物に及ぼす影響　建築空間緑化が一般的な建築と比べて大きく異なる点は「生き物」を扱う点にあり，植栽後の時間の経過に伴って植物が成長し積載荷重が指数関数的に増加するなど，緑化後の経年変化を十分考慮する必要がある．また，根の伸長による防水層の損傷，落葉や泥によるルーフドレインの目詰まりなどが漏水トラブルの原因になりやすい．このため，それを予防するための対策と日常的な維持管理が建築空間緑化の成否の鍵を握る．

緑化が建築物に及ぼす影響

①時間の経過に伴う植物の成長により重量が増加し許容荷重を超しやすい

②根が伸長し防水層を損傷して漏水の原因になりやすい

③ルーフドレインなどの排水施設に落葉や泥がたまり目詰まりしやすい

④壁面緑化では，根の着生や伸長により壁面が劣化・剥離しやすい

⑤壁面緑化では，壁面の劣化や剥離による汚れ

が目立ちやすい

b. 建築空間緑化における配慮事項

前述したように，緑化地としての建築空間には通常の緑化地（自然地盤）と異なり，建築空間特有の厳しい環境圧があるうえ，植栽後の植物の成長に伴い建築物にも影響を及ぼすため，緑化に際しても通常の緑化地以上の配慮が必要になる．

1) 植栽基盤の整備 建築空間緑化が一般的な自然地盤の緑化と異なる最大の違いは，大半が人工地盤を生育基盤としている点である．地下とのつながり，横方向とのつながりが途切れているため，毛管張力による地下からの水分・養分の安定的な供給が期待できないうえ，余剰水は排水層を通じて強制的に排水されるため乾燥害が生じやすい．

一方，排水不良の場合には滞水し根腐れの原因になりやすい．このため，「保水」と「排水」という矛盾した要求を同時に満たす必要があるが，屋上緑化の場合は積載荷重の関係から土壌厚にも制限を受ける．屋上緑化では，自然土壌を改良して用いるほか，保水性・通気性・透水性の優れた軽量の人工土壌が用いられるが，軽量化しすぎると，土壌の飛散や樹木の支持力の不足などの問題が生じるため，飛散防止のための土壌表面のマルチングや厳重な倒伏防止対策が必要になってくる（図 4.17，4.18）．

また，屋上緑化のトラブルでもっとも多いのが漏水トラブルである．排水層や防水層をどう計画するか，植物の根からこれらの層をどう守るかが屋上緑化の成否を握る重要なポイントの一つになる．

2) 灌水施設の整備 地下からの水の供給のない屋上緑化では，降雨のない日が長く続くと植物が枯れてしまうため，灌水設備が必要である．灌水装置にはスプリンクラーやドリップ方式の点滴パイプなどがあるが，屋上緑化では近隣への水の飛散や節水などを考慮して点滴パイプが用いられることが多い．きちんとした管理体制ができていれば，給水栓による人為的散水が節水効果も大きい．単純タイマー，降雨感知式，土壌水分感知式などの自動灌水装置も広く用いられている．

3) 樹種選定 建築空間緑化に適した植物の条件としては，都市特有の厳しい生育環境（限られた土壌・日照不足・照り返しによる高温・水不足・強風など）に耐えうる環境への適応性の高い樹種，都市美観形成上，景観的にすぐれた樹種で，住民嗜好にも合った鑑賞性の高い樹種，移植や維持管理が比較的容易で剪定にも耐える樹種であることなどがあげられる．大気環境保全の観点からは，大気浄化能力の高い樹種であることや，

図 4.17 屋上緑化の植栽基盤の構造
人工土壌・排水パネル・防根シートなどの緑化資材の組合せ（江東区豊洲のガスの科学館）．

図 4.18 壁面緑化の生育基盤
ユニット式・コンテナ式・パネル式などの生育基盤が開発され製品化されている（京都市左京区の半室内空間での壁面緑化）．

図 4.19　高木成木を支える地下支柱
地上からは見えないが，地下でしっかり固定されている（港区江南の品川インターシティのセントラルガーデン）．

図 4.20　東京都中央卸売市場食肉市場水処理センターの屋上緑化の例
施設屋上や外周の階段状の人工地盤を高木主体に多様な樹種で緑化（品川区北品川）．

とくに大気汚染の酷い場所では，大気汚染に対する耐性（抵抗性）のあることなども必要である．

建築空間の空間的制約や積載荷重の制約も考慮する必要があり，あらかじめ成長の遅い樹種や大きくならない樹種，また剪定に耐えられる樹種を選定する．また，強風で倒伏しやすい樹種を避けるとともに，高木には倒伏防止のための支柱や地下支柱を設置するのが望ましい（図 4.19）．

4）　維持管理　　生育環境の厳しい建築空間緑化では日常的な維持管理がとくに重要であり，成長調整のための剪定・刈込み，灌水，病虫害防除，倒伏防止対策などを行う必要がある．このうちとくに重要なのは灌水であり，生育基盤や樹木の状態，季節に合わせて灌水間隔や灌水量を変えるなど，きめ細かな灌水を行う．また，建築空間緑化では水分過多で枯死するケースも多いが，その原因の多くが排水孔の目詰まりによる滞水であることから，排水施設や灌水施設の日常的な点検・整備も重要である．目詰まりの原因は落葉・泥・ごみなどの些細なものであることが多く，日常的な点検・整備で十分対応できるが，これを怠ると致命的な漏水トラブルにつながりかねないため，注意が必要である．

4.2.3　屋上緑化・壁面緑化の事例
a.　公共施設

庁舎，文化会館，公民館，学校などの公共施設は，地域住民との結び付きが強く，幅広く利用される施設であり，地域住民にとって馴染みのある場所であることから，屋上緑化や壁面緑化を今後進めていくうえでももっとも効果的な場所である（図 4.20）．最近ではヒートアイランド対策の一環として各地の自治体で「緑のカーテン」の取組みが行われ，住民意識の向上にもつながっている．

公共施設は，土地的にみると，外構を含め都市域にあっては比較的広い建築空間をまとまって保有している施設の一つであり，今後，屋上・テラス・壁面など，植栽できる余地が比較的多く残されている．これらの公共施設は，都市緑化の中核になるという重要な役割を期待されることから，今後建築空間の緑化を重点的に進めていきたい場所である．これらの公共施設は，行政機関の庁舎が並ぶ官庁街や教育・文化施設が集まる文教地区のように，公園緑地や他の公共施設とともに一群の公共ゾーンを形成していることが多い．このため，建築空間の緑化に際しても，隣接する他の公共施設や街路，公園緑地などの既存緑地との連続性に配慮すると効果的である．

図4.21 富士ゼロックス「四季彩の丘」の植栽例
1階の外構につながる丘状の屋上庭園と2階・3階のテラスを緑化し，緑量豊かな公開空地を創出（横浜市西区）.

図4.22 集合住宅の駐車場棟の屋上緑化の例
高木・中低木の組合せと花木の多用により，住民に憩いの場を提供している（千葉市美浜区）.

b. 事業所（業務ビル・商業施設・工場など）

商業・業務地域は，一般に建蔽率が高く，敷地内に占める建築面積の割合が他の地域に比べて著しく高い．このため，自然地盤での植栽可能空間の確保が難しく，たとえ土地が確保できたとしても，狭隘な空間のため，建築物に被陰されて日照不足などの問題が生じやすい．しかし，最近の都市開発ではオープンスペースの一種である公開空地が設けられることが多く，公共や民間の緑とのネットワークの形成，快適で安全な緑地空間の創出，造園の魅力が引き出された美しい都市空間の創出などの面で効果を上げており，都市環境の向上にも寄与している（図4.21）．

業務ビルや大型商業施設には，屋上，ベランダ，テラス，ペデストリアンデッキ，壁面など，緑化できる余地が多いことから，今後，大気環境改善を主眼とした緑地整備の推進も期待できる．建築空間緑化により快適で安全な美しい都市空間を創出すると，集客力の向上につながり，企業や地域全体のイメージアップや街の活性化にも大きく寄与する．これらの事業所における建築空間緑化にあたっては，集客や人の流れの妨げにならないよう，商業・業務地域としての本来の機能との調和に配慮しながら進めることが重要である．

また，植栽可能空間の確保が難しい場合でも，可搬式のプランターやコンテナ，ユニット式・パネル式の植栽基盤なども開発され製品化されていることから，工夫次第で緑化が可能であり，緑のもたらす多面的な機能の発揮が期待できる．

c. 住宅（集合住宅・戸建住宅など）

住宅は人間生活を営むうえで基本的な場所であり，これらの集合体である住宅地には，清浄な空気，適度な日照，静けさ，安全で潤いのある美しい街並みなどの快適な生活環境が求められる．住宅は，個々の敷地面積は少ないものの，都市全体の総量でみるとかなり大きなものになるものと考えられ，とくに中高層のアパート・マンションなどの集合住宅は，敷地周辺や住棟間に比較的広い空間があるため，植栽の余地がある（図4.22）．

とりわけ，規制緩和の一環として容積率上限を引き上げ，日影規制の適用除外とする「高層住居誘導地区」が第140国会で議決され，また廊下・階段などを容積率の計算から除外する建築基準法の改正案（1997年5月）が成立すると，超高層マンション，いわゆるタワーマンションの建設が急ピッチで進められ，都心や湾岸地域などにこれらの住居が大量に供給され，都心回帰の現象も起きている．このような状況は関西や地方都市にも広がりをみせていることから，都市建築空間における緑の増加は，都市全体の緑の増加に大きく貢献するとともに，都市の大気環境改善に果たす役割も大きいものと期待される．

図 4.23 幕張新都心のメッセモールの屋上緑化の例
市営駐車場の人工地盤上に多様な樹種を用いて親しみやすい緑地空間を創出している（千葉市美浜区）．

集合住宅では，住棟間を結ぶペデストリアンデッキ，駐車場，ベランダ，壁面などが建築空間緑化の主要な対象となる．このうちベランダは，戸建住宅と同様，住民の嗜好に合わせてプランターや植木鉢を置いて草花や野菜を育てたり，つる植物による緑のカーテンなどにより，コンクリートの圧迫感を減少させるとともに，明るく潤いのある生活空間の創出やヒートアイランド現象の緩和の一助になり，また住民参加による緑化がはかられる点において，都市緑化に対する国民への啓発の意義も大きい．

一方，戸建住宅では，とくに生垣などによる，移動発生源に近い接道部の緑化が局地汚染の低減のうえで効果的であり，ゴーヤやアサガオなどのつる植物による緑のカーテンづくりは，室温上昇の抑制や省エネルギーなど，ヒートアイランド対策としても有効であるほか，大気汚染の低減効果にも一定の効果が期待できる．

d. 駐車場

都市域においては，人と物流が都市中心部に集中するため，規模の異なる数多くの駐車場が存在する．自動車は主要な移動発生源の一つであり，数多くの自動車が出入する駐車場も大気汚染の主要な発生源であるとみなせる．このような点を踏まえると，大気汚染の発生源対策として，駐車場は大気環境の改善にきわめて有効な緑化対象地であると考えられる．また，都市景観の向上の面からも緑化により修景することが望まれ，今後，大気環境の改善を主眼とした緑化を展開するうえでも，重視していきたい場所の一つである．

土地の制約の大きい都市域においては，駐車場としての機能を最大限に発揮するために，敷地面積一杯に舗装された駐車スペースが広がり，植栽可能空間は限られているといわざるをえない．しかし，駐車場を地下に埋めて，その上部を緑化したり，立体駐車場にして，その屋上や壁面を緑化するなど，工夫次第で緑化は可能である（図4.23）．

また，通常の屋外駐車場においても，敷地外周部や駐車ゾーンを区分する区分帯を中心に，高木植栽や高木・中低木の組合せによる複合植栽や生垣により遮蔽効果・吸収効果を高めることが可能であり，日陰地では耐陰性の強い地被植物の導入なども行われている．

[大原正之]

文　献

環境庁大気保全局大気規制課監修，大気環境に関する緑地機能検討会編集（1989）：大気浄化植樹指針—緑のインビテーション，pp. 3-233，第一法規出版．

国土交通省都市局公園緑地・景観課（2009）：平成 22 年度末都市公園等整備の現況について，http://www.mlit.go.jp/report/press/toshi10_hh_000083.html（2013. 7. 17 アクセス）．

国土交通省都市局公園緑地・景観課緑地環境室（2012）：平成 23 年全国屋上・壁面緑化施工実績調査結果，http://www.mlit.go.jp/common/000226442.pdf（2013. 7. 17 アクセス）．

公害健康被害補償予防協会（1995）：改訂版大気浄化植樹マニュアル—きれいな大気をとりもどすために，pp. 1-296．

日経アーキテクチュア（2003）：実例に学ぶ屋上緑化—設計～施工～メンテナンスの勘所，206p，日経 BP 社．

日経アーキテクチュア（2009）：建築緑化入門—屋上緑化・壁面緑化・室内緑化を極める！，239p，日経 BP 社．

日本学術会議農学基礎委員会農業と環境分科会（2007）：対外報告　魅力ある都市構築のための空間緑化—近未来のアーバン・グリーニング，http://www.scj.go.jp/ja/info/kohyo/pdf/kohyo-20-t42-2.pdf（2013. 7. 17 アクセス）．

東京都環境局都市地球環境部計画調整課（2006）：壁面緑化ガイドライン（環境資料第 17101 号）．

5 都市気候緩和機能

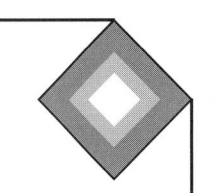

◆ **5.1 都市緑地による気候緩和機能のメカニズム** ◆

　気候変動に関する政府間パネル（IPCC）によれば，地球の年平均気温は，この100年間に0.7℃上昇した．一方，東京の年平均気温は100年で約3℃上昇しており，その上昇温度の大きさがわかる．

　以前から，都市の成立・発展に伴い都市には特有の気候が形成されることが知られており，一般に都市気候とよばれている．なかでも都市の気温が高くなるヒートアイランド現象は古くから知られ，現在までに数多くの研究がなされてきた（たとえば，関口，1970；Oke，1973；河村，1977；Landsberg，1981；福岡，1983）．こうしたヒートアイランド現象は，熱中症などの健康影響や大気汚染，都市型集中豪雨などとの関連も指摘されていることから，早急な対策が求められており，国や自治体でも詳細な実態調査が行われてきた（たとえば，安藤ら，2003；埼玉県，2009；神奈川県，2006；上坂ら，2007；平澤ら，2006；環境省，2007）．

　ヒートアイランド現象（第4章参照）は，人工排熱の増大や地表面被覆の人工化に伴う緑地の減少が主な原因とされている．したがって，ヒートアイランド現象を緩和するためには，人工排熱を減らし，自然地表面を増やせばよいことになる．とくに，自然地表面の増加については，過密化した都市に新たに緑地をつくることはきわめて困難であることから，屋上などの建物空間や学校校庭における緑化に期待がかけられている．

　近年，このような緑がもつ気候緩和機能を，大気浄化や防災，アメニティー向上といった機能と同様に適正に評価し，都市のヒートアイランド対策に位置づけようとする機運が高まりをみせている．本章では，都市における緑地や緑化による気候緩和機能について，実際の観測事例を中心に考えてみたい．

　一般に，夏季日中におけるアスファルト舗装面の表面温度は50℃を超えることは珍しくなく，60℃近くに達することもある．それに対し，樹木や芝生面などの緑地の表面は35〜40℃程度と低い（山田ら，1999）．これは，緑地面とアスファルト面とでは，放射や熱に関する特性が異なるためである．アスファルトはアルベド[*1]（日射反射率；表5.1）が比較的低く，日射をよく吸収するうえに熱伝導率が高いため，吸収した熱を深部まで運び，多くの熱を蓄えやすい．これらのことを熱収支[*2]としてみてみると，アスファルト上で

[*1] アルベド：入射光（太陽光）と反射光のエネルギーの比をアルベドという．理想的な鏡面は入射光を完全に反射するのでアルベドは1，黒体は完全に吸収してしまうのでアルベドは0である．

[*2] 熱収支：地表面における熱の出入り（収支）のことで，一般には，地表面における正味放射量の顕熱，潜熱，伝導熱への配分として表される．

表 5.1 地表面の日射に対するアルベド（近藤，2000 より作成）

地表面	アルベド
土壌	0.06〜0.29
アスファルト舗装	0.12
コンクリート	0.17〜0.27
草地	0.10〜0.25
森林	0.05〜0.20
雪	0.4〜05（新雪は 0.8〜09）
海面	0.04〜0.5（曇天時は 0.06）

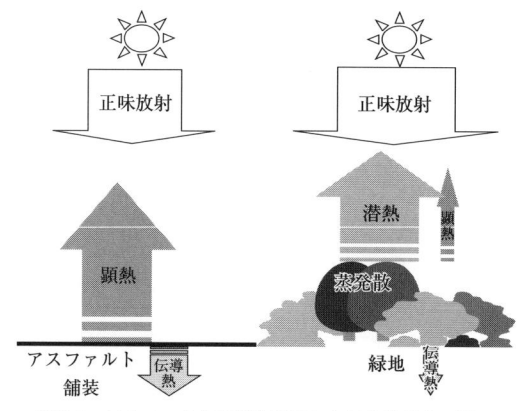

図 5.1 アスファルト舗装と緑地における熱収支の違い
日中における模式図．アスファルト舗装面はアルベドが低く高温となりやすいため，一般に正味放射量は小さくなる．

は午前中，正味放射[*3]の約 5 割が地中への伝導（伝導熱[*4]）によって消費され，熱収支項のなかではもっとも大きい値を示す．しかし，正午過ぎには大気を直接暖める顕熱[*5]がもっとも大きくなり，正味放射の 7 割近くを占める（成田ら，1984；浅枝・藤野，1992）．

夜間には，地中から地表面へと熱が伝導し，表面温度が高く維持されるため，アスファルト面からの顕熱放出は続き大気を加熱し続ける．その結果，アスファルト面が多い都市部では夜間でも気温が下がらない熱帯夜が続く．

これに対し，森林などの緑地における熱収支は，アスファルトなどの人工被覆面とは大きく異なり，日中，正味放射の 7〜8 割を植物や地表面からの蒸発散により発生する潜熱[*6]（水が気化して水蒸気になるときに要する熱）が占める（古藤田，1984；神田ら，1997）．そのため，顕熱や地中伝導熱は相対的に少なくなり，日中，緑地面はアスファルト面よりも低温となり，緑地の気温もアスファルト周辺の気温に比べ低くなる．これらのことを，日中の平均的な状況としてみてみると図 5.1 のようになる．

しかし，一般に観測される緑地と都市との気温差は夜間のほうが大きく，日中は非常に小さいかほとんど変わらない場合が多い（三上，1982；成田，1994；浜田・三上，1994）．植物の蒸発散は主に日中に行われることから，熱収支的には日中のほうが気候緩和効果が発揮されるはずなのに，夜間のほうが気温差が大きいのは，不思議な気がする．これは，大気の状態が，日中，不安定となりやすく大気の混合が活発となることと，市街地からの移流などの影響が加わり，明瞭な気温差として現れにくいためである．通常，大気が安定する夜間のほうが，放射冷却などの影響も加わり，両者の気温差が現れやすい．

また，緑地による気候緩和効果には，こうした潜熱や放射冷却による効果だけでなく緑陰の効果もあり，日中はむしろこちらによる効果のほうが大きい．実際に観測された事例では，樹林内が樹林外に比べ，日中最大で 6℃低かったという報告もある（浜田・三上，1994）．また，緑陰は，気温が下がるだけでなく，日射も遮ってくれるため，体感的にも涼しく感じられる．このことは，体感温度の低下として定量的に調べられている（幡谷ら，2007）．

[*3] 正味放射量：地上における太陽放射や赤外放射の収支の結果，地表面が受け取る正味の放射量．
[*4] 伝導熱：屋上面や緑化面から建物内に向かって伝わる熱のことで，室内における冷房負荷の増大に関係することから，間接的にヒートアイランドの要因となる．
[*5] 顕熱：直接大気を暖める熱で，ヒートアイランド現象の主要因といえる熱．
[*6] 潜熱：気化熱など主に植物や土壌からの蒸発散により消費される熱で，気温上昇を伴わない．

5.2 都市緑地による気候緩和効果の実測例

5.2.1 大規模緑地

新宿御苑は，東京の新宿駅東側に位置し，総面積約 60 ha のまさに都会の大規模緑地である．苑内には樹林や芝生地が広がり，東京都心における貴重なオアシスとなっている．その御苑内と周辺市街地とで気温を測定した結果，御苑内が日中最大で約 2℃（正午過ぎ），朝夕で約 1℃低くなっていた（菅原ら，2006）．また，緑地内だけでなく，風下にあたる北側市街地の気温も低下する現象がみられ，低温域は最大で 250 m 付近まで及んでいたという（成田ら，2004；環境省，2006；三上，2009）．これは，御苑内の涼しい空気が風によって市街地に運ばれた結果とみられ，緑地自身が低温となりクールアイランドを形成するだけでなく，隣接する市街地へもその効果が波及することを示している．

一方，夜間から早朝にかけては，前述のとおり市街地と緑地内との気温差がより大きくなる．図 5.2 は，夜間から早朝にかけての新宿御苑と南北市街地の気温断面図である．日中よりも，市街地との温度差が大きく，御苑内と周辺市街地との気温差が最大 3℃に達している．

また，緑地内からの冷気流出によるとみられる低温域が，南北方向に最大 90 m 程度まで及んでいた．その際，御苑の縁辺部に設置した高精度な超音波風速計により，緑地内から緑地外へと向かう風速 0.3 m/s にも満たない微弱な風が観測されていた（図 5.3）．

したがって，御苑の南北における気温の低下現象は，御苑内の冷気が流出した結果もたらされたものと考えられる．この冷気の流出現象は一般に「にじみ出し現象」とよばれ，夜間，晴天・静穏な気象条件下で放射冷却によって生成された冷気が，緑地から重力流として，周辺へ流出する現象と考えられている（図 5.4）．この現象は，前述のような風の強い日中に，卓越風によって風下側へ冷気が流出する，いわゆる移流現象とは異なる現象であることが知られている（成田・菅原，2011）．図 5.5 は，にじみ出し現象発生時に，観測された上空 120 m 付近までの気温分布図である．

これによると，にじみ出し現象が発生するときには，緑地内の芝生地で上空 30 m 付近まで冷気が溜まり気温の逆転現象が起きていた．この冷気がにじみ出し現象として市街地に流出する際にできる冷気層の厚さは平均で 9 m 前後あったこと

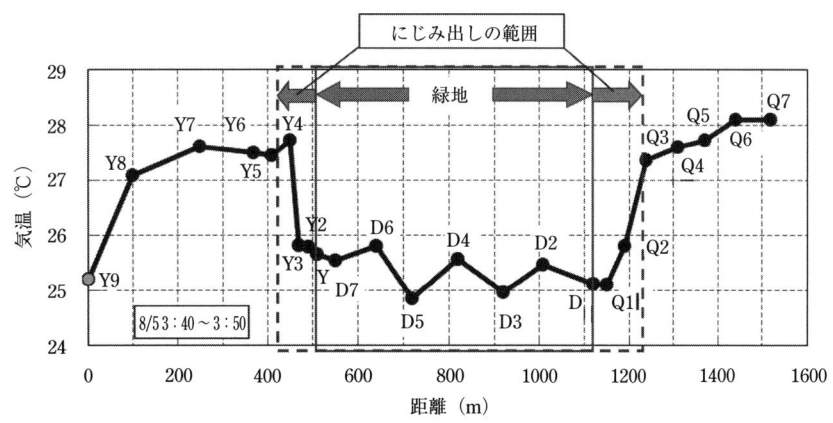

図 5.2 都市内緑地における冷気のにじみ出し現象（新宿御苑の例）（成田ら，2004）
2000 年 8 月 5 日 3：40〜3：50，測定点の位置は図 5.3 左図を参照．

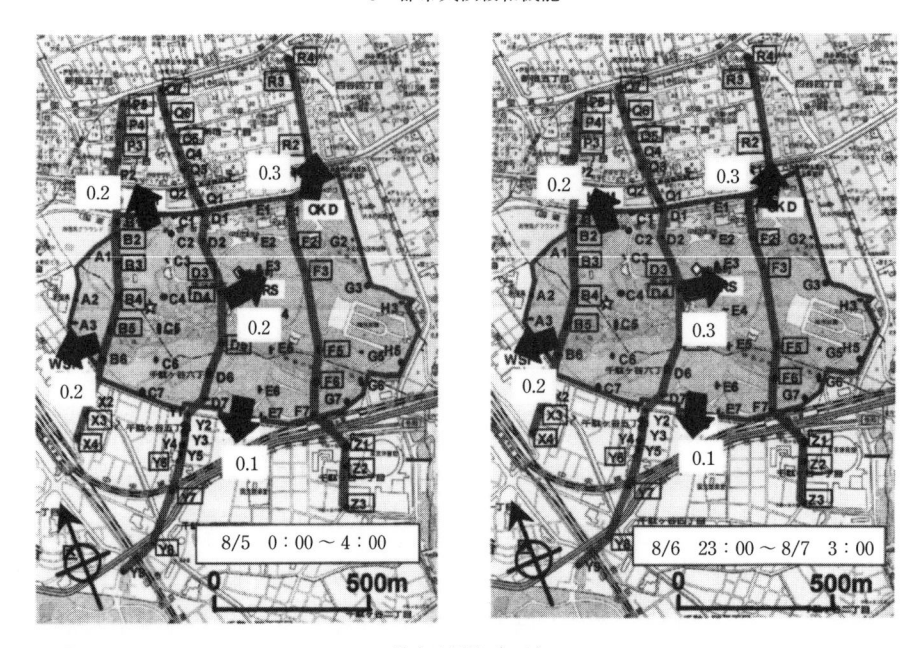

数字は風速（m/s）

図 5.3 冷気にじみ出し現象発生時の風の状況（図中の矢印）（成田ら，2004 に基づき三上，2009 作成）
2000 年 8 月 5 日（左）および 6 日（右）．

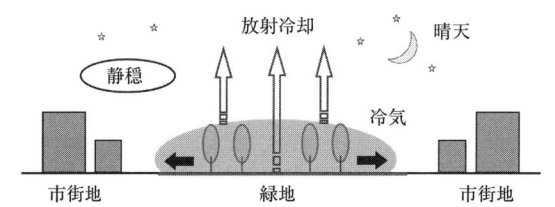

図 5.4 緑地の冷気にじみ出し現象の模式図（成田ら，2004）

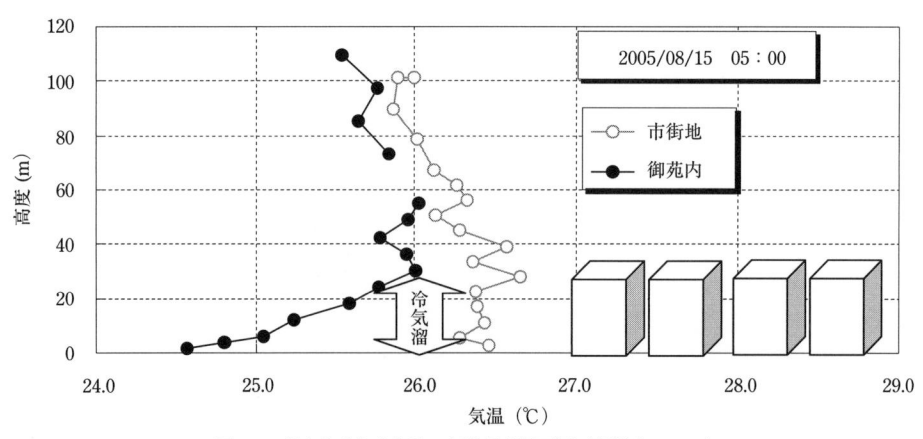

図 5.5 新宿御苑と市街地の気温鉛直断面図（環境省，2007）
2005 年 8 月 15 日 5：00．図中右下の四角は市街地を意味する．

から、およそ2階建ての戸建住宅をすっぽり覆うほどの厚さである（成田ら，2004）．また，このほかにも，明治神宮や代々木公園，皇居などを対象とした大規模緑地の観測事例がある（たとえば，浜田・三上，1994；神田ら，1997；成田・菅原，2011）．なかでも，都区部最大の緑地といえる皇居は，周辺市街地と最大で5℃の気温差がみられ，大規模なクールアイランドを形成していることがわかっただけでなく，その冷気が，にじみ出し現象として約300m離れた東京駅にまで到達していることが確認された（成田・菅原，2011）（図5.6）．

こうした都市域における観測は、さまざまな制約が多く，困難を伴うことが少なくないことからきわめて貴重なデータといえる．今後はこうした研究結果も踏まえながら，都市緑地の気候緩和効果に十分配慮した都市の緑地計画が望まれる．

5.2.2 校庭芝生化

東京都では，ヒートアイランド対策として校庭の芝生化を推進しているが，本来，校庭を芝生化することによって得られる効果には，「微気象の調節」「砂塵の飛散防止」「泥濘化の抑制」「美観の向上」「教育活動の活発化」「環境教育の教材」「安全性の向上」などがあげられる．このなかで，「微気象の調節」の一つといえる気候緩和機能にとって，校庭の芝生化は以下の点でとくに重要と考えられる．まず，まとまった面積を新たに緑化することが困難な都市部において，学校の校庭は都市に残された貴重なオープンスペースであるということ．そして，小中学校などの教育施設は，一般に，地域に偏りなく設置されていることから，その効果が広域的にまんべんなく発揮されることが期待できること，などである．

では，芝生化された校庭は，一般的な土の校庭（ダスト舗装校庭）と比べて，表面温度は何℃ぐらいになっているのだろうか．正午付近の表面温度を比較した結果では，ダスト舗装校庭が約43℃であったのに対して，芝生校庭は約35℃と，

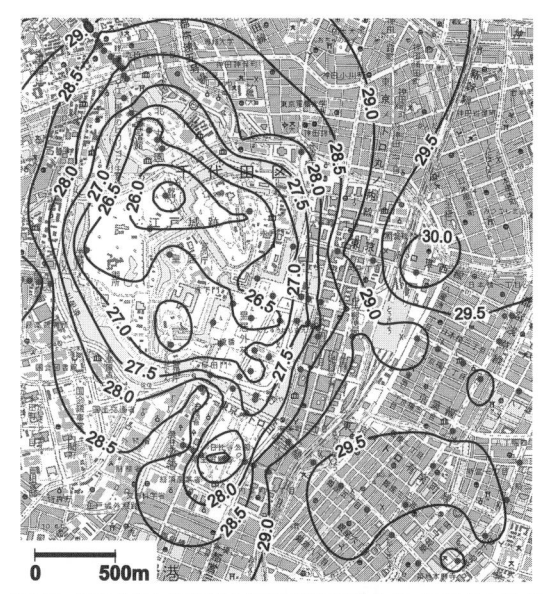

図5.6 にじみ出し発生時の皇居周辺の気温分布（2007年8月10日3：00～5：00）（環境省，2008）

芝生校庭のほうが約8℃低いとする測定結果が得られている（横山ら，2006）（図5.7）．また，同時に測定された地上1.5mの気温も芝生校庭のほうが1.6℃低かった．このほか，市街地に多くみられるゴムチップ舗装校庭との比較では，表面温度が約14℃，気温では約2℃，芝生校庭のほうが低いとする測定結果が得られている（横山ら，2009）．また，人工芝と比較した結果では，天然芝のほうが20℃以上も表面温度が低かったという報告がある（吉田ら，2005）．

今後，校庭内の温度環境だけでなく，大規模緑地のような周辺への波及効果なども認められれば，校庭芝生化は，さらに有望なヒートアイランド対策として評価されるであろう．

5.2.3 屋上緑化

ヒートアイランド対策として，現在もっとも広く推進されている施策といえば屋上緑化であろう．東京都をはじめ多くの自治体や国においても，ヒートアイランド対策として屋上緑化を推進している．屋上緑化は，最上階への熱の侵入を防ぎ，冷房負荷を低減するとともに，屋上表面の温

図 5.7 芝生校庭とダスト舗装校庭の可視画像（上）と熱画像（下）（2005 年 8 月 17 日 13：30）（横山ら，2004）（口絵 13 参照）

図 5.8 屋上緑化面の可視画像（左）と熱画像（右）（2003 年 8 月 23 日 12：00）（横山ら，2004）（口絵 14 参照）

度を下げることによりヒートアイランド緩和に貢献している，と理解されている．また，雨水の流出を遅らせ洪水対策としての貢献も期待されている．

はたして屋上緑化は，どの程度の気候緩和効果があるのだろうか．図 5.8 は，屋上緑化実験の際に撮影した熱画像である．周りのコンクリート面に対し屋上緑化面の表面温度が低いことが明瞭であり，その効果に期待がかかる．図 5.9 で詳しくみると，緑化していない屋上面の表面温度（図中①）が，日中 60℃近くにまで達しているのに対し，屋上緑化面の表面温度（図中②）は約 35℃，屋上緑化下の温度（図中③）は約 30℃となっており，表面温度で約 25℃，屋上緑化下の温度で約 30℃低下していることがわかる．

こうした効果は多くの研究においても確認されている（たとえば，梅干野ら，1994；山田，2001；三坂ら，2005）．また，屋上緑化を行った

5.2 都市緑地による気候緩和効果の実測例

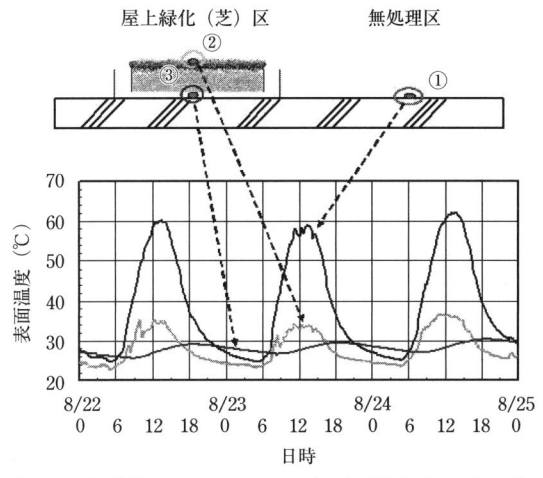

図 5.9 屋上緑化面とコンクリート面の表面温度（2003年8月22〜25日）（横山ら，2004を一部改変）

建物の直下の室内では，2〜3℃気温が低下するほか，屋上緑化下の温度の日較差が小さくなることによって，コンクリートの伸縮が抑えられ，屋上面の耐久性向上にもつながるとする報告もある（山田，2001）．

ただし，こうした気候緩和効果が，どの植物でも同等に期待できるというわけではない．たとえば，セダム類[*7]は，日中の潜熱の発生が少なく直上気温の低下効果はあまり期待できないことが指摘されている（三坂ら，2005；山口ら，2005）．これは，セダム類が，水分が少ない乾燥条件下では，日中，蒸散をほとんど行わないベンケイソウ科のCAM植物[*8]（飯島・近藤，1996）であることによる．しかし，裏を返せば，屋上のような高温乾燥条件には非常に強い植物であり，あまり灌水を必要としない植物ということでは，夏期の渇水条件での有利性があるといえる．

また，顕熱は大きいものの，伝導熱は小さく抑えられることが示されているほか，夜間は他の植物同様，コンクリート面に比べ顕熱が小さくなることが示されている（三坂ら，2005；山口ら，2005）．

以上のように，屋上緑化の気候緩和効果に関する実測例は多いが，屋上緑化に過剰の期待をもつことへの疑問の声もある．たとえば，通常，建物の屋上スラブには断熱材が挿入されている場合が多いため，室内への伝導熱はほとんど断熱材で遮断される．したがって，屋上緑化による伝導熱低減効果は，倉庫や工場などの無断熱建物の場合に限定されるといえる（成田，2008）．

また，屋上緑化の効果が，都市全体の気温を大幅に下げることは，すべての建物の屋上を緑化したとしても難しいこともシミュレーションによる結果において示されている（たとえば，大岡，2005）．したがって，屋上緑化は，むしろアメニティ向上などを狙った良質の緑化空間づくりという観点から推奨されるべきでものとの指摘がなされている（成田，2008）．

[*7] セダム：ベンケイソウ科に属する多肉植物で，砂漠や岩盤のように乾燥した貧栄養状態でも生育可能とされ，高温で乾燥しやすいビルの屋上のような環境にも順応する．屋上緑化に用いられるもの代表的なものとして，メキシコマンネングサやツルマンネングサなどがある．同様に屋上緑化によく用いられる芝などとは異なり，乾燥条件下において，日中，気孔を閉じ蒸散を行わないCAM型光合成を行うとされる．

[*8] CAM植物：CAM型光合成を行う植物で，砂漠などの多肉植物や，水分ストレスの大きな環境に生息する着生植物に多くみられる．CAM植物は，CO_2を夜間に取り込み，それを昼間に還元する．CAMとはCrassulacean Acid Metabolismの略で，ベンケイソウ型有機酸合成の意.

◇ 5.3 緑被率や緑地の規模・配置と気候緩和効果の関係 ◇

一般に，緑被率（ある地域において緑が占める割合）が大きい地域ほど，その地域の気温や表面温度が低いことが示されている（たとえば，梅干野ら，1981；福岡，1983；山田，1995；榊原，1999）（図5.10）．

それらによれば，緑被率が10％増えることによる気温の低下量は0.2〜0.3℃で（山田，1995），都市による違いは小さいという．また，緑被率が30％を下回ると表面温度が極端に高い地区が現れるほか（梅干野ら，1981），緑被率が30％を下回る都市ではヒートアイランド現象が顕著となることが示されている．一方，緑被率30％以上の都市では都市内外の気温差は小さく（約4℃）顕著なヒートアイランド現象は起きていないという（福岡，1983）（図5.11）．したがって，緑被率30％というのが，都市において目指すべき一つの目標といえるのかもしれない．

さらに，もう少し小さいスケールでみた例として，緑地内の冷気が風下側に波及する効果を，緑地の規模との関係で，シミュレーションした研究例がある（本條・高倉，2000）．それによれば，規模が拡大するにつれ効果が及ぶ範囲もある程度までは広がるが，緑地規模（風向と平行にとった緑地の直径）が300mを超えると，もうそれ以上緑地の規模が大きくなっても，効果が及ぶ範囲はほとんど広がらないという（図5.12）．

また，緑地の総面積が同じであれば，大規模に一つの緑地を配置するよりも，小規模な緑地が分散しているほうが，地域全体の気温低下につながるとするシミュレーション結果もある（神田・日野，1990）（図5.13）．

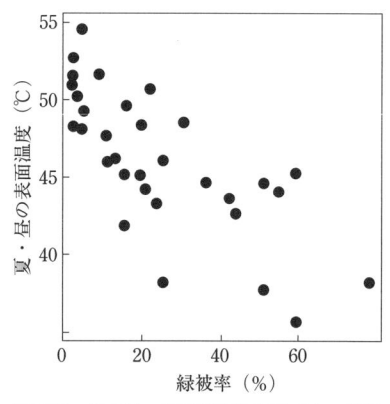

図 5.10 住宅地の表面温度と緑被率との関係（梅干野ら，1981）

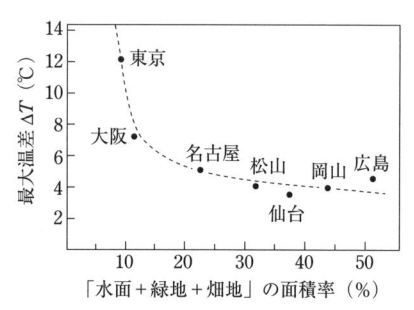

図 5.11 都市内外の最大気温差とLANDSAT画像解析による土地利用面積率との関係（福岡，1983）

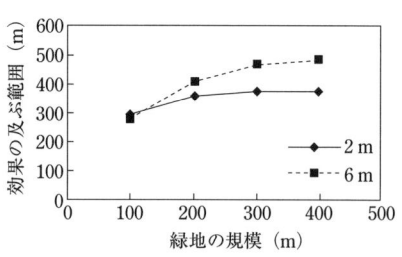

図 5.12 緑地規模と冷却効果の影響が及ぶ範囲（高さ2mと6mでの計算値）（本條・高倉，2000）

図5.13 緑地の配置と気温低下との関係（神田・日野, 1990）
□は植生を，ハッチ部分は気温低下領域を表す．(a)と同じ規模の植生を，(b) 2分割，(c) 4分割した場合の領域の気温分布．単位は℃．

◆ 5.4 緑もストレスを受けている ◆

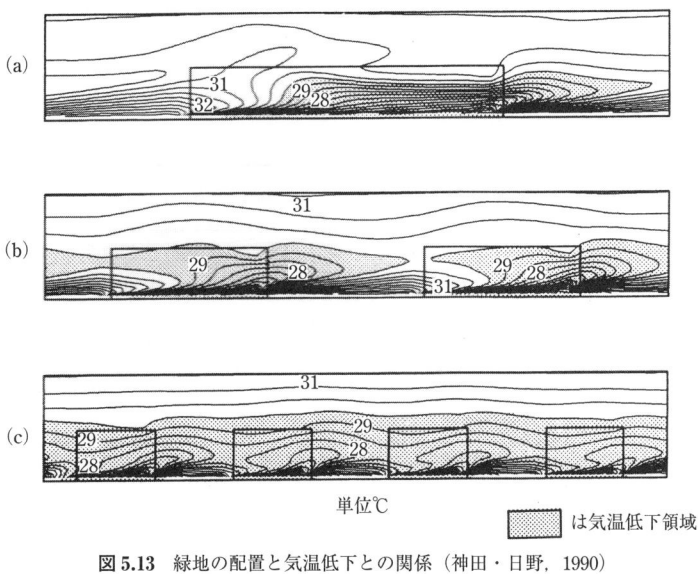

　東京をはじめとする大都市ではヒートアイランド現象が問題となっているが，都市内に存在する公園緑地は，自らがクールアイランドやクールスポットを形成し，都市の気候緩和に貢献していることは疑いがない．

　本章では，いままでに得られた知見の概略を紹介してきたが，今回取り上げた大規模緑地や校庭芝生化，屋上緑化以外にも，都市に残された貴重な緑地としての農地や雑木林などにも，気候緩和効果があることが認められている（井上, 2008；横山・久野, 1993）．

　しかし，都市における緑を構成する植物は，こうした機能を発揮するために生存しているわけではなく，あくまで，それらが生存している過程で発する恩恵の一部を，われわれが享受しているという意識をもつべきであろう．むしろ，都市に生育する植物も，人間同様，さまざまな都市のストレスを受ける被害者であるということも忘れてはならない（野内, 2001；伊豆田, 2006；横山, 2001；久野, 1994）．

　本章の内容についてより詳しく知りたい読者は，いくつかの解説書（山口, 2009；森山, 2004；日本建築学会, 2007）があるので，それらを参考にしていただきたい．　　　　[横山　仁]

文　献

安藤晴夫, 塩田　勉, 森島　済, 小島茂喜, 石井康一郎, 泉　岳樹, 三上岳彦 (2003)：2002年夏期における都区部の気温分布の特徴について, 東京都環境科学研究所年報, 81-87.

浅枝　隆, 藤野　毅 (1992)：舗装面の熱収支と蓄熱特性について, 水文・水資源学会紙, **5**, 3-7.

福岡義隆 (1983)：都市の規模とヒートアイランド, 地理, **28** (12), 34-42.

浜田　崇, 三上岳彦 (1994)：都市内緑地のクールアイランド現象—明治神宮・代々木公園を事例として, 地理学評論, **67A** (8), 518-529.

幡谷尚子, 十二村佳樹, 岩田達明, 持田　灯, 渡辺浩文, 吉野　博, 境田清隆 (2007)：街路樹がストリートキャニオン内の気流分布, 空気汚染, 歩行者空間の温熱快適性に及ぼす影響の検討—仙台市中心市街地の夏季の温熱・空気環境実測（その1）, 日本建築学会環境系論文

集，**613**，95-102．

平澤佐都子，佐俣満夫，井上友博，福田亜佐子（2006）：横浜市内の温湿度分布調査―2005年の結果，横浜市環境科学研究所年報，**30**，50-55．

本條 毅，高倉 直（2000）：都市緑地のスケール，配置変化に関する影響のシミュレーション解析，農業気象，**56**（4），253-260．

梅干野 晁，乾 正雄，龍谷光三（1981）：リモートセンシングによる住宅地の熱環境の解析（II）―東京における夏季・晴日について，日本建築学会論文報告集，**309**，115-126．

梅干野 晁，何江，堀口 剛，王革（1994）：芝生葉群層の熱収支特性に関する実験研究―屋上芝生植栽の熱環境調整効果 第1報，日本建築学会計画系論文集，**462**，31-39．

飯島健太郎，近藤三雄（1996）：メキシコマンネングサの光合成型ならびに生育に及ぼす土壌水分と気温の影響，東京農業大学農学集報，**41**（3），156-163．

井上君夫（2008）：農業のもつ多面的機能―モデルによる気候緩和効果の定量的評価，農業技術大系，土壌と活用 VI（追録19号），28-41．

伊豆田 猛（2006）：植物と環境ストレス，コロナ社，220p．

上坂 弘，石田哲夫，小倉 隆，竹内 淨，原 久男（2007）：川崎市におけるヒートアイランド現象の実態調査（2006年度），川崎市公害研究所年報，**34**，15-17．

神奈川県（2006）：平成17年度ヒートアイランド現象調査報告書，71p．

神田 学，日野幹雄（1990）：大気-植生-土壌系モデル（NEO-SPAM）による数値シミュレーション―（2）植生の気候緩和効果の数値実験，水文・水資源学会誌，**3**（3），47-55．

神田 学，森脇 亮，高柳百合子，横山 仁，浜田 崇（1997）：明治神宮の森の気候緩和機能・大気浄化機能の評価―（1）1996年夏期集中観測，天気，**44**（10），713-722．

環境省（2007）：平成18年度ヒートアイランド現象の実態把握及び対策評価手法に関する調査報告書，102p．

環境省（2006）：平成17年度都市緑地を活用した地域の熱環境改善構想の検討調査報告書，8-32．

環境省（2008）：報道発表「皇居・皇居外苑のクールアイランド効果の観測結果について」，http://www.env.go.jp/press/press.php?serial=9832（2013.2.14アクセス）．

河村 武（1977）：都市気候の分布の実態，気象研究ノート，**133**，26-47．

久野春子（1994）：植物の大気汚染耐性と感受性，植物細胞工学別冊，**1**，50-58．

近藤純正（2000）：地表面に近い大気の科学，p.41，東京大学出版会．

古藤田一雄（1984）：草地の熱収支と蒸発散，地理学評論，**57**（9），611-627．

Landsberg, H. E. (1981): The urban heat island (*The Urban Climate*, 275, Academic Press, New York), pp. 84-126.

三上岳彦（1982）：都市内部における公園緑地の気候，お茶の水女子大学人文科学紀要，**35**，21-36．

三上岳彦（2009）：都市気候と公園緑地の役割，都市公園，**185**，2-6．

三坂育正，石井康一郎，横山 仁，山口隆子，成田健一（2005）：軽量・薄層型屋上緑化技術のヒートアイランド緩和効果の定量評価に関する研究，日本建築学会技術報告集，**21**，195-198．

森山正和（2004）：ヒートアイランドの対策と技術，206p，学芸出版社．

成田健一（1994）：都市内緑地の環境調節効果に関する実測研究，日本建築学会中国支部研究報告集，**18**，273-276．

成田健一（2008）：緑でどこまで都市は冷やせるか？，建築雑誌，13-15．

成田健一，関根 毅，徳岡利一（1984）：都市地表面物質の熱特性―アスファルト舗装面における熱収支の研究（熱収支特集号），地理学評論，**57**（9），639-651．

成田健一，三上岳彦，菅原広史，本條 毅，木村圭司，桑田直也（2004）：新宿御苑におけるクールアイランドと冷気のにじみ出し現象，地理学評論，**77**（6），403-420．

成田健一，菅原広史（2011）：都市内緑地の冷気のにじみ出し現象，地学雑誌，**120**（2），411-425．

日本建築学会編（2007）：ヒートアイランドと建築・都市―対策のビジョンと課題（日本建築学会叢書5），211p，日本建築学会．

野内 勇（2001）：大気環境変化と植物の反応，391p，養賢堂，東京．

Oke, T. R. (1973): City size and the urban heat island, *Atmos. Environ.*, **7**, 769-779.

大岡龍三（2005）：建物壁面緑化／屋上緑化の屋外温熱環境緩和効果について，ながれ，**24**（5），497-504．

榊原保志（1999）：長野県小布施町におけるヒートアイランド強度と郊外の土地被覆との関係，天気，**46**，567-575．

埼玉県（2009）：ヒートアイランド調査報告書，25p．

関口 武（1970）：都市気候学，天気，**17**，89-96．

菅原広史，成田健一，三上岳彦，本條 毅，石井康一郎（2006）：都市内緑地におけるクールアイランド強度の季節変化と気象条件への依存性，天気，**53**（5），393-404．

山田宏之（1995）：都市気温分布と緑地分布の関連についての都市間比較，ランドスケープ研究，**58**（5），253-256．

山田宏之（2001）：屋上緑化のすべてがわかる本，166p，インタラクション／環境緑化新聞．

山田宏之，佐藤忠継，澤田正樹，岩崎哲也，角田里美，養父志乃夫（1999）：環境共生住宅団地の緑化による微気象緩和効果について，ランドスケープ研究，**62**（5），635-638．

山口隆子（2009）：ヒートアイランドと都市緑化（気象ブ

文　　献

ックス），130p，成山堂書店．

山口隆子，横山　仁，石井康一郎（2005）：軽量薄層型屋上緑化システムにおけるヒートアイランド緩和効果，ランドスケープ研究，**68**（5），509-512．

横山　仁（2001）：光化学オキシダントによる植物被害（花と緑の病害図鑑，堀江博道，高野喜八郎，植松清次，吉松英明，池田二三高編，550p，全国農村教育協会），pp. 411-413．

横山　仁，久野春子（1993）：都市近郊緑地の大気保全機能—立川市川越道緑地を例とした場合，東京都農業試験場研究報告，**25**，35-41．

横山　仁，山口隆子，石井康一郎（2004）：屋上緑化のヒートアイランド緩和効果—軽量薄層型屋上緑化に関する検討，東京都環境科学研究所年報，3-10．

横山　仁，久保田哲也，青木正敏，山口隆子，石井康一郎（2006）：校庭芝生化のヒートアイランド緩和効果に関する調査結果，東京都環境科学研究所年報，104-106．

横山　仁，山ノ内裕人，菅原広史，成田健一（2009）：芝生校庭とゴムチップ舗装校庭における温熱環境の比較，日本芝草学会2009年度春季大会講演要旨集，B16．

吉田篤司，西岡真稔，鍋島美奈子，中尾正喜，西川知幸（2005）：天然芝と人工芝の形成する熱環境実測，日本建築学会学術講演梗概集（熱環境実測評価，環境工学II），69-70．

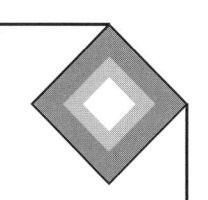

6 室内空気汚染環境の改善

◆ 6.1 室内空気汚染とは ◆

室内空気の汚染源として問題となっているものの一つに，ほこりによる空気汚染がある．ほこりの主な発生源は寝具の上げ下ろしで，部屋の空気が1000倍も汚れるとの実験結果があるとも，また部屋の空気を汚す最大の原因は掃除機の排気であるともいわれている[*1]．

次に化学物質による空気汚染がある．タバコの排煙には発がん性物質が多く含まれている．防虫剤や防虫シート，消臭剤，芳香剤なども室内空気を汚染している．暖房器具からの汚染ガスの発生が問題となる．開放型ストーブの燃焼に伴いCO_2やNO_x（窒素酸化物），とりわけNO_2が発生する．近年の住宅建築では，気密性が重視されている．そのため換気が不十分なとき，ストーブの不完全燃焼で一酸化炭素（CO）が発生し死亡事故が起きることがある．

一方，家屋など，建物の建設や家具製造の際に利用される接着剤や塗料などに含まれるホルムアルデヒドなどの有機溶剤，木材を昆虫やシロアリといった衛生害虫の食害から守る防腐剤などから発生する揮発性有機化合物による汚染がある．厚生労働省は，2000（平成12）年に室内空気汚染問題に関する検討会を設置し住宅内で検出された物質を中心に，2002（平成14）年に表6.1に示した13物質と揮発性有機化合物総量（TVOC）の暫定目標値をとりまとめ，2003（平成15）年に濃度指針を施行した．主要な化学物質の室内空気中濃度は，人がその濃度の空気を生涯にわたって摂取しても，健康への影響や有害な影響を受けないであろうと判断される値を算出したものである．

1980年代はじめから，室内のエネルギー効率を良くしようと建物の気密化が推奨されていた欧米などで多くの疾病患者が現れ始めた．住宅の新築・リフォーム後に居住者が倦怠感，頭痛，喉の痛み，眼の痛み，鼻炎，嘔吐，呼吸器障害，めまい，皮膚炎などさまざまな体調不良を示すケースが顕在化し，1990年代より社会問題になってきた．症状が多様で，症状発生の仕組みをはじめ，未解明の部分が多く，さまざまな複合要因が考えられることからわが国ではシックハウス症候群とよばれており，欧米ではシックビル症候群（shick building syndrome：SBS）あるいはビル病と呼ばれている．

シックハウス症候群を引き起こす代表的な原因物質はホルムアルデヒド，トルエン，キシレン，パラジクロロベンゼンその他の建築に用いられる建築資材などから揮散する化学物質である．これらは蒸気になりやすい性質をもっており，揮発性有機化合物（volatile organic compounds：VOC）

[*1] http://www.seiken.co.jp より．

6.1 室内空気汚染とは

表6.1 室内濃度指針値（厚生労働省医薬局（2002）および福岡県保環研（2004）より作成）

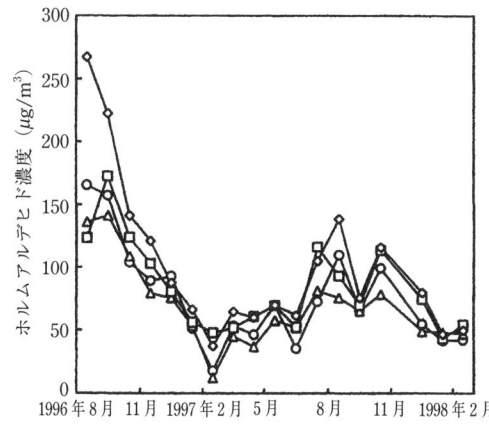

物質名	室内濃度指針 (ppm; 25℃)	(μg/m³)	主な用途	健康への影響
ホルムアルデヒド	0.08	100	合板，パーティクルボード，壁紙，接着剤	眼・鼻・のどへの刺激・炎症，流涙，接触性皮膚炎，発がん性
トルエン	0.07	260	施工用接着剤，塗料溶剤，ワックス溶剤	眼・気道に刺激，高濃度長期暴露で頭痛，疲労，脱力感など
キシレン	0.20	870	塗装溶剤，樹脂，ワックス溶剤	眼・気道に刺激，高濃度長期暴露で頭痛，疲労，脱力感など
パラジクロロベンゼン	0.04	240	防虫剤	高濃度長期暴露で肝・腎・肺・メトヘモグロビン形成に影響
エチルベンゼン	0.88	3800	塗料，殺虫剤	眼・のどへの刺激，めまい，意識低下など
スチレン	0.05	220	発泡スチロール	眼・鼻・のどへの刺激，眠気，脱力感など
クロルピリホス	0.07	1	シロアリ駆除剤	アセチルコリンエステラーゼ阻害，倦怠感，頭痛，めまい，吐き気など
フタル酸ジ-n-エチルヘキシル	0.02	220	プラスチック，塩化ビニルの可塑剤	眼・皮膚・気道に刺激
テトラデカン	0.04	330	塗料などの溶剤，灯油の揮発成分	高濃度で麻酔作用，接触性皮膚炎
フタル酸ジ-2-エチルヘキシル	0.0076	120	壁紙，床剤，各種フィルムなどの可塑剤	眼・鼻・気道に刺激，接触性皮膚炎
ダイアジノン	0.02	0.29	有機リン系殺虫剤，防蟻剤	クロルピリホスに似た症状を呈する
アセトアルデヒド	0.03	48	接着剤，防腐剤，写真現像用の薬品，喫煙	眼・鼻・のどへの刺激，接触性皮膚炎，高濃度で麻酔作用，意識混濁など
フェノブカルブ	0.0038	33	防蟻剤	アセチルコリンエステラーゼ阻害，倦怠感，頭痛，めまい，吐き気など
TVOC（揮発性有機化合物総量）	（暫定目標値 400 μg/m³，新築の場合は 1000 μg/m³）			

図6.1 総床面積 213.8 m² の日本家屋で部屋別に測定されたホルムアルデヒド濃度の季節変化（桂ら，1999）
○：居間，△：和室，□：寝室-1，◇：寝室-2．
縦軸の単位換算：100 μg/m³ = 0.0746 ppm．

ともよばれている．

とくにホルムアルデヒドは，パーティクルボードやベニヤ板などを製造する際に接着剤として使用される合成樹脂の原料である．また発泡断熱材や繊維の原料ともなり，タバコの煙や暖房などの燃料の燃焼排気にも含まれている．0.05 ppm 程度の低い濃度でも敏感な人は眼の充血，上部気道の痛みを感じると報告されており，発がん性も懸念されている．一方，化学反応性の高いホルムアルデヒド（HCHO）の室内濃度について季節変動を測定した一例を図6.1に示した．8月に 150 μg/m³ 前後であったものが，5月には 50 μg/m³ にまで低下している．これは室内気温が高くなると HCHO の放出が増加することを示している．

ホルムアルデヒドのわが国における環境基準値は 0.08 ppm で，世界保健機構（WHO）の定めている値と同じである．欧米諸国ではドイツ，スウェーデンで 0.10 ppm，デンマークで 0.12 ppm，カナダ 0.05 ppm，米国ウィスコンシン州で 0.20 ppm（新築時は 0.05 ppm）となっている．

6.2 暖房器具からの汚染ガスの排出

室内で各種暖房器具を使用した場合の NO_2 濃度（1日の平均値）を図6.2に示す．この値は1日の平均値で，暖房している時間帯に限るともっと高濃度になっている．石油ファンヒーターがもっとも排出量が多い．

また図6.3は，広さ約3畳（4.96 m^2），部屋容積 11.4 m^3 の部屋で石油ファンヒーターを使用して室内暖房したときに観測された NO と NO_2 濃度の時間的変化を示している．室内温度が急激に上昇しているときに NO 濃度も上昇して最大 1.4 ppm に達している．

NO は空気中に含まれるオキシダントなど酸化性物質によって NO_2 に酸化される．植物は比較的濃度が高い場合でも NO_2 を吸収する能力が高いので，暖房期の室内汚染浄化のために植物を有効利用できると考えられる．

6.3 室内汚染物質の植物による吸収

植物による大気汚染物質の吸収に関しては第2章で述べられているように，これまで詳細な研究が行われており，植生は大気汚染物質の吸収に関して効率の良い吸収体とみなされている．

室内空気汚染物質の植物による吸収除去に関しては 1973（昭和48）年以降に米国航空宇宙局（NASA）が宇宙船内の空気汚染に関連して精力的に研究を進めていた．B. C. ウォルヴァートン

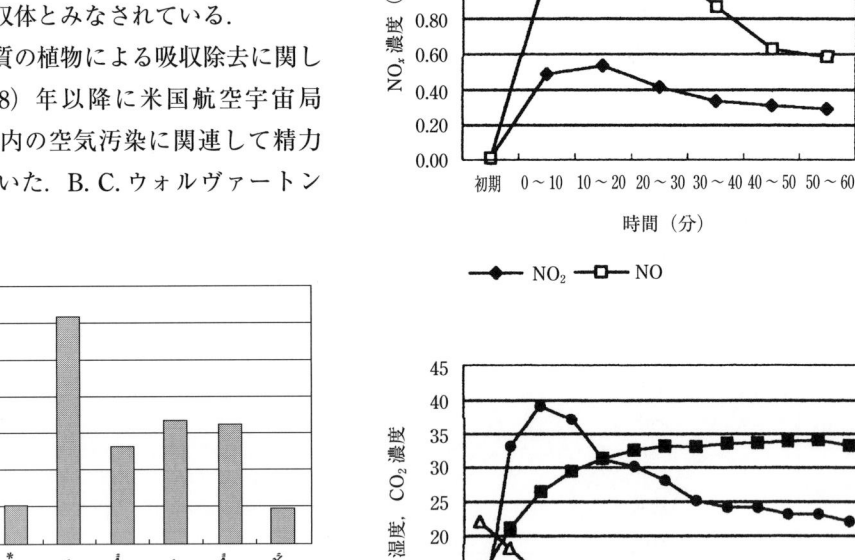

図6.2 暖房方法別 NO_2 濃度（パッシブ法*2 による1日平均濃度）（宮崎, 2005）
*電気コタツ，電気ストーブ，電気毛布．

*2 パッシブ法：大気汚染濃度を測定する簡易測定法．汚染ガスと化学反応する溶液をしみ込ませたろ紙を利用して測定する．

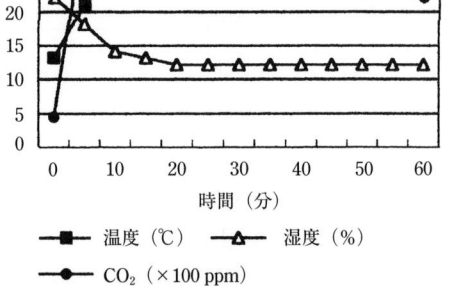

図6.3 石油ファンヒーターによる暖房時の NO_x 濃度などの変化（宮崎 2005）
下図は室内の温度，湿度，CO_2 濃度を示す．

6.3 室内汚染物質の植物による吸収

博士は 30 年以上もの間，NASA で研究に従事し，密閉された居住空間での生命維持システムの開発，とくに植物を利用した研究を行っていた．その折の研究成果を "Eco-Friendly House Plants" の題名で著書にまとめて 1996（平成 8）年に米国で出版された．その日本語訳が書名『エコ・プラント―室内の空気をきれいにする植物』として主婦の友社から 1998（平成 10）年に出版された．

図 6.4 に 50 種類のエコプラントについて，室内空気汚染物質として主要なホルムアルデヒドの吸収除去能力を調査した結果を示す（ウォルヴァートン，1998）．

調査された植物のなかではボストンタマシダが最も吸収能力が高く，ナカフオリヅルランは中位に位置している．室内空気汚染を改善するために適切な植物を利用するには，半日陰でも生育し，しかも室内有害物質を吸収除去する能力の高い種類を選択することが望ましい（資料 5 に採録されているエコプラントの生育に対する光要求性の資料を参照）．資料編にはエコプラントによるアンモニア，キシレンおよびトルエン除去率の種間差異（資料 4.1，4.2）やスパティフィラムの各種化学物質除去率や生体排気物除去のデータも採録されている（資料 4.3，4.4 参照）．

植物名	μg/h		植物	μg/h
ボストンタマシダ	■■■■■■■■■■■■■■■■■■		アグラオネマ "シルバー・クイーン"	■■■■■■
ポットマム	■■■■■■■■■■■■■■■		ナカフオリヅルラン	■■■■■■
ガーベラ	■■■■■■■■■■■■■		矮性バナナ	■■■■■■
シンノウヤシ	■■■■■■■■■■■■		フィロデンドロン・エルベスケンス	■■■■■■
アオワーネッキー	■■■■■■■■■■■■		ディフェンバキア "カミーラ"	■■■■■
カマエドレア・ザイフリッツィー	■■■■■■■■■■■■		フィロデンドロン・ドメスティクム	■■■■■
ネフロレピス・オブリテラータ	■■■■■■■■■■■■		ポトス	■■■■■
インドゴムノキ	■■■■■■■■■■■		シマナンヨウスギ	■■■■■
セイヨウキヅタ	■■■■■■■■■■■		ベゴニア・センパフローレンス	■■■■■
ベンジャミンゴムノキ	■■■■■■■■■■		マランタ・レウコネウラ "ケルショビアナ"	■■■■
スパティフィラム	■■■■■■■■■■		シッサス・ロンビフォリア "エレン・ダニカ"	■■■■
アレカヤシ	■■■■■■■■■		クリスマス・カクタス（シャコバサボテン）	■■■■
ドラセナ・フラグランス "マッサンゲアナ"	■■■■■■■■■		フィロデンドロン・セロー厶	■■■■
カンノウチク	■■■■■■■■		シンゴニウム	■■■■
ブラッサイア・アクティノフィラ	■■■■■■■■		ヒメカズラ	■■■■
ベニフクリンセンネンボク	■■■■■■■■		アンスリウム	■■■■
ドラセナ "ウォーネッキー"	■■■■■■■■		カラテア	■■■■
コヤブラン	■■■■■■■		ポインセチア	■■■■
デンドロビウム	■■■■■■■		シクラメン	■■■■
ディフェンバキア "エキゾチカ・コンパクタ"	■■■■■■■		ファレノプシス（コチョウラン）	■■■
チューリップ	■■■■■■■		エクノア・ファスキアタ（アナナス）	■■■
フィクス・アリイ	■■■■■■■		クロトン	■■■
ホマロメナ・バリシー	■■■■■■		サンセベリア・トリファスキアタ	■■
テーブルヤシ	■■■■■■		アロエ・ベラ	■■
アザレア	■■■■■■		カランコエ	■■

図 6.4 エコ・プラントによるホルムアルデヒド除去率（ウォルヴァートン，1998）

6.3.1 ホルムアルデヒドの植物による吸収実験

真田（1992）はNASAの調査でホルムアルデヒド（HCHO）の吸収能力が比較的高いといわれているオリヅルランとヘデラを使って両植物による吸収量を測定した．図6.5に，明条件下（2.5 klx）と暗条件下（0 klx）において測定された暴露開始時の濃度の変化とオリヅルランによるガス収着速度との関係を示す．

暗条件下では濃度が高くなっても吸収量はほとんど変化しないが，明条件下では初期濃度に比例して吸収量がほぼ直線的に増加した．ヘデラでも同様な結果が得られた．明条件下における単位濃度（10 ppmHCHO）あたりのガス収着速度は両植物とも $150\,\mu g/dm^2 \cdot 3h$ と暗条件下の値の3倍となった（図6.6）．

これらの結果から，両植物は明条件下で気孔が開きHCHOを葉内に吸収していたことがわかる．

ちなみにヘデラではガス暴露により葉に可視障害が発現したが，オリヅルランでは葉面にける可視障害は認められなかったという（真田, 1992）．

照度2.5 klxにおける気孔開度を示す気孔コンダクタンス（単位は $mol/m^2 \cdot s$）はヘデラ0.11，オリヅルラン0.12であった．コンダクタンスの逆数は気孔拡散抵抗となる．その値はヘデラで9.09，オリヅルラン8.33で，第2章で示したデータと比較すると両植物の気孔拡散抵抗値はかなり高い（気孔の開きが小さい）といえる．

近藤ら（1999）は，ホルムアルデヒドによる室内汚染に対する観葉植物による改善効果をWadden and Scheff（1990）が提案した質量収支モデルと植物のアルデヒドに関する気孔コンダクタンスの数値を，水蒸気に関するコンダクタンスの数値から推定するモデル式を用いて試算している．その結果，3人の喫煙者（1時間あたり各々平均3本喫煙）のいる会議室内（室容量 $250\,m^3$）にスパティフィラム1鉢（総葉面積片面 $0.9\,m^2$）を配置することにより，室内のホルムアルデヒド濃度が平均5%低減できると試算している．

以上に述べたように，特定の汚染ガスに対する吸収能力の高い植物の鉢植えを室内に置くことで，室内空気汚染の浄化が期待される．表6.2に，各種観葉植物のHCHOに対するガス吸収能力を左右する気孔コンダクタンスの種間差異を示

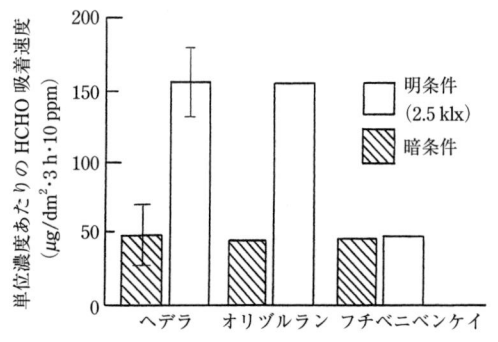

図6.5 各植物の単位あたりのHCHO収着速度（真田, 1992）

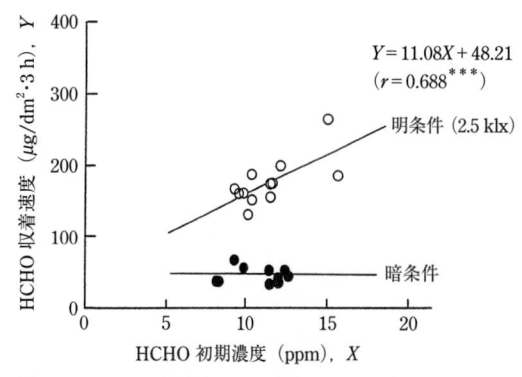

図6.6 HCHO初期濃度と収着速度との関係（オリヅルラン）（真田, 1992）

表6.2 各種観葉植物の気孔コンダクタンス（$mol/m^2 \cdot s$）（近藤ら, 1999より改変）

植物名	学名	気孔コンダクタンス*
シンゴニウム	Syngonium podophyllum	0.10
スパティフィラム	Spathiphyllum clevelandi	0.08
ベンジャミン	Ficus benjamina	0.08
コーヒーノキ	Coffea arabica	0.04
グローカル	Cordyline stricta	0.04
アイビー	Hedera helix	0.04
ポトス	Epipremnum aureum	0.03
ゴムノキ	Ficus elastica	0.02
アビス	Neottopteris nidus	0.02
パキラ	Pachira aquatica	0.01

＊気孔コンダクタンス $1\,mol/m^2 \cdot s$ は沈着速度 $2.5\,cm/s$ に相当する．

表6.3 各種暖房器具からのNO$_x$などの発生量およびCO$_2$との比（宮崎，2005）

暖房器具	条件	発生量				CO$_2$比	
		CO$_2$ (L/h)	NO$_2$ (mL/h)	NO (mL/h)	NO$_x$ (mL/h)	NO$_2$/CO$_2$×10^{-3}	NO$_x$/CO$_2$×10^{-3}
ガスファンヒーター	最初の5〜15分	259	27.0	32.7	59.7	0.104	0.231
ガスストーブ（赤外線式）	全開	348	35.2	20.6	55.8	0.101	0.160
	半開	190	20.3	10.8	31.1	0.107	0.164
石油ファンヒーター	定常時	461	72.2	177.2	249.4	0.1570	0.541
石油ストーブ（反射式）	定常時	273	17.1	9.3	26.4	0.063	0.097

表6.4 観葉植物の飽和光強度とCO$_2$吸収速度の種間差異（清田ら，1992）

P_{CO_2}＼Q	100〜200（5.9〜11.9 klx）	200〜300（11.9〜17.8 klx）	300〜（17.8 klx〜）
0.0〜0.5	マーブルクィーン マドカズラ オンシジューム テーブルヤシ フロリダビューティ ホヤ	アケボノクロトン プレオレ マッサンゲアナ ポリアンスキー ベンジャミン	—
0.5〜1.0	スパティフィラム パキラ ポトス	モンステラ トリカラー グリーンストライプ シンゴニューム クロトン セリゼリアナム	コーヒー ギヌラ セローム
1.0〜1.8	—	グローカー	カラー アラレア

P_{CO_2}：光飽和CO$_2$吸収速度（gCO$_2$/m^2・h），Q：光飽和点（PPFD：μmol/m^2・s）．
光合成速度測定時の光強度の単位光量子束密度から照度への変換は稲田（1984）による（資料7を参照）．

す．SO$_2$，NO$_x$，O$_3$など通常の大気汚染ガスによる室内汚染の浄化については第2章に紹介された資料から適切な植物を選定できよう．

6.3.2 植物による室内のCO$_2$吸収・削減効果

室内で使用される灯油や都市ガスなどを燃料とする暖房器具は多量のCO$_2$を排出する．表6.3にみられるように，ガスストーブや石油ストーブを使用したときにCO$_2$やNO$_x$が多量に排出される．そこで，これらの暖房器具を使用しているときは頻繁に換気することが勧められている．

大気中のCO$_2$濃度は野外でも通常350 ppm程度存在する．1000 ppm以上になると人体になんらかの悪影響が現れるので，建築基準法やビル衛生管理法ではCO$_2$濃度に関する基準値として1000 ppmが設定されている．

鉢植えの観葉植物によるCO$_2$吸収について，表6.4に単位葉面積あたりに換算されたデータを示す．表6.5に鉢植え単位で測定した結果を示す．高さ1.4〜1.8 mのLサイズの鉢植え植物を晴天日に窓際から1.5〜2.0 m離して直射日光の当たらない場所に設置して測定した結果では，1.4〜2.7 kgCO$_2$/y程度の吸収能力をもっている．この値は1年中晴天と仮定しての値で，いわば最大吸収量に相当する．実際には曇りや雨の日もあるので平均して前述の表の値の6割程度と想定すべきである．

ここで，このような鉢植えの観葉植物で部屋の

表6.5 各種観葉植物のCO₂吸収能力（単位：kg/y·鉢）
（http://green-pocket.biz/declaration/power.html より改変）

植物名	CO_2吸収能力
コーセーチャメドレア	2.65
ベンジャミン	2.64
シュロチク	2.53
シナモン	2.50
パキラ	2.39
マングウカズラ	2.32
アオワーネッキー	2.31
ブラッサイア	2.14
ポトス	2.05
カポック	1.92
コンシンネ	1.76
オーガスタ	1.58
ユッカ	1.46
マッサンゲアナ	1.40

測定条件は晴れ，気温：15～25℃，照度：10～13 klx．
場所は窓際から1.5～2.0 m（直射日光が直接当たらない位置）．
鉢植植物は高さ1.4～1.8 mのLサイズを使用．

CO_2濃度を低減させることを考えてみる[*3]．仮に広さ10坪（33.06m²），天井高2.5 mの事務所（全容積81 m³）でCO_2を計測した結果，1200 ppmだったとすると，基準値を200 ppm上回っていたことになる．200 ppmというのは1 m³に0.2 LのCO_2が存在することに相当する．

0.2 LのCO_2の重さは約0.4 gなので室内全体で約33 g（0.4×81）のCO_2が基準値を超えて存在することになる．この部屋に年間約1.5 kgのCO_2を吸収（1日あたり4.11 gを吸収）するLサイズの観葉植物を8鉢置けば，1日で約33 gのCO_2を観葉植物が吸収除去し，基準値1000 ppmをクリアできることになる．

以上，述べたように通常の生活では1日のうちでかなりの時間を室内で過ごしている．そのため，室内空気の汚染問題は人の健康への影響を考えると今後も深刻に受け止めて対策を進める必要がある．大阪府（2010）がシックハウス対策マニュアルを公表しているので参照されたい．

［戸塚 績］

文 献

福岡県（2004）：最近の話題—室内空気汚染（シックハウス）について，保環研ニュース，**51**．

稲田勝美編著（1984）：光と植物生育—光選択利用の基礎と応用，415p，養賢堂．

桂 英二，堀 義宏，入江雄司，福島 明（1999）：ホルムアルデヒドによる室内空気汚染に対する温度の影響，道衛研所報，第49集，68-71．

清田 信，平野高司，石黒 武，三輪 隆，相賀一郎（1992）：葉植物のガス交換と室内ガス環境の改善，環境情報科学，**21**（2），107-111．

近藤隆之，神保高之，奥村秀一，大西勝典（1999）：観葉植物による室内ホルムアルデヒド汚染改善効果の試算，大気環境学会誌，**34**（4），282-288．

厚生省医薬局（2002）：室内空気汚染に関する検討会（第8, 9回まとめ）．

宮崎竹二（2005）：暖房による室内空気汚染の変遷—研究所100年の歴史から，生活衛生，**49**（6），343-350．

大阪府シックハウス対策庁内連絡会議（2010）：子どもにも配慮したシックハウス対策マニュアル改定版，129p．

真田純子（1992）：観葉植物の室内汚染ガス（HCHO）浄化力の評価，東京農工大学大気環境学講座平成3年度卒業論文，21p．

Wadden, R. A. and P. A. Scheff（1990）：*Indoor Air Pollution*, John Wiiley & Sons, New York.（ワッデン，リチャードA．，シェフ，ピーターA. 著，日本建築学会訳：室内空気汚染—解析・予測・対策と人体影響データ，205p，井上書院）．

ウォルヴァートン，B. C.（1998）：エコ・プラント—室内の空気をきれいにする植物，143p，主婦の友社．

[*3] http://green-pocket.biz/declaration/CO₂.html より．

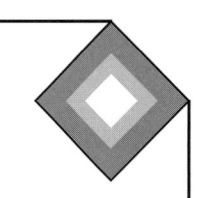

7 淡水域の水環境浄化機能

　「水」は地球上で個体，液体，気体の3種の存在形態をもつ不可思議な物質である．そして，液体としての「水」が存在しなければ，約40億年前に生命が誕生しなかったことは明白である．その「命の水」は，われわれにとってあまりにも身近すぎたために，普段気にとめずに接していた．しかしながら，現在，21世紀の地球環境問題は「水資源問題」といっても過言ではないほど，量・質ともに危うい状況に陥っている．

　生物圏における水資源を考えると，地球の水の97.6％は海水，淡水は2.4％しかない．その3/4は氷河や万年雪であるので，利用可能な淡水は残る1/4である（縣・宗，2002）．しかも大気，海洋，河川，湖沼，地下水，雪氷などの形態と水量の異なる水体が，水文循環により結び付いている（田淵，1995）．

　さらに，最近の気候変動は，さまざまなメカニズムで雨の降り方や川の流れを変え，淡水の供給に影響を与えると考えられている．現在予測されているグローバルな気温の上昇は水循環全体に作用し，量の変化のみならず質の悪化も懸念されており，生態系の健全性にも影響を及ぼす可能性が高いと報告されている（Black and King, 2010）．

　一方，近年，生物多様性の保存および持続可能な利用を普及させるために，生物多様性を社会に浸透させる取り組みが，国連生物多様性の10年（2011〜2020年）を受けて環境省を中心に進められている（平成24年度版 環境白書・循環型社会白書・生物多様性白書）．ビオトープ[*1]やエコトーン[*2]は生物多様性を醸成するには最適な場所であるが，とくに湖沼や河川沿岸帯の水辺環境の重要性が再認識され始めている．そして，水辺環境には生態系の構成要素として大きな役割を果たす植物が必要不可欠となる．

　このような背景のもと，すでに悪化した水辺環境の修復に，さらに気候変動に伴う水資源の質を保全するために，植物を利用した水環境浄化が各地域，各方面で浸透しつつある．この概念は決して新しいものではない．「自然環境との共生」という理念が追い風となり，技術や管理法が改善されつつあると思われる．

　一般に，水質汚染にかかわる汚染物質としては，毒性化合物，重金属，病原菌，有機物，栄養塩類など種々存在し，従来型の下水処理では除去されないものもある．植物が関与できるものは限られることも事実である．

　そこで本章では，上述の水質汚染のなかでも，三次処理用または二次処理用として活用可能な植物の浄化機能を説明した後に，それらの植物を現地にて活用した具体的な事例を紹介する．

[*1] ビオトープ：特定の生物群集が生存できるような，特定の環境条件を備えた均質な，ある限られた生息空間．
[*2] エコトーン：土湿，水深などの生息空間と，生息する動植物群集などが連続して変化する移行帯（推移帯）．

◆ 7.1 富栄養化と自然浄化能力 ◆

7.1.1 自然水域の水質の実態と保全対策

『平成24年度版 環境白書・循環型社会白書・生物多様性白書』によると，国内の公共用水域の水質汚濁状況は，健康項目においてはほとんどの地点で環境基準を満たしているが，生活環境項目については，COD（化学的酸素要求量）[*3]やBOD（生物化学的酸素要求量）[*4]の有機汚濁の環境基準の達成率は2010（平成22）年度で87.8%であった．水域別では，図7.1に示すとおり，河川92.5%，湖沼53.2%，海域78.3%で，湖沼は依然として達成率が低い．一方，全窒素（T−N）[*5]および全リン（T−P）[*6]の環境基準の達成率は，湖沼50.4%，海域81.6%となり，湖沼では有機汚濁と同様に低い達成率で推移している．河川から海域の面的なつながりがある開放性水域では，このように水質改善が進んでいることは喜ばしい現象であるが，閉鎖性水域である湖沼，あるいは小河川や水路では改善率が横ばいであることは，効率的な対策が望まれるところである．

その閉鎖性水域への対策として環境省は，富栄養化しやすい水域は水質汚濁防止法などに基づき，窒素やリンの排水規制を行うとともに，富栄養化の水質状況などの把握を行うこととしている．湖沼については湖沼水質保全特別措置法に基づく湖沼水質保全計画の策定されている琵琶湖や霞ヶ浦など11湖沼（いわゆる指定湖沼）について，各種規制措置のほか，下水道整備事業などのハードな事業も推進することとしている．これらの保全対策に即効的な改善を期待することは難しいが，水質汚濁にかかわる環境基準の生活環境項目についての類型指定や見直しを検討し，さらに水生生物の保全にかかわる水質環境基準についても，類型指定に向けた検討を進めていることは，いままでの水質項目の数値減少のみに照準を合わせていた施策から脱皮しつつあると評価される．

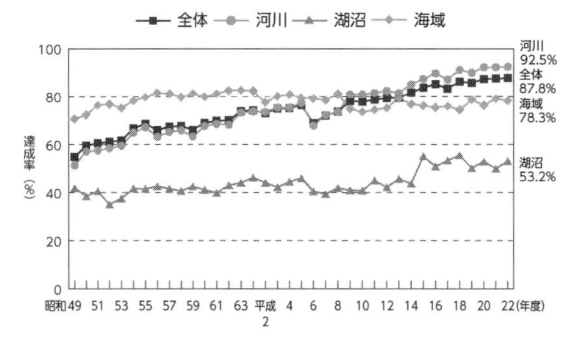

図7.1 環境基準達成率（BODまたはCOD）の推移（環境省平成24年度版環境・循環型社会・生物多様性白書（pdf版））

[*3]COD（化学的酸素要求量）：強力な酸化剤を用いて，一定の条件で試水を処理したとき，消費される酸化剤の量を，それに対応する酸素量に換算して表したもの．水中の被酸化性物質（有機物，亜硝酸塩，鉄(II)塩，硫化物など）の量を示すが，有機物が主要なものであるので，一般的に有機物量の尺度と解釈する．

[*4]BOD（生物化学的酸素要求量）：試水中の有機物が，好気的条件下で微生物に分解されることにより消費される酸素量のこと．試水を5日間20℃暗黒下の密閉容器中に保った場合の溶存酸素の減少量で表す．

[*5]T−N（全窒素）：水中に含まれる無機態窒素（アンモニア態＋亜硝酸態＋硝酸態）と有機態窒素の総量．

[*6]T−P（全リン）：リンは水中では種々の形態で存在しているが，溶存性または懸濁性成分として存在する総てのリンを分解して，リン酸態リンとして定量したもの．

7.1.2 富栄養化の概念

富栄養化とは，水中の栄養塩類の増加により，生物生産が増加することであるが，湖沼学者の間で100年ほど前から使われている生態学用語である（Sawyer, 1966）．もともとは，栄養度の低い湖がゆるやかに栄養度を高め，生物生産の低い湖から生物生産の高い湖へと遷移していく現象である．

その富栄養化をもたらす原因としては，一つは外因としての集水域からの栄養物質の連続的な流入，もう一つは内的としての湖内の生物生産から生じる物質循環と蓄積によるものがある（沖野，2002）．この現象が時間をかけて徐々に進むのが自然的富栄養化であるが，近年は閉鎖性水域において，人間活動により急速に進む人為的富栄養化が世界共通で社会的な問題となっていることは周知の事実である．

自然的富栄養化と人為的富栄養化は，現象としては類似点が多いが，外因と湖内の生物相の変遷は大きな違いが認められる．すなわち人為的富栄養化の主な汚濁源は肥料，畜産排水，水産養殖などの林業・農業・水産業に起因するもの，工業廃水や家庭雑排水などの都市化および生活レベルの向上に起因するもので，その流入量は多種多量といわざるをえない．

小泉（1971）は，富栄養化の特徴を次のようにまとめている．①水深は比較的浅く，深層水温は比較的高い．②底層の有機物，全層の浮遊有機物が多い．③窒素・リン酸・カルシウム量が多い．④底層の溶存酸素が少ない．⑤大型の水生植物繁茂．⑥プランクトン量が非常に多い．⑦沼沢に変化する可能性がある．また，富栄養化の進行状況を定量的に評価する項目は表7.1に示すとおりである（Sawyer, 1966）．

わが国の水域で人為的な富栄養化が進んだのは1960（昭和35）年以降で，1970（昭和45）年に水質汚濁防止法が制定されたが，主な汚染源が工場廃水から生活系排水に移りつつ，閉鎖性水域で富栄養化が進行した（沖，1986）．沖野（1984）は，20年以上にわたる水域の富栄養化を改善するには，その倍以上の年月が必要と述べているが，そろそろ富栄養化防止対策に改善効果が出始めているのか，アオコ・水の華・赤潮の発生件数が減じている．自然環境に自然浄化機能が復活し，植生を活用した水質改善の力が発揮できる水辺環境の保全と維持が切に望まれる．

前述したように富栄養化の特徴として，小泉（1971）は「大型の水生植物繁茂」をあげているが，人為的な富栄養化がどのように水生植物相に影響を与えるのであろうか．一般に富栄養化に伴い，透明度が低下するために沈水植物の占める割合が低くなり，浮葉・浮漂・抽水植物が多くなる．一方，沈水植物ではオオカナダモ，コカナダモ，ササバモ，エビモ，浮葉植物ではヒシ類，トチカガミ，浮漂植物ではホテイアオイ，ウキクサ類，ボタンウキクサ，アゾラ類が比較的汚濁に耐える指標植物として認識されている（沖，1986）．このように富栄養化の進んだ水系で優占種となる種は侵略的外来水生植物が多く，水生雑草の範疇に含まれることが多い．

7.1.3 自然浄化機能と水質自浄作用

自然の浄化機能を利用するとはどのようなことを意味するのであろうか．自然界での物質の動きを知り，浄化機能を理解しなければ，その利用効果は評価できない．すなわち物質の存在量，循環系に組み入れられる可能性のある存在量，および循環している量を把握する必要がある．しかも物質はその存在場所，形態，濃度を変えつつ循環し

表7.1 富栄養化の定量的な評価項目（Sawyer, 1966より改変）

底水層における酸素	溶存酸素量 酸素消費率
生物生産性	現存量 藻類の発生量 透明度 表水層におけるクロロフィル含量 酸素生産量 CO_2利用
栄養塩濃度	窒素 リン N-P率

ている（楠田，1994）．炭素，窒素，リンなどの元素は生物圏のなかで，各々特有の存在場所と循環システムを示しており総量は一定であるが，自然界での循環に人為活動により生じた移動が複雑に相殺している．

自然界には環境容量があり，生態系として許容できる水質浄化機能を有している．森林や農耕地における自浄機能は最近，とくに注目されており，自然水域における河川，湖沼の生態系では生物的，物理的，化学的自浄作用がつねに進行している（縣・宗，2002）．

まず河川における主な自浄作用は，微生物が関与する過程と化学吸着による過程である．そのほかに汚濁物が一時的に河川内で希釈・抑留・濃縮・沈殿・酸化・分解・気化されて水が浄化される過程もある．次に水路においては，三面コンクリート張りなど人為的に構築されたものが多いので，水質浄化に必要な微生物や水生生物の存在量が河川に比べて少ない欠点がある．さらに，流れがないことによるヘドロの集積で自浄作用が認められない場合も多い．一方，河川や水路から多くの物質が流入する湖沼では，湖内に物質を貯留する傾向がある．しかも水質分布や湖底の堆積分布も一様ではなく，内部生産もあり物質循環も均一ではない（楠田，1994）．

このような傾向が水質自浄浄化能力を低下させ，富栄養化に拍車をかけることになる．これらの水域に水生植物が存在することにより，生物的自浄作用がパワーアップすることは明らかである．その水生植物による自浄作用強化法としては自然水域をそのまま利用するケースと人工的施設を導入するケースがある．しかしながら自浄作用では物質の除去は基本的になく，有機物が無機物に，あるいは生物体へ取り込まれ形を変えるものである．

◆ 7.2 植生の水質浄化機能とバイオマスの後利用 ◆

7.2.1 植物の水質浄化作用

植物は大気や水中から二酸化炭素や重炭酸を，根から無機塩類や水を吸収し，これらを体内で代謝して栄養に変える．そして，生物が自分の細胞を維持するために必要な元素を必須元素とよび，窒素，リン，カリウムなど17の必須元素が知られている（間籐ら，2010）．したがって，富栄養化に関係の深い窒素やリンを植物が吸収することは自然の摂理であり，さらに微生物の役割が大きく関与していることも事実である．

増島（2001）は水生植物を利用した水質浄化システムにおける物質動態を図7.2に示している．一般に，植生による浄化には4つの浄化作用がある（沖，2001）．

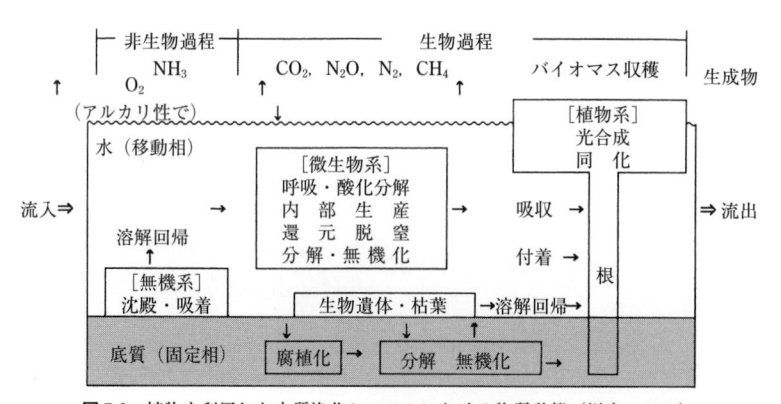

図7.2 植物を利用した水質浄化システムにおける物質動態（増島，2001）

① 浮遊物質（SS）の沈殿除去作用：水生植物の繁茂により，水の流れがゆるやかな場所または水中の茎葉部に接触して沈殿しやすくなる．
② 窒素やリンの吸収除去作用：水生植物による窒素やリンなどの栄養塩類の吸収は直接的な浄化作用である．また，水中の茎葉部に付着する付着藻類からも吸収される．
③ 有機物の分解作用：水生植物に付着する微生物が水中の有機物を分解して無機化する．
④ 硝化および脱窒作用：水生植物に付着する微生物は，水中の酸素を利用してアンモニア態窒素を硝化する．また，根部の表面は地上部より送られた酸素の薄膜が存在し，硝化が生じる．さらに，根部付近には沈殿堆積し有機物が多量に存在し，脱窒菌による脱窒作用が期待できる．

7.2.2 植物の窒素およびリン吸収能力

水質浄化機能として期待されるのは，富栄養化に関係の深い窒素およびリンの吸収能力である．もっとも早くから吸収特性の研究が進んでいたのはホテイアオイである．筆者は，要素欠如を施した水耕栽培により，ホテイアオイの生育に大きく影響を及ぼす要素を検討した結果，窒素，リン，カルシウムの欠如で顕著な生育阻害が認められた．阻害された植物体では共通して茎葉部のリン含有率が低かった（沖ら，1978a）．

さらに窒素とリンについて詳細な検討を行った結果，とくに窒素に対するホテイアオイの生育反応は顕著で，成株の生育は水中窒素濃度（アンモニア態窒素）が 160 mg/L で最大となり，子株形成や幼株の生育量は 40 mg/L で最大を示した．また，窒素供試形態の嗜好性は pH が大きく関与し，硝酸態は酸性側で，アンモニア態およびアンモニア態と硝酸態が共存する場合は中性から塩基性側で生育良好であることが認められている（沖ら，1978b）．

さらに，両形態が共存する場合，^{15}N を使用して吸収移行の様相を調べた結果，表 7.2 に示すとおり，アンモニア態を優先的に吸収し，その後，硝酸態を吸収することが明らかになった（Oki et al., 1985）．比較的，人為的富栄養化が進んで汚染されて間がない水系では硝酸態よりアンモニア態が多く存在するので，これらの特性は浄化に役立つものである．

ホテイアオイは世界十大害草といわれるほど繁殖力が大きい．ストロン（走出枝）[*7] により子株が 1 週間で倍増するが，親株で吸収された ^{15}N は 25 日間で，その 44〜46％ が子株に，15〜18％ が孫株にストロンを通して移行することが明らかになっている（Oki et al., 1985）．一方，リンについては窒素と同様に一般植物と比較して高い水中のリン濃度でも生育可能であり，体内中の含有率も高い傾向を示した．窒素およびリンともに，水中

表 7.3 水生植物群落と陸生植物群落の年純生産速度の比較（生嶋，1984）

生態系の種類	気候帯	年純生産速度 (kg/m²·y)
沈水植物群落	温帯	0.6
	熱帯	1.7
抽水植物群落	温帯	3.8
	熱帯	7.5
草原群落	温帯	2.0〜2.2
落葉樹林	温帯	1.2
針葉樹林	温帯	2.8
多雨林	熱帯	5.0

表 7.2 ホテイアオイによる ^{15}N の形態別吸収率の経時的変化（Oki et al., 1985）

処理後の時間	$^{15}NH_4NO_3$	$NH_4{}^{15}NO_3$
6	4.19 ± 1.06	0.84 ± 0.17
24	16.72 ± 2.40	3.11 ± 1.01
48	32.82 ± 6.83	15.17 ± 5.07
72	42.47 ± 2.62	36.91 ± 4.59
96	55.15 ± 5.66	48.95 ± 0.84

^{15}N の吸収率 = $\dfrac{\text{ホテイアオイ1個体中の}^{15}N\text{含量(mg)}}{\text{処理開始時の1ポットあたりN含量(mg)}} \times 100(\%)$

[*7] ストロン：走出枝．節間が細長く伸びて地表や水面をはい，その節から根や芽を出して繁殖する茎．

表7.4 ホテイアオイの種々の生育地における現存量および生産量（沖，1986）

生育地	現存量 (t(乾重)/ha)	収穫量 (t(乾重)/ha)	生産速度 (g(乾重)/m²·d)	備考	出典
アイオワ州 (米国)	29.7	29.7	29.0	汚水浄化池 生育期間105日	Wooten and Dodd (1976)
ルイジアナ州 (米国)	12.8	54.7 (試算)	12.7〜14.6	自然水系	Penfound (1956)
アラバマ州 (米国)	—	65.0	19.4	水耕栽培池 生育期間5ヵ月	Boyd (1976)
フロリダ州 (米国)	23.0〜25.0	—	18.4〜20.0	富栄養化の進んだ湖	Knipling et al. (1970) Center and Spencer (1981)
ミシシッピ州 (米国)	15.0	15.0〜44.0	7.4〜22.0	自然水系	Westlake (1963)
ミシシッピ州 (米国)	—	154.0	71.0	汚水浄化池 生育期間7ヵ月 一定間隔で収穫	Wolverton and McDonald (1979)
インド	7.2	—	1.8〜3.8	富栄養化の進んだ湖	Sahai and Sinha (1969)
大阪	12.8	—	—	富栄養化の進んだ池	植木 (1977)
岡山 [A]	18.0〜20.6	—	13.5	富栄養化の進んだ河川 生育期間5ヵ月 A）：放置 B）：一定間隔で収穫	沖・中川 (1981)
岡山 [B]	13.5〜16.0	26.7〜27.9	19.1〜27.9		

と体内の濃度は正の相関も認められている（青山ら，1981）．

水生植物による単位面積あたりの塩類吸収速度（塩類除去速度）を「乾物生産速度×植物体内無機塩類含有率」により評価するものとすると，乾物生産速度が大きいこと，植物体内の無機塩類含有率が高いことが要求される．まず，乾物生産速度であるが，水生植物群落と陸生植物群落の年純生産速度を比較すると表7.3のとおりである（生嶋，1984）．これによると，抽水植物群落の純生産速度が大きいことが注目される．しかしながら，各種間のバイオマスや生産力を比較することは非常に難しい．表7.4にホテイアオイを例に示したとおり，同一種においても生育地の環境要因により大きく値が変化するからである．

7.2.3 水生植物の生活型と栄養塩吸収能力

一次生産者が成長のために窒素とリンを要求するのは至極当然のことであるが，その能力は生態学的な法則による一定の限界がある．すなわち，律速因子は植物にそなわる窒素およびリンの蓄積能力（体内無機塩類含有率）とバイオマスの生産速度（乾物生産速度）で，かつそれらを律するのは周囲の環境要因である．

水生植物の生活型は抽水植物（水底の泥中に根を張り，茎葉を水面上に抽出する植物），浮葉植物（水底の泥中に根を張り，水面に葉を浮かべる植物），沈水植物（水底の泥中に根を張り，花以外の栄養器官がすべて水面下にある植物），浮遊（漂）植物（根が水底に達せず，水面に浮いて生活している植物）に区分されるが，生活型により乾物生産速度と体内無機塩類含有率との関係に違いがある（沖，2001）．

イネ科，ガマ科，カヤツリグサ科などの大型抽水植物は表7.5に示すとおり，他の生活型と比較して塩類含有率が比較的低いのが特徴である．しかしながら，乾物生産速度が高いので表7.6に示すとおり，除去速度はそれほど低くないが，ホテイアオイなどの浮遊植物より低い．それに対してクレソン，エンサイ，セリ，ハスなどの小型抽水

表7.5 主な水生植物の窒素，リンおよびカリウムの体内含有率（乾物あたり）（沖，2001）

植物名	窒素（％）		リン（％）		カリウム（％）	
	範囲	平均	範囲	平均	範囲	平均
抽水植物						
ヨシ	2.05〜1.23	1.65	0.24〜0.12	0.15	—	—
ヒメガマ	1.47〜0.64	1.45	0.27〜0.13	0.16	—	—
キショウブ	3.09〜1.53	2.08	0.39〜0.28	0.30	—	—
ウキヤガラ	2.30〜1.13	1.98	0.43〜0.18	0.30	—	—
クサヨシ	4.75〜3.07	3.42	0.37〜0.54	0.44	—	—
イ	2.26〜1.50	1.68	0.29〜0.25	0.26	—	—
キシュウスズメノヒエ	2.02〜1.80	1.93	0.31〜0.19	0.25	3.85〜3.05	3.53
浮葉植物						
ヒシ	4.02〜1.19	2.40	0.63〜0.13	0.28	2.74〜0.10	1.42
ヒルムシロ	1.63〜1.23	1.43	0.21〜0.12	0.18	2.18〜1.12	1.62
ジュンサイ	2.08〜1.61	1.77	0.18〜0.14	0.16	1.30〜0.88	1.04
沈水植物						
クロモ	4.30〜1.71	3.14	0.81〜0.08	0.43	4.93〜2.13	3.45
エビモ	3.84〜2.02	2.87	0.78〜0.31	0.52	5.92〜0.52	3.30
マツモ	4.49〜2.67	3.52	1.07〜0.24	0.67	6.30〜3.52	4.97
オオカナダモ	4.13〜2.02	3.28	0.78〜0.32	0.60	6.53〜1.82	3.84
ササバモ	3.51〜2.11	2.79	0.57〜0.29	0.41	2.91〜2.02	2.40
フサモ	3.90〜2.07	2.87	0.62〜0.19	0.42	2.50〜1.03	1.45
セキショウモ	3.09〜2.74	2.99	0.59〜0.38	0.48	6.05〜1.99	3.87
フサジュンサイ	3.22〜2.43	2.72	0.48〜0.37	0.42	5.54〜1.14	2.48
コカナダモ	4.78〜3.07	3.90	0.76〜0.20	0.49	5.12〜1.74	3.75
ヤナギモ	3.77〜2.80	3.34	0.74〜0.58	0.64	3.95〜2.29	2.95
浮遊植物						
トチカガミ	5.17〜2.08	3.41	0.62〜0.15	0.49	6.22〜2.42	4.55
ボタンウキクサ	3.31〜1.90	3.01	0.47〜0.25	0.42	—	—
ウキクサ	4.57〜2.78	3.70	0.51〜0.29	0.44	4.99〜1.43	2.95
ホテイアオイ	3.70〜2.14	3.15	0.61〜0.46	0.53	6.03〜4.79	5.39

植物は，塩類含有率が高いので，除去速度が高まる．

また，沈水植物は抽水植物や浮葉植物に比べて塩類含有率は高く，とくにトチカガミ科のオオカナダモ，コカナダモ，クロモ，あるいはヒルムシロ科のササバモ，エビモなどがあげられる．沈水植物はとくにリン含有率が高いことが特徴である．

浮遊植物のホテイアオイは塩類含有率，乾物生産速度ともに高いので除去速度も高く，現在に至るまで国内外で研究がもっとも進んだ草種であることが頷ける．除去速度は窒素 $1〜3\,g/m^2 \cdot d$，リン $0.2〜0.5\,g/m^2 \cdot d$ の範囲といわれており，草種間の水質浄化能力を比較する場合，ホテイアオイが基準とされるゆえんである．他の浮漂植物のウキク類やアカウキクサ類の除去速度はあまり高くない．

沈水植物と浮漂植物の窒素およびリンの除去速度について，Reddy（1984）は現存量と生長速度との間の関係式を以下のように報告している．

$$[N] = 17.63\,GR + 0.622\,PD + 263.7$$
$$[P] = 1.43\,GR + 0.028\,PD + 112.4$$

ここで，[N]，[P] は除去速度（mg/m²·d），GR は生長速度（mg/m²·d），PD は現存量（g(乾重)/m²）である．桜井（1988）は，この式は浮葉植物や小型の抽水植物についても当てはまるとしている．

7.2.4 栄養塩吸収能力以外の水質浄化能力

図7.2に水生植物による水質浄化システムにおける物質動態を示したが，水生植物が存在するこ

表7.6 水生植物による窒素およびリンの除去速度（沖, 2001)

植物名	窒 素 (g/m²·d)	リ ン (g/m²·d)
抽水植物		
ヨシ	0.53〜0.13	0.08〜0.02
マコモ	0.60〜0.40	0.11〜0.10
パピルス	1.60〜0.66	0.25〜0.10
イ	0.37	0.06
ガマ	0.40	0.07
ヒメガマ	0.21	0.03
クレソン	1.14〜0.44	0.36〜0.08
エンサイ	1.54〜0.34	0.25〜0.08
セリ	0.22〜0.10	0.02〜0.01
ハス	0.53〜0.21	0.09〜0.07
浮葉植物		
ヒシ	0.30〜0.15	—
沈水植物		
オオカナダモ	0.58〜0.14	0.24〜0.13
フサモ	0.62	0.26
浮遊植物		
ウキクサ	0.29〜0.26	0.11〜0.04
コウキクサ	0.43〜0.25	0.12〜0.04
アオウキクサ	0.27〜0.26	0.06〜0.04
オオサンショウモ	0.46〜0.05	0.14〜0.06
ボタンウキクサ	1.39〜0.30	0.19〜0.11
アカウキクサ	0.25〜0.13	0.07〜0.02
オオアカウキクサ	0.23〜0.14	0.08〜0.03
ホテイアオイ	2.70〜0.68	0.50〜0.19

とにより，物理的な水質浄化効果をもたらすことがある．

抽水植物の場合，水中で茎や葉が密生することから懸濁物質の沈降を促進させるとともに再懸濁を減少させる効果がある．また，光の遮蔽効果もあり，そのことにより植物プランクトンなどの光合成が抑制され内部生産（水系内部で生産される有機物で，その大半はプランクトンなどの微生物）が抑えられる．このような効果は，ウキクサ類やホテイアオイなどの浮漂植物が水面一面に広がることによっても生じる現象である．

また，沈水植物は水中光における光競合が生じることにより，結果的に植物プランクトンの増殖抑制につながる（細見，2003）．鈴木（1993）は，高い濃度の栄養塩を含む水中では，10日後におけるクロロフィル a 濃度 Y (mg/m³) と沈水植物乾重量 X (g) の関係式は

$$Y = -380X + 800$$

となり，沈水植物の存在のもとでは，植物プランクトンの増殖を相当抑制していると報告している．

また，水中に浸かっている水生植物の茎葉部は付着微生物の生息場所となり，付着面積も大きいので，付着微生物の現存量も多くなる．付着微生物は藻類，細菌，糸状菌，原生動物からなる微生物の群集である．沈水植物においては水中の付着表面積は群落 1 m² につき 7〜30 m² といわれており，抽水植物のヨシでは群落面積 1 m²（密度 80〜120 本 /m²，水深 1〜1.5 m）につき 1.8〜4.3 m² と報告されている（鈴木，1993）．

茎葉部のみならず，根系の表面も付着微生物の住処となる．すなわち，微生物による有機物の分解活性が沈水植物や抽水植物では高いことになる．そして，その後，水生植物と付着生物との双方で分解された窒素とリンが吸収されることになる．

一方，水生植物の根から根圏へ酸素が放出されることはイネをはじめ，多くの水生植物で確認されている．根の表面に酸素膜ができることにより還元状態である土中で根圏を酸化状態に保つことになる．その結果，自らの根系の呼吸のみならず土壌中の有機物の分解や硝化脱窒を促進する．とくに，ヨシの茎や地下茎は中空であるので，地上部からの酸素の移動が容易で，土壌中への酸素供給能力は高い．

細見（2003）はヨシ植栽の有無により，年間平均で窒素除去速度と脱窒速度に違いがあることを明らかにしている．無植栽では前者が 1.82 gN/m²，後者が 1.48 gN/m² であったのに対し，ヨシが植栽されたヨシフィルター系ではそれぞれ 3.76 gN/m²，2.27 gN/m² と増大した．ヨシフィルター系では脱窒による窒素除去が全体の6割程度を占めている．図7.3はヨシフィルターの概略を示しているが，通常は根系の表面から放出される酸素により硝化が生じ，その後，嫌気状態で脱窒が生じる（細見，2003）．

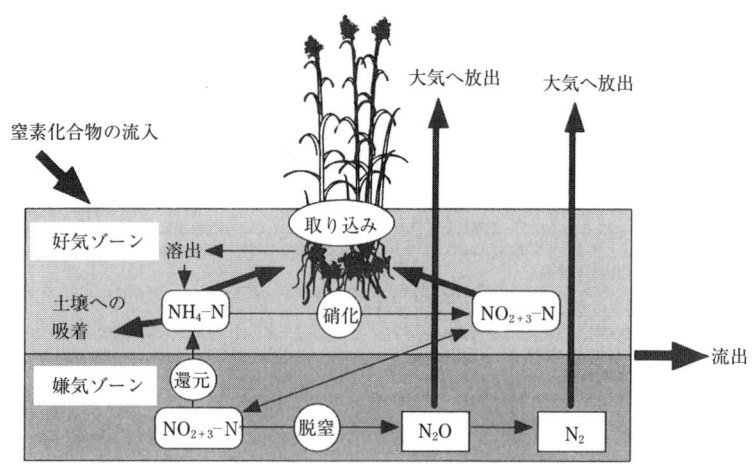

図7.3 ヨシフィルターにおける窒素の挙動(細見, 2003)
好気ゾーンと嫌気ゾーンは空間的, 時間的に明確に分かれているとは限らない.

7.2.5 水質浄化に適した植物

水質浄化用植物としては前述したとおり, 繁殖力や再生力が旺盛でバイオマス生産性が高く, かつ体内無機塩類の含有率が高い種, すなわち表7.6に示した除去速度が高い種が望まれる. さらに, 生育期間が長く根系の発達が良好であること, 多年生で栽培や収穫などの管理が容易であることが好まれる. 美しい花が長期間咲き続けると, 景観の面から付加価値が高まる. また, 入手が容易で水質浄化後のバイオマス後利用が可能な種は, 経済的利用価値が高く資源循環型社会に推奨されるものとなる. そのような観点から, 雑草, 作物および園芸植物の範疇からすぐれた水質浄化能力を有した植物が選抜されている. ただ, その選抜の傾向は時代の背景を反映している.

まず, 雑草であるが, 水質浄化手法の一環で生物的手法として水生雑草本来の生育特性を利用したものである. すなわち, 水系の富栄養化に伴い雑草害を引き起こしている水生雑草の窒素やリンの吸収能が高い点と旺盛な繁殖力を逆手に利用し, 排水処理の二次処理および三次処理に用いる手法である.

「雑草の利用化」は決して新しい概念ではない. 牧野富太郎は1920 (大正9) 年に『雑草の研究と其利用』と題する書籍を出版し, 百数十種の雑草の利用法を詳細に検討している. それに遡る10年前に刊行された半澤洵著『雑草学』(1910) では, 「雑草の効用」という項目があり, 「水の鑑定」という小項目が記載されている (沖, 2009a, 2011). 日本雑草学会では, 環境時代に即して, 総則における学会設置目的を「雑草及び雑草防除」から「雑草および雑草の制御や利用」に2000 (平成12) 年に改正している (沖, 2011).

さて, 本手法に関する研究は古くから米国で着手され, 1970年代はNASA (米国航空宇宙局) において, 続く1980年代はEPA (環境保護局) を中心にフロリダ, カリフォルニア, テキサス, ミシシッピ州などで大規模な排水処理システムが考案され稼働した.

とくにホテイアオイを活用したフロリダ州のウォルト・ディズニー・ワールドの敷地内に設置された水質浄化・バイオガスプロジェクトが注目された. この施設のホテイアオイの浄化効率はBOD 95%, 浮遊物質90%, 総ケルダール窒素86%, 総リン50〜75%と安定した値を得るとともに, 一次処理水の栽培で年間平均60 t·dw/ha, 二次処理水で48 t·dw/haのバイオマスを収穫し, バイオガス発酵装置へ供給した.

さらに世界的な傾向として, mono-culture (単一草種栽培) からpoly-culture (複数草種栽培)

表7.7 世界における水質浄化用に利用可能な水生雑草（沖，1986）

抽水植物		浮漂植物		沈水植物	
学名	和名	学名	和名	学名	和名
Typha sp.	ガマ類	*Eichhornia crassipes*	ホテイアオイ	*Elodea* sp.	コカナダモ類
Phragmites australis	ヨシ	*Lemna* sp.	アオウキクサ類	*Egeria densa*	オオカナダモ
Juncus sp.	イ類	*Spirodela* sp.	ウキクサ類	*Ceratophyllum* sp.	マツモ類
Schoenoplectus sp.	フトイ類	*Wolffia* sp.	ミジンコウキクサ類	*Myriophyllum* sp.	フサモ類
Cyperus sp.	カヤツリグサ類	*Azolla* sp.	アカウキクサ類	*Potamogeton* sp.	ヒルムシロ類
Carex sp.	スゲ類	*Salvinia* sp.	サンショウモ類		
Hydrocotyle sp.	ウチワゼニグサ類	*Pistia stratiotes*	ボタンウキクサ		
Nasturtium officinale	オランダガラシ（クレソン）				
Ipomoea aquatica	ヨウサイ（エンサイ）				

表7.8 植生浄化に用いられている植物（佐藤，2003）

分類		①抽水植物						②広義の抽水植物		③浮漂植物		④浮葉植物		⑤沈水植物					⑥その他				合計
植物名		ヨシ類	マコモ	ガマ類	キショウブ	ショウブ	ハス類	その他	クレソン	オオフサモ	セリ	ホテイアオイ	ウキクサ類	ヒシ類	アサザ	オオサンショウモ	オオカナダモ	ホザキノフサモ	ハゴロモモ	その他	シュロカヤツリ	ケナフ	野菜・稲・豆など	花弁類	
文献	実施設	2	2						1			2													7
	浄化実験	20	5	1	6	3		4	9	2	2	22	2	1		2	2			7	2	1	6	13	110
	浄化にかかわる調査	15	3	3		2						1	1	1		1				1					28
事例	実施設	23	2	7	5	4			4	3		7			1		1				2	2			71
	浄化実験	10	2	1	1		1	3	6			3	1						1	3	3	1	3		39
山王川浄化実験		1	1						1			1				1	1								6
実施設（合計）		25	4	7	5	4			4	3		9			1		1				2	2			78
浄化実験（合計）		31	8	2	7	3	1	7	15	3	5	24	2	1		2	2	1	1	8	5	4	7	16	155
浄化にかかわる調査（合計）		15	3	3		2						1	1	1		1				1					28
合計		71	15	12	12	7	3	11	22	6	9	34	3	2	1	3	3	1	1	9	5	4	9	18	261

▓は外来種

へ，さらに水生雑草とともに魚介類を導入する aquaculture system（水圏システム）や，ヨシやガマなどの大型抽水雑草を活用する wetland system（湿地システム）の実用化も進んだ．1980年代に世界で水質浄化用に検討された水生雑草は表7.7に示すとおりである（沖，1986）．

一方，わが国においても1970代後半から1980年代に主にホテイアオイを始め，オランダガラシ（クレソン），ウキクサ類，アカウキクサ類，エンサイおよびヨシを中心にプロジェクトが組まれ，全国各地で基礎試験から小規模な浄化施設設置ま

で研究が進められた．佐藤（2003）が実施した1999年のアンケート調査（河川環境管理財団）や文献調査では，表7.8にまとめられた植物が活用されている．

表7.8によると，もっとも事例が多いのがヨシ，次いでホテイアオイ，クレソン，そして花卉類が続いている．同時期に農林水産省が実施した，水生植物による水質浄化に取り組んでいる19地区へのアンケート調査では，ヨシがもっとも多く，次いでキショウブやショウブであった．対策場所は湖沼，排水路，ダムであったが，ヨシ

の選定理由は入手が容易で水質浄化能力が高いこと，キショウブやショウブは景観形成効果を期待して導入されたと報告されている（田井，2001）．

さらに，縣・宗（2002）は，同じ環境条件下で水面栽培用植物適種の選定を46科82属90種について実施した．雑草とともにイネ，コムギ，オオムギなどの作物やマリーゴールドやデージーなどの花卉植物まで含めているが，適性種としてシュロガヤツリ，ハナカンナ，ケナフをあげており，そのなかでも年間栽培ができる多年生で，水面緑化と水質浄化に向いており，かつ資源植物であるシュロガヤツリを最適種としている．

尾崎（1999）は70種類を超える有用植物の調査成績をもとに，生活排水処理に年間栽植組合せモデルを作成している．それによると，春から夏はトマト，モロヘイヤ，バジル，アオジソなどの陸生植物とエンサイ，クワイ，サトイモ，パピルスなどの水生植物を活用，秋から春は耐寒性の高いシュンギク，カラー，セリなどを推奨している．このように，2000年以降は水質浄化機能のみならず多目的利用の見地から水質浄化用植物を選定する傾向にある．

さらに2000（平成12）年以降は，水質浄化用植物の選抜で外来種と在来種の問題が生じている．前述したとおり，水質浄化機能を有する植物は外来水生雑草が多い．筆者らは，岡山県南部における溜池216地点を対象に，外来水生雑草と水質との関係を検討した結果，外来種の発生がない水系と比較して，外来種の発生が認められる水系は有意に窒素，リン，COD濃度が高い傾向が認められた（沖，2009b）．すなわち，外来種は富栄養化と有機性汚濁の進行した水域で発生し，その特性から水質浄化用植物として適性種であることを確認している．

しかしながら，生態系保全の概念から外来種を積極的に活用することに対する疑念が大きくなり，外来種を排除する傾向が強くなった．表7.8に外来種と在来種の区別がなされているが，在来種のヨシがもっとも活用例が多いことから，この傾向が理解できる．しかし，まだこの時期はホテイアオイをはじめ，多くの外来種も活用されている．ホテイアオイなどがあまり使用されなくなったのは，外来生物法が2004（平成16）年6月に公布され2005（平成17）年6月より施行された後である．ボタンウキクサのように特定外来植物に指定こそされなかったが，表7.7や表7.8にはホテイアオイやキショウブをはじめ，要注意外来植物に指定されている種が多く記載されている．

外来生物法の運用のなかで，これらの有益な外来種の機能をどう評価するのかが課題である（沖，2012）．とくに，雑草の管理法の一手法として利用を考えていた経緯があり，要注意外来植物をどのように取り扱うか，その使用を制限することには慎重な対応が望まれる．外来種・在来種の区別なく，その雑草の機能を評価しリスク管理を十分に実施しながら雑草利用を進めることが肝心である．

7.2.6 水質浄化効率と環境要因との関係

植物の水質浄化効率は環境条件により大きく変動することは自明である．したがって，効率良く植物を利用するためには，どのような環境を設定すればよいかを検討することは必要である．そこで，筆者らは小型抽水植物で水質浄化能力の高いセリ科のウチワゼニグサを用いて規定栄養塩濃度の水耕栽培を行い，種々の環境要因と水質浄化能力との関係を解析したので，その結果を紹介する（山本・沖，2000；沖，2001）．

水中からの栄養塩類の浄化効率は，アンモニア態窒素については効率が高くつねに75％以上の除去率が得られたのに対して，硝酸態窒素や無機態リンは条件設定により大きく除去率が異なった．とくに無機態リンは負荷量による変化が大きく，負荷量が少ないほど除去率が高まった．一方，水質浄化特性と種々の環境要因との相関を求めたところ，窒素吸収量は積算水温および積算気温との相関が認められた．さらに，窒素吸収量は窒素体内含有率との相関が認められなかったのに

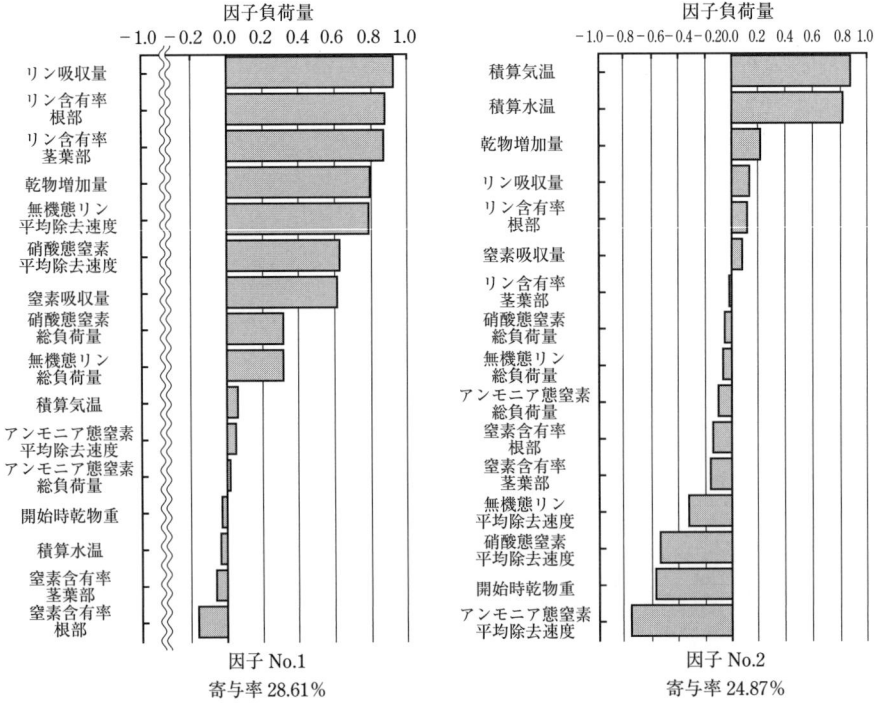

因子負荷量のグラフ（因子 No.1 寄与率 28.61%）：
- リン吸収量
- リン含有率 根部
- リン含有率 茎葉部
- 乾物増加量
- 無機態リン 平均除去速度
- 硝酸態窒素 平均除去速度
- 窒素吸収量
- 硝酸態窒素 総負荷量
- 無機態リン 総負荷量
- 積算気温
- アンモニア態窒素 平均除去速度
- アンモニア態窒素 総負荷量
- 開始時乾物重
- 積算水温
- 窒素含有率 茎葉部
- 窒素含有率 根部

因子負荷量のグラフ（因子 No.2 寄与率 24.87%）：
- 積算気温
- 積算水温
- 乾物増加量
- リン吸収量
- リン含有率 根部
- 窒素吸収量
- リン含有率 茎葉部
- 硝酸態窒素 総負荷量
- 無機態リン 総負荷量
- アンモニア態窒素 総負荷量
- 窒素含有率 根部
- 窒素含有率 茎葉部
- 無機態リン 平均除去速度
- 硝酸態窒素 平均除去速度
- 開始時乾物重
- アンモニア態窒素 平均除去速度

図7.4 種々の環境要因における因子分析（山本・沖，2000）バリマックス回転後の因子負荷量[*8].

対して，リン吸収量は茎葉部，根部ともにリン含有率と有意に高い相関を示した．当然ながら窒素吸収量とアンモニア態窒素除去速度との相関はなかったが，リン吸収量は無機態リン除去速度との間に有意な相関が認められた．また，乾物増加量と窒素・リン吸収量および硝酸態窒素・無機態リン除去速度との間には有意に高い相関が認められた．

以上の結果をまとめて因子分析を試みた結果，図7.4に示すとおり，第1因子は植物体が寄与する水質浄化能力を示す尺度，第2因子は環境条件そのものを表す尺度，第3因子は窒素やリン負荷量などの水質特性を示す尺度であった．さらに，ウチワゼニグサを植栽した場合の水耕液中の全窒素および全リン量の挙動を解析した結果，アンモニア態窒素は硝酸態窒素に比べて水耕液中の除去

率が高いことが確認された．また，水耕液からの窒素除去量は約8割であるのに対して，リン除去量は約6割であった．その内訳は，窒素の場合は植物の吸収による除去が約6割であったが，リンはすべて植物の吸収に依存していた．これは，窒素は大気中に半開放系で循環されるが，リンは底質部に吸着する資材がない場合は植物の吸収のみで系から除去されることを意味している．

以上の結果から，水生植物の水質浄化特性を検討する場合，乾物増加量など植物体による水質浄化にかかわる要因と栄養塩類負荷量など水質の特性にかかわる要因とに大別して検討する必要性が明示された．

増島（2001）は，水生植物利用による水質浄化を計画する手順として，「目標水質の設定」→「処理施設計画」→「効果の予測」→「維持管理計画」→「生産バイオマス計画」をあげている．

処理施設と維持管理の計画については佐藤（2003）の著書に詳細に記載されているので本章で

[*8] バリマックス回転後の因子負荷量：多変量解析の手法で，第1因子の因子負荷量がどの変数についても大きい場合，第1因子の意味を考えるために，因子軸を回し，もとの変数との関係を解釈しやすくするもの．

7.2 植生の水質浄化機能とバイオマスの後利用

は割愛するが，自然環境を利用する方法と人工施設を設置する方法とが考えられる．どちらを採択するにしても，活用する植物の種類と目標水質の設定を検討する際に，水質浄化効率と環境要因との関係を調査したうえで計画を進めなければならない．

7.2.7 バイオマスの後利用

水質浄化効率を高めるためには，バイオマス生産を高める必要がある．浮漂植物のホテイアオイは密度効果が高いことが把握されており，わが国の西南暖地では1ヵ月に1回，10 kg·fw/m^2 の栽培密度に戻すべく余剰のバイオマスを収穫する管理で自然状態におけるバイオマス約2 kg·dw/m^2 の2.7倍程度のバイオマスを得ている（Oki and Ueki, 1987；沖，1990a）．半抽水植物オオフサモ（現在，特定外来植物に指定）の場合も，2〜10 kg·fw/m^2 に維持するように年1〜2回の間引きで安定した除去率を確保している（佐藤，2003）．大型抽水植物のヨシに関しては，一般に7月末の最大時の茎葉部バイオマスで0.7〜2.8 kg·dw/m^2 であるが，児島湖流域では10月中旬で4.8 kg·dw/m^2（地下部は5.1 kg·dw/m^2）を得ており（沖，1994），年2回の刈り取りでバイオマス増加を確認している（河野ら，2009）．

このように維持管理されることにより産出される膨大な量のバイオマスをいかに利用するかが，水生植物を利用する水質浄化システムを円滑に機能させる大きな鍵となっている．

桜井（1988）は，沿岸帯植物群落がもつさまざまな機能を表7.9（一部改変）にまとめている．表7.9によると，①水質浄化，②生態系の構成要素，③護岸の保護作用，④資源の供給，⑤景観形成など生態学的にも人間生活にもプラスのインパクトをあげている．しかし，過繁茂によるマイナスの働きも生じる．これが，すなわち水生雑草である．

本章の対象である水質浄化用植物にとっても，表7.9に示された機能は十分に有している．「水質浄化機能」以外の機能も目論んで，水質浄化用植物を植栽して水辺のビオトープやエコトーンを整備する傾向が，2000年代以降の環境時代を迎えて各地各方面で高まっている．また，水質浄化後に得られたバイオマスは，上述したとおり「資源の供給」に活用される場合が多い．

たとえば，①繊維・紙・パルプ資材用，②飼料用，③肥料・土壌改良材・マルチ用，④エネルギー源用などがある．ヨシ，シュロガヤツリなどのカヤツリグサ科，ガマ，ホテイアオイなどは工芸用に活用されている．また，ウキクサ類やホテイアオイなどの水生植物は一般飼料と比較して粗蛋白含量やビタミン類が多く，アミノ酸組成もほとんど変わらないので飼料作物の代替となりうる．しかしながら，もっとも容易な活用法は堆肥用である．生態系との調和を考えた環境保全型農業が

表 7.9 沿岸帯植物群落がもつさまざまな機能（桜井，1988より改変）

機能
Ⅰ 水質浄化とのかかわり
1. 流入するシルトや浮遊物の捕捉
2. 流入有機物の分解（水中の体表着生微生物による）
3. 湖水からのN，P吸収による植物プランクトン抑制
4. 遮光，阻害物質生産による植物プランクトン抑制
5. 底質への酸素供給による有機物の分解促進
6. 有害物質の吸収
Ⅱ 湖の動物群集とのかかわり
7. 魚類，エビ類の産卵，仔稚魚・幼生の発育場所（藻場）
8. 鳥類の営巣，育雛，避難の場所
9. 鳥類への餌の供給
10. 昆虫類，両生類の成育場所
11. 貝類，底生動物への餌の供給（分解過程で）
12. 着生生物の着生基体
Ⅲ 湖岸の保護とのかかわり
13. 密生群落による波消し作用
14. 密生する根茎の緊縛作用による侵食防止
Ⅳ 資源の供給
15. 人間の食物
16. 生活用品の材料供給
17. 家畜の飼料，農地の肥料の供給
Ⅴ 水辺景観形成とのかかわり
18. 広い区域の景観形成
19. 局部的な景観形成
Ⅵ マイナスのはたらき
20. 密生大群落による航行障害
21. 密生大群落による漁業への障害
22. 大量の植物の枯死による一時的，局所的な水質悪化

表7.10 ホテイアオイ生成堆肥の肥効成分（乾物換算値）（沖，1990b）

	沖縄	茨城県洞峰沼	千葉県手賀沼	茨城県土浦農協	神戸市水道局	タイ国
肥効成分（%）						
窒素	2.81	3.29	3.47	1.20	2.07	1.27
リン酸	1.76	1.40	3.63	2.30	1.77	0.71
カリウム	3.37	4.74	0.60	1.60	2.60	4.84
全炭素	33.40	36.80	—	—	2.60	
水分	80.00	53.20	70.00	64.00	62.75	—
pH	8.60	7.90	—	7.80	8.20	
製造工程	野積み	発酵槽	野積み	野積み	発酵槽	野積み
添加物・資材	サトウキビ枯葉 石灰窒素 鶏糞	生脱水汚泥	単独（オガクズ）	モミガラ	乾燥牛糞 下水汚泥 モミガラ	家畜糞尿 化学肥料

推進されている昨今，有機質肥料やマルチなどの使用頻度は高まっている．

表7.10は各地で試みられたホテイアオイ生成堆肥の肥効成分の比較を示している（沖，1990b）．95％の水分含量を有するホテイアオイであっても，表7.10のように野積みや発酵槽式の製造法にて堆肥が製造できる．また，製造法や添加物あるいはホテイアオイの栽培環境により肥効成分に大きな差異があることが認められる．近年はヘドロのような水分含量の多い素材が処理できる高速堆肥化装置を使用して，悪臭がなく，水分・性状とも均一化した良質堆肥の製造も可能となっている．

このように，堆肥製造の有機質素材としての活用が，もっとも実現性が高いバイオマス後利用と考える．しかしながら，近未来，大きく躍進する活用法はエネルギー源であると推測する．過去にはフロリダ州のウォルト・ディズニー・ワールドにて稼働した水質浄化・バイオガス生産施設のようにメタンガス発酵が主流であったが，現在は最新の技術を駆使したバイオマス・エネルギーの産出が研究されており，その素材に水質浄化用植物のバイオマスが期待される．

◆ 7.3 具体的な事例紹介 ◆

わが国における公共用水域において，植物を利用した水質浄化は1970年代から試行錯誤を重ねてきた．1980年代は小規模なプラントを設置することにより浄化試験を実証し，1990年代は佐藤（2003）が示しているように，湿地法，浮漂植物法，水耕法などの分類ができるほど体系化した．また，浄化の対象は都会，農村および混住地域の下水処理水，河川水，農業用排水，溜池などに広がった．

2000年代の環境時代を迎えて，資源循環型や自然との共生や循環を基本とした生態工学的な発想で植生浄化法が発展した．対象とされる植物は水生植物（水生雑草）のみならず，作物，野菜，ハーブ，花卉など陸生植物も含めた有用植物を扱う事例が多くなった．

わが国における処理施設で水生植物が栽培されている面積を類型化すると，100～1000 m^2 がもっとも多く，次いで1000～5000 m^2 であり，規模が小さいことも特徴である（日本土壌協会，2001）．水質浄化施設の稼働や維持管理は行政機関，地元のNPO法人，そして住民参加に依存する傾向にあるが，安定した稼働に向けて技術発展がなされている昨今である．

そこで，以下には1990年代における水質浄化

施設の事例，最近の自然環境との共存と植生の多機能を考慮した水質浄化システムの事例，ならびに特殊基材と有用植物を活用した資源循環型水質浄化システムの事例を紹介する．

7.3.1 岡山県備前市日生町における水質浄化施設

岡山県の先導のもと，生活排水処理実証施設が岡山県和気郡日生町（現備前市日生町）に設置されたのは1990（平成2）年である．本施設は，企業団地の浄化槽放流水と無処理で放流されていた生活雑排水約30戸分，排水量約25 m³/d を集水し浄化処理をするために設置されたものである．施設は全長約30 m，幅約1.5 m，水深約0.5 mの側溝を改変して，6槽に区分して連結させた．すなわち，①沈砂池（ホテイアオイで水面被覆），②カキ殻槽，③水草帯Ⅰ，④漁網槽，⑤水草帯Ⅱ，⑥透水性レンガ屑充填槽に，順に原水が自然流下で流れる仕組みになっている．

日生町は有名なカキ養殖を行っている漁業の町である．したがって，②と④の使用済み漁網は廃物利用である．また，⑥は地場産業からの廃棄物である．これらの廃材をろ材として利用し，生物膜を形成させて有機物の分解と除去に供試した．③と⑤にはキショウブ，ウキヤガラ，ツルヨシ，クサヨシ，ヒメガマ，ジュズダマ，イ，トチカガミ，ミゾソバ，セリ，セキショウ，コカナダモを植栽した．コカナダモ以外は抽水植物で，基盤に水田土壌を充填した．この槽で窒素やリンの除去を試みた．

表7.11に示したとおり，稼働後3ヵ月以内で，BOD 90％およびCOD 62％の除去率を得た．それに対して，T–NおよびT–Pは，6ヵ月を経た春期から除去率が高まり，生育盛期の夏期には各々83，92％の値を得ることができた．T–Pの場合は，水田土壌による土壌浄化が加味されるので，季節変化がT–Nより少ない傾向が把握された．また，多くの抽水植物の生育盛期は夏期で，その浄化効率は高かったが，コカナダモ，セリおよびイは越冬可能な植物で，秋期から冬期においても安定した処理効果を得ることができた（Oki, 1992）．ちなみに本システムのイニシャルコストは，当時で約30万円であった．ただ，維持管理法ならびにランニングコストまで追究していない．

表7.11 生活排水処理実証プラントの水質調査結果（Oki, 1992）

調査日		COD (mg/L)	BOD (mg/L)	SS (mg/L)	T–N (mg/L)	T–P (mg/L)
1990年 9月12日	流入水	18.0	19.0	23.0	10.0	1.6
	処理水	10.0	3.0	3.0	5.6	1.3
	除去率（％）	44.4	84.2	87.0	44.0	20.4
1990年 11月26日	流入水	18.0	26.0	62.0	9.4	1.3
	処理水	6.8	2.6	<1.0	8.1	0.9
	除去率（％）	62.2	90.0	98.4	13.8	31.5
1990年 12月21日	流入水	32.0	45.0	97.0	17.0	1.7
	処理水	6.5	2.7	4.8	7.3	0.8
	除去率（％）	79.7	94.0	95.1	57.1	50.6
1991年 3月6日	流入水	77.0	107.0	162.0	23.5	7.2
	処理水	10.0	5.2	<1.0	9.9	1.4
	除去率（％）	87.0	85.1	98.4	58.1	80.3
1991年 7月23日	流入水	160.0	630.0	740.0	25.0	31.0
	処理水	10.0	3.0	<1.0	4.3	2.4
	除去率（％）	93.8	99.6	99.9	82.3	92.3
1991年 11月15日	流入水	56.0	30.0	600.0	9.5	3.6
	処理水	7.2	2.4	<1.0	6.3	1.1
	除去率（％）	87.1	92.0	99.9	33.7	69.4

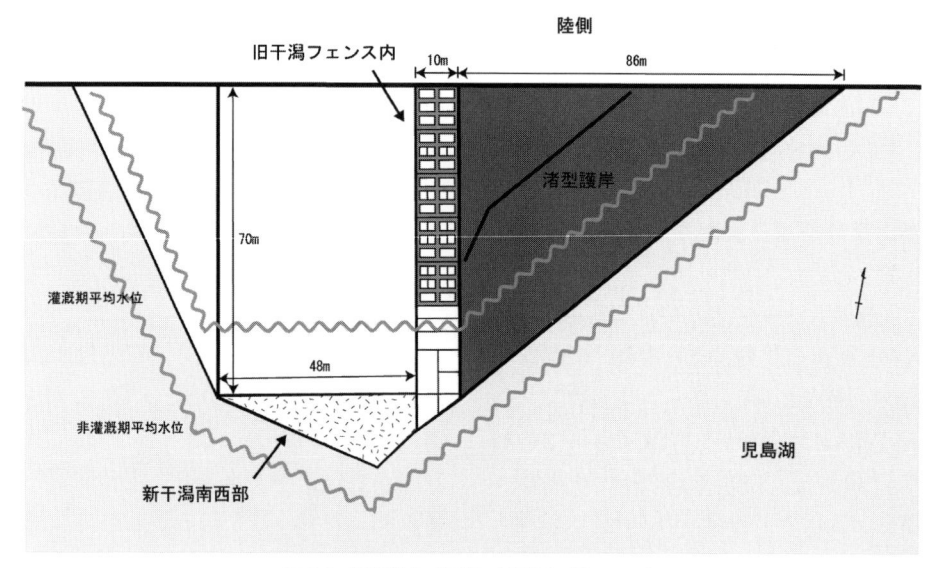

図7.5 児島湖人工干潟の平面図（沖，2008）

7.3.2 児島湖人工干潟におけるビオトープ創成ならびに水質浄化

岡山市南部に位置する児島湖は，世界第2位の大きさの人工湖であるが，水の富栄養化が進んでいた．その水質改善をはかることを目的として1992（平成4）年より国営総合農地防災事業が開始され，湖底に堆積した汚泥が浚渫された．事業は2004（平成16）年3月で終了したが，浚渫泥の湖内の土捨場の一つとして2003（平成15）年に干潟造成が試みられることになった．

干潟造成は水辺の親水空間の創出，沿岸帯植物群落を基盤とした新たなビオトープの創出，さらに沿岸帯植物群落や藻類などによる水質浄化機能が期待できる．そこで，児島湖内の人工干潟における，雑草性のある沿岸帯植物の生活型別適応種の選抜ならびにゾーニングの検討，植栽後の群落形成調査および土壌・水質調査を実施することにより，自然環境などに配慮した人工干潟の整備手法の検討を行った（沖ら，2004）．

図7.5に示す旧干潟フェンス内の沖側最先端のブロックは沈水型，続いて，陸側に向かって順に抽水型（大型），浮葉型，抽水型（中・小型），陸生型の25草種を配置した．越冬4年目における再生群落の生長，水際線より湖側における大型抽水植物（フトイ，ヒメガマ，マコモなど）の競合関係を把握した．その結果，マコモは生育盛期に均一化した群落を再形成したが，10月には中央部で少し衰退した．それに対してフトイは陸側に向けて徐々に群落が拡大し，実生群落も既存群落の規模と同程度まで発達した．ヒメガマについては，生育盛期が過ぎた10月ごろには前年度の約2倍の面積に群落が拡大した．他の再生群落については，ウチワゼニグサ類，ミソハギおよび陸側ではコウボウシバが有意に拡大した（沖，2007）．

一方，その後，新たに2004（平成16）年に完成した人工干潟には，渚型護岸を造成するために2005（平成17）年5月28日にヨシ・ヒメガマ・フトイを植栽した（図7.5）．ヨシの植栽法には株植え（ブロック植え），地下茎植え，茎植え（茎挿し）および実生栽培があるが，各々の植栽法にはメリットとデメリットがある．苗の供給源であるヨシ原の環境保全の立場から，加えて植栽の簡便さから茎植えが主流である．しかしながら，茎植えは植栽が可能な時期が短いことから，時機を逸した場合は株植えが一般に安全である．

児島湖では両者の活着率をみるために，陸側にヨシの茎植え（4本/m^2），次のゾーンにヨシの株植え（2株/m^2）を行った．さらに，その前面

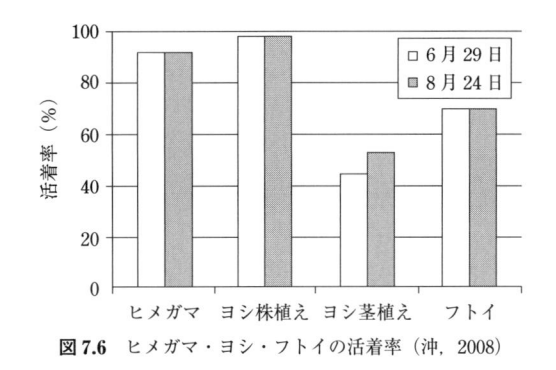

図7.6 ヒメガマ・ヨシ・フトイの活着率（沖，2008）

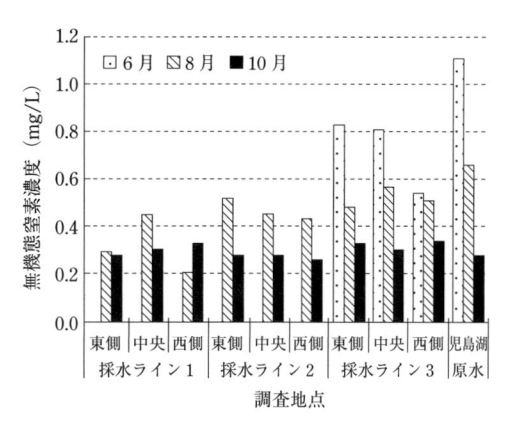

図7.7 各採水ラインにおける無機態窒素濃度（沖ら，2007a）

6月の採水ライン1および2は未冠水のため採水していない．
採水ライン1：ヒメガマ群落内，採水ライン2：新ヒメガマ群落前，採水ライン3：フトイ群落前．

にヒメガマの株植え（2株/m^2）を行った．フトイは，それに先立ち2004（平成16）年5月2日にヒメガマの前面に約90 cmの植栽間隔で株植えを行った．いずれの株も近隣に生育している群落を供給源として利用した．植栽より1ヵ月後および3ヵ月後に各々の活着率を調査した結果，図7.6に示したとおり，ヨシ株植えが98％の活着率でもっとも高い値を示した．一方，茎植えは1ヵ月後で44％，3ヵ月後で53％と予想外に低い値であったが，これは植栽時期が遅く，良好な苗が供給できなかったことに起因する（沖，2008）．

また，ヒメガマは92％，フトイは70％で，その後，いずれの群落も大きく生長し，現在，立派な渚型護岸が成立している．渚型護岸の成立に伴い，湖水と護岸周辺の水質調査では図7.7に示すとおり，沿岸帯植物の生育期には水質改善の兆候が現れた．さらにヒメガマ群落の前面では洗掘[*9]が生じているが，背後のヨシ群落では土砂流亡が防止されているのが地形測量より認められている（沖ら，2007a）．

魚介類の調査からヒメタニシ，ドブガイ，スクミリンゴガイ（ジャンボタニシ），マシジミなどが植生帯に多く発生し，浅瀬にはメダカをはじめ幼魚やテナガエビが群がり，オオヨシキリなどの野鳥が飛来して干潟造成地における生態系の創出と発展が渚護岸のスペースに着実に進んでいることがわかった（沖ら，2007b）．

[*9] 洗掘：流れがその機械的作用により土砂礫などを洗い起こすこと．

以上より，本プロジェクトではビオトープ創成という水辺環境の修復のなかで，植物が有する水質浄化能力を活かし，かつ多機能も導き出している．生態系を重視した新しい方策である．

7.3.3 岡山県干拓地の農業用排水路における水質浄化

農業地域や混住地域の用排水路は三面張りコンクリート護岸が多く，いまだ水質汚濁が解消されていない水系が多い．児島湾干拓地である岡山市藤田地区は岡山市南西部に位置し，縦横無尽に走る用排水路が干拓地の風景になっている．その一部を利用して，水質浄化，景観および生物の多様性を主目的にした環境に優しい水質浄化法の検討が始まっている．

設置場所は児島湖周辺の用排水路で，富栄養化の進んだ水路である．灌漑期と非灌漑期では水深，流量および流速が異なる．また，用水のパイプライン化が行われた地域で排水路の役割を果たしており，水深は30〜60 cm程度である．水の流れはほとんどなく，水を堰き止める必要がないため，水路の水は隣接した水路の水と交わっている．

このような特性の水路にて，連結した1 m四方の間伐材を活用した花筏を設置している．本水

図 7.8 サンパチェンスを利用した用排水路における水質浄化（2012年8月撮影）

路に供試されている花卉園芸植物サンパチェンスは，インパチェンスの栄養系品種で，二酸化窒素（NO_2）やホルムアルデヒド（HCHO）の浄化能力，それに二酸化炭素（CO_2）の吸収能力が従来の花卉園芸植物よりも高いことが証明されている環境浄化植物である．この機能は気孔数が多く蒸散能力が高いことに起因しており，水質浄化能力にも関係する特性との仮説から，岡山大学では水耕栽培にて実証研究を試みた．

実験では，1週間ごとに培養液を交換し，もとの栄養塩濃度に戻すという植栽を繰り返した結果，植物が設定条件に慣れた4週目には，N：705 mg/m²·d，P：103 mg/m²·d の平均負荷量にて，わずか1週間でほぼゼロの値を示した．本実験でサンパチェンスは，窒素やリンの除去速度において，水質浄化能力が高いことで知られているヨシと同等の数値を示すとともに，窒素やリンの体内含有率はヨシを上回る結果となった．また，サンパチェンスはヨシなどの従来の水質浄化植物とは異なり，春から秋まで長期間にわたって美しい花が楽しめるなど景観面にも優れることも実証された[10]．

岡山市と岡山大学の共同研究で，現地水路におけるサンパチェンス（図 7.8）とシュロガヤツリの窒素およびリンの固定量のデータは蓄積されつつあり，培養土の下層に赤玉土を挿入することにより，リンの吸着効果を高める工夫や水中根を効率的に発生させる植栽工法も検討されている．現地では魚介類も多く確認されており，貝類に固定される栄養塩類の収支を含めた水質浄化法が期待されている．さらに，水質浄化後のバイオマス利用法として，サンパチェンスからエタノールをつくり，実験的に電気エネルギーを取り出すことにも成功している[11]．

7.3.4 有用植物を用いた生活排水の循環・共生型水質浄化システムの開発

水生植物のみの利用による水質浄化法では，バイオマスの有効利用が難しく，広く普及するには至らないので，活用する水質浄化用植物の選択幅を拡大していることはすでに述べた．尾崎（1997，1999，2001）は有用植物と天然鉱物ろ材（ゼオライトや鹿沼土）を組み合わせ，植物の養分吸収機能，ろ材の吸着・ろ過機能および付着微生物の浄化機能を有効に利用できるバイオジオフィルター（biogeofilter；以下，BGF 水路と略す）を試作して，データを蓄積している．

BGF 水路の特徴は，図 7.9 に示すとおり，水路内のゼオライトの充填高さを植物の耐湿性に応じて変化させ，野菜，資源植物，花卉など利用価値の高い陸生植物も水質浄化に利用にできるように工夫している点である．

まず，つくば市で実施されたシステムでは，合併処理浄化槽と BGF 水路を組み合わせ，T-N 濃度 10.88〜10.35 mg/L，T-P 濃度 4.53〜5.30 mg/L

---

[10] サカタのタネホームページ（http://www.sakataseed.co.jp/special/SunPatiens/index.html）より．

[11] サカタのタネホームページ（http://www.sakataseed.co.jp/special/SunPatiens/kankyojoka/nisankatanso.html）より．

7.3 具体的な事例紹介

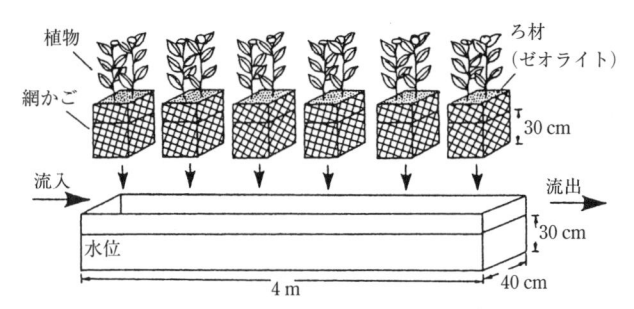

図7.9 BGF水路の模式図（尾崎，1997）
陸生植物ではゼオライトの充填高さを水面より10 cm高くする．

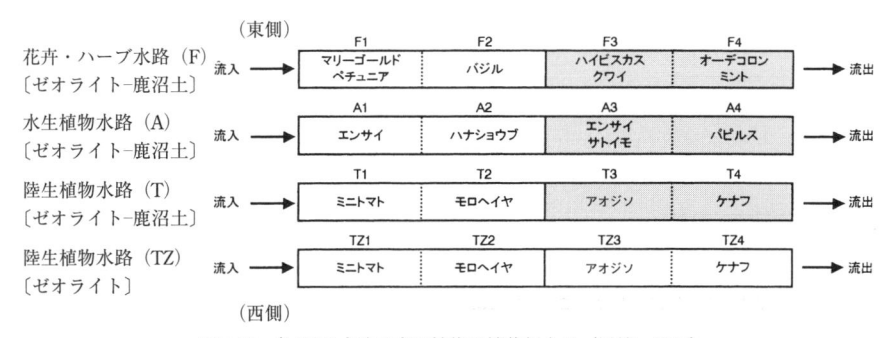

図7.10 各BGF水路の有用植物の植栽組合せ（尾崎，2001）
F水路，A水路，T水路の後半5mには鹿沼土を充填（グレー部），その他はゼオライト．

表7.12 BGF水路実証プラントのT-N浄化成績（4〜10月の平均値）（尾崎，2001）

BGF水路	流入水			流出水			除去率 (%)
	平均流量 (L/d)	平均濃度 (mg/L)	平均負荷量 (g/m²·d)	平均流量 (L/d)	平均濃度 (mg/L)	平均除去速度 (g/m²·d)	
F水路	770	11.26	1.45	620	1.58	1.29	89.0
A水路	671		1.26	566	1.31	1.13	89.7
T水路	741		1.39	650	1.08	1.27	91.4
TZ水路	761		1.43	604	1.29	1.30	90.9

4月2日に植栽開始．ただし，ケナフ，パピルスは5月20日に植栽．
平均負荷量と平均除去量は，調査期間中のBGF水路1日1m²あたりの窒素量（g）で表示．
9月21日と10月27日の2回に分けて冬季植物へ植え替え．

表7.13 BGF水路実証プラントのT-P浄化成績（4〜10月の平均値）（尾崎，2001）

BGF水路	流入水			流出水			除去率 (%)
	平均流量 (L/d)	平均濃度 (mg/L)	平均負荷量 (g/m²·d)	平均流量 (L/d)	平均濃度 (mg/L)	平均除去速度 (g/m²·d)	
F水路	770	1.71	0.22	620	0.26	0.20	90.9
A水路	671		0.19	566	0.10	0.18	94.7
T水路	741		0.21	650	0.20	0.19	90.5
TZ水路	761		0.22	604	1.22	0.10	45.4

の合併処理浄化槽処理水が，各種有用植物を植栽した19.5 mのBGF水路を流下すると，流出水のT-N濃度は，春から秋には1.2 mg/L，秋から春には4.4 mg/Lに，T-P濃度は前者で2.3 mg/L，後者で4.4 mg/Lに低下した（尾崎，1999）．

次に，高知県の農業集落排水処理施設に設置した住民参加型の水質浄化システムを紹介する（尾崎，2001）．二次処理水の高度処理実証試験で，水路内のろ材の充填高さを有用植物の耐湿性に応じて変化させ，ろ材はゼオライトと鹿沼土を組み合わせている．有用植物の植栽組合せは図7.10に示すとおりである．BGF水路は幅60 cm，長さ10 m，高さ40 cm，水深20 cmの4系列としている．

表7.12は，BGF水路実証プラントの夏季のT-N浄化成績をまとめたものである．調査期間中の流出水の平均値は1.08〜1.58 mg/Lとなり，4水路のT-N除去率はいずれも90％に達した．また，同様に表7.13にはT-P浄化成績をまとめている．これによると，ゼオライトのみのTZ水路と比較して，鹿沼土を併用すると効率が高くなることが把握された．

本研究では，収穫植物や処理水の循環利用をはかるため，植栽植物にはミニトマト，エンサイ，モロヘイヤなどの野菜類，マリーゴールド，ハナショウブ，スイートピーなどの花卉類，バジル，ミント，アオジソなどのハーブ類およびケナフやパピルスなどの繊維作物を栽培しているが，いずれも生育は旺盛と報告されている．

尾崎（2001）は，これらの施設は①農業集落排水施設，②離島・乾燥地域，③園芸施設，④各家庭，⑤学校・保育所，⑥病院・養護学校・老人ホームのような場で，水質浄化以外の多目的利用で活用したいと述べているが，現在，岡山市犬島の離島で精錬所美術館内の汚水処理用に柑橘類を活用したBGFシステムが稼働している[*12]．

[沖　陽子]

[*12] http://www.benesse-artsite.jp/seirensho/portfolio.html より．

文　献

縣　和一，宗祥甫（2002）：水質浄化と水辺の修景，146p，ソフトサイエンス社，東京．

青山　勲，沖　陽子，西崎日佐夫（1981）：生態系を利用した水質浄化法に関する研究―ホテイアオイによるN・Pの除去能，第15回水質汚濁研究会学術講演会論文集，169-174．

ベネッセアートサイト直島：犬島精錬所美術館，「精錬所」4つの要素，http://www.benesse-artsite.jp/seirensho/portfolio.html（2012.10.20アクセス）

Black, M., and King, J.（沖　大幹監訳・沖　明訳）(2010)：水の世界地図 第2版―刻々と変化する水と世界の問題，127p，丸善株式会社．

Boyd, C. E. (1976): Accumulation of dry matter, nitrogen and phosphorus by cultivated water hyacinth. *Economic Botany*, **30**, 51-56.

Center, T. D. and Spencer N. R. (1981): The phenology and growth of water hyacinth in a eutrophic north-central Florida lake, *Aquatic Botany*, **10**, 1-32.

細見正明（2003）：水生植物が水質浄化に果たす役割（エコテクノロジーによる河川・湖沼の水質浄化―持続的な水環境の保全と再生，島谷幸宏，細見正明，中村圭吾編，ソフトサイエンス社），pp. 110-125．

生嶋　功（1984）：水草の生活環境と物質生産（水草の科学，植木邦和編，研成社），pp. 59-89．

環境省：平成24年度版 環境白書・循環型社会白書・生物多様性白書―震災復興と安全安心で接続可能な社会の実現に向けて（pdf版），http://www.env.go.jp/policy/hakusyo/h24/pdf/24.pdf（2012.10.20アクセス）

Knipling, E. B., West, S.H., and Haller, W. T. (1970): Growth characteristics, yield potential and nutritive content of water hyacinth, *Proc. Soil. Crop Sci. Fla.*, **30**, 51-63.

小泉清明（1971）：湖の場所・型・生物群集（川と湖の生態，168p，共立出版），pp. 46-68．

河野雅史・沖　陽子・足立忠司・中嶋佳貴（2009）：時期および回数の異なる刈取りがヨシの群落形成に及ぼす影響，雑草研究，**54**（別号），88．

楠田哲也（1994）：自然の浄化機構の強化と制御，242p，技報堂出版．

増島　博（2001）：水生植物を利用した水質浄化，圃場と土壌，**33**（8），3-7．

間藤　徹，馬建鋒，藤原　徹編著（2010）：植物栄養学 第2版，288p，文永堂出版．

日本土壌協会（2001）：平成12年度環境基本計画推進調査―循環・共生を基調とする持続可能な圏域のあり方検討調査報告書，249p．

沖　陽子（1985）：水生植物（太陽エネルギー利用ハンドブック，太陽エネルギー利用ハンドブック編集委員会編，日本太陽エネルギー学会）pp. 1078-1080．

沖　陽子（1986）：水生雑草の利用，日本雑草学会第10回雑草防除夏期研究会テキスト，75-96．

沖　陽子（1990a）：ホテイアオイの防除と利用に関する基

礎研究，雑草研究，**35**（3），231-238.

沖　陽子（1990b）：ホテイアオイを活用した土壌改良法開発調査結果報告書，沖縄総合事務局，95-117.

Oki, Y. (1992): Effect of aquatic weeds on nutrient removal from domestic sewage, *Proc. of the 1st Inter. Weed Conf.*, **2**, 365-371.

沖　陽子（1994）：水環境の保全と水生雑草の機能活用，雑草とその防除，**31**，15-18.

沖　陽子（2001）：水生植物の水質浄化能の評価，圃場と土壌，**33**（8），8-14.

沖　陽子（2008）：富栄養化の進んだ閉鎖水系における浚渫ヘドロ及び水生雑草を活用した干潟造成の一試行，科学研究費補助金（基盤研究 B）報告書，157p.

沖　陽子（2009a）：雑草利用学の立場から，「雑草を極める―歴史に学び，未来を拓く」日本雑草学会第22回シンポジウム講演要旨，26-35.

沖　陽子（2009b）：水生外来植物と如何に対峙するか，陸水学雑誌，**70**（3），255-260.

沖　陽子（2011）：雑草利用学の到達点と展望，日本雑草学会50年のあゆみ，21-26.

沖　陽子（2012）：雑草との共存の道を探る，農業および園芸，**87**（6），505-507.

沖　陽子，伊藤操子，植木邦和（1978a）：ホテイアオイの生育及び繁殖に関する研究 第1報―水中の栄養塩が生育及び繁殖に及ぼす影響，雑草研究，**23**（3），116-120.

沖　陽子，伊藤操子，植木邦和（1978b）：ホテイアオイの生育及び繁殖に関する研究 第2報―水中の窒素形態の差異が生育ならびに繁殖に及ぼす影響，雑草研究，**23**（3），121-125.

沖　陽子，中川恭二郎（1981）：文部省「環境科学」特別研究「児島湖集水域」報告集，115-140.

Oki, Y., Nakagawa, K., and Reddy, K. R. (1985): Uptake and translocation of 15N in water hyacinth, *Proc. of 10th APWSS Conf.*, **1**, 317-324.

Oki, Y., and Ueki, K. (1987): Biomass production of water hyacinth cultured in aquaculture system in Japan (*Aquatic Plants for Water Treatment and Resource, Recovery*, Reddy, K. R. ed., Magnolia Publishing, Florida), pp. 665-671.

沖　陽子，足立忠司，中嶋佳貴，神徳俊一，田中章吾，松岡義宏（2004）：児島湖人工干潟における雑草を活用したビオトープ創出の試み，雑草研究，**49**（別），184-185.

沖　陽子，山本洋平，中嶋佳貴，鷹野　洋（2007a）：渚型護岸におけるヒメガマ・フトイ・ヨシ群落の機能評価，雑草研究，**52**（別），238-239.

沖　陽子，貞永　新，中嶋佳貴（2007b）：児島湖人工干潟における水生雑草群落が貝類生息分布に与える影響，雑草研究，**52**（別），240-241.

沖野外輝夫（1984）：公害と対策，**20**（1），26.

沖野外輝夫（2002）：湖沼の生態学，pp. 143-154，共立出版.

尾崎保夫（1997）：有用植物を用いた生活排水の循環・共生型水質浄化システムの開発，日本水処理生物学会誌，**33**（3），97-107.

尾崎保夫（1999）：合併処理浄化槽とバイオジオフィルター水路を組合せた生活排水の資源循環型浄化システム，浄化槽研究，**11**（2），15-25.

尾崎保夫（2001）：バイオジオフィルター水路を用いた水質浄化と将来展望，圃場と土壌，**33**（8），15-20.

Penfound, Wm. T. (1956): *Limnol. Oceanogr.*, **1**, 92-101.

Reddy, K. R. (1984): Nutrient removal potential of aquatic plants, Aquatics, March, 15.

Sahai, R, and Sinha, A.B. (1969): Contribution to the ecology of Indian aquatics. 1. Seasonal changes in biomass of water hyacinth, *Hydrobiology*, **35**, 376-382.

サカタのタネ：サンパチェンス特集，http://www.sakataseed.co.jp/special/SunPatiens/index.html (2012.10.20 アクセス).

サカタのタネ：サンパチェンス，二酸化炭素吸収能力，http://www.sakataseed.co.jp/special/SunPatiens/kankyojoka/nisankatanso.html (2012.10.20 アクセス).

桜井善雄（1988）：水辺の緑化による水質浄化（水と緑の読本，公害と対策増刊，新日本出版社，東京），pp. 899-909.

佐藤和明（2003）：植生浄化法の施設計画と技術（エコテクノロジーによる河川・湖沼の水質浄化―持続的な水環境の保全と再生，島谷幸宏，細見正明，中村圭吾編，ソフトサイエンス社），pp. 148-162.

Sawyer, C. N. (1966): *Journal of WPCF*, **38**（5），737-744.

鈴木紀雄（1993）：水生植物地帯における自然浄化機能（自然の浄化機構，宗宮　功編著，技報堂出版，pp. 134-148.

田淵則雄（1995）：水文（環境科学Ⅰ―自然環境系，河村武，岩城英夫編，朝倉書店），pp. 84-107.

田井浩朗（2001）：水生植物を利用した水質浄化の取り組み，**33**（8），21-25.

植木邦一（1977）：河川，水路，池沼に異常発生するホテイアオイの生態とその対策に関する研究，農水省特別研究報告書，150pp.

Westlake, D. F. (1963): Comparison of plant productivity, *Biol. Rev.*, **38**, 385-425.

Wolverton B. C., and McDonald, R. C. (1979): Water hyacinth productivity and harvesting studies, *Economic Botany*, **33**（1），1.

Wooten, J. W., and Dodd, J. D. (1976): Growth of water hyacinth in treated sewage effluent, *Economic Botany*, **30**, 29-37.

山本光昭，沖　陽子（2000）：小型抽水雑草ウチワゼニグサの水質浄化特性に関与する種々の環境要因，雑草研究，**45**（別），208-209.

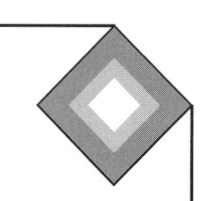

8 海水域の水環境浄化機能

◆ 8.1 海藻草類の水環境浄化機能 ◆

8.1.1 藻場を構成する海藻草類の働き

海洋の沿岸部には緑藻・褐藻・紅藻などの海藻（seaweed）と種子植物の海草（seagrass）が群生して「藻場」とよばれる海中植物群落を形成している．本章では，海藻と海草を合わせて海藻草類とよぶことにする．

藻場は，干潟と並んで海洋沿岸部の生物生産にきわめて重要な役割を果たしている．藻場を構成する海藻草類は，植物プランクトンや着生微細藻とともに海洋における一次生産者として無機物から有機物を生産し，その有機物を直接・間接に餌として供給することにより魚介類生産を支えているばかりでなく，魚介類の産卵場や幼仔稚の育成場・生息場となっている点でも重要な役割を担っている．

また，藻場を構成する植物は光合成の過程で海水中の二酸化炭素（CO_2）や炭酸水素イオン（HCO_3^-）を吸収し呼吸によって酸素（O_2）を放出するとともに，成長に必要な栄養塩である窒素（N）やリン（P）など，ならびにその他の無機成分を吸収し，光合成でつくった炭水化物にそれらを加えて自身の体を構成する種々の有機物を合成している（図8.1）．すなわち，これらの活動を通じて海水を浄化し，海域環境の維持・保全に大きく貢献している．

本章では，藻場を構成する海藻草類の光合成による CO_2 の吸収と N，P などの吸収による環境浄化機能を中心に，藻場の働きのマクロな評価を試みることにする．

8.1.2 海水中の炭酸物質

このように海洋植物は，光合成によって有機物を生産する一次生産者としては陸上植物と同じような役割を担っている．しかし，陸上植物が生活する大気中に存在する炭素源は分子状の CO_2 だけであるのに対し，海水中には分子状の CO_2 だけでなく HCO_3^- や炭酸イオン（CO_3^{2-}）などの形で炭酸源が存在するので，この点で大きな違いがある．

分子状の CO_2 が海水中に溶け込むとその一部は水（H_2O）と反応して炭酸（H_2CO_3）の形をとる．炭酸は解離して水素イオン（H^+）と HCO_3^- を形成し，HCO_3^- はさらに解離して H^+ と CO_3^{2-} ができる．このような関係は，一般に図8.2のように表される．

水中に溶けている CO_2 と H_2CO_3，HCO_3^-，CO_3^{2-}，および H^+ の間には平衡関係が成立し，

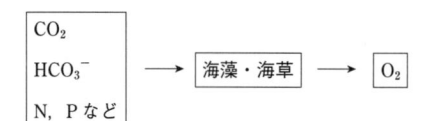

図 8.1 海藻・海草の基本的な代謝

大気中 $\boxed{CO_2}$
↓↑
水中 $\boxed{CO_2 + H_2O \rightleftarrows H_2CO_3 \rightleftarrows H^+ + HCO_3^- \rightleftarrows 2H^+ + CO_3^{2-}}$

図 8.2 海水中における炭酸の存在状態

これらは大気中の CO_2 とも平衡関係にある。CO_2 と H_2CO_3 は「遊離の炭酸」とよばれ、解離によって生じた HCO_3^- と CO_3^{2-} は結合型の炭酸とよばれる。それぞれの割合は海水の pH によって異なり、pH が高いほど結合型の割合が多くなる。普通、海水の pH は 8.1～8.3 くらいであり、HCO_3^- が優占している。多くの海洋植物は光合成の炭素源として水中の CO_2 と HCO_3^- を直接利用しているが、海水の緩衝作用は大きいので量的には上記の炭素源をまとめて全炭酸として扱うのが一般的である。

大気中の CO_2 濃度は比較的低い（390～400 ppm, 0.75～0.79 mg/L）が、海水中の CO_2 濃度はかなり高い（外洋の海水中の全炭酸濃度はおよそ 90 mgCO$_2$/L でほぼ一定であるが、沿岸域では陸域から流入する淡水の影響を受けて変動する）ので、この点でも陸上環境と海洋環境とでは著しく異なる。また、潮間帯に生育する多くの海藻は、潮が引いて藻体が空気にさらされたときには、藻体が湿っている間はある程度まで空中の CO_2 を吸収して光合成を行うことが明らかにされている（Gao and Aruga, 1987; Gao et al., 1999）。

8.1.3 海藻草類の寿命

天然の海藻草類が枯死すると、植物体を構成していた有機物は微生物の働きなどによっていずれは分解されて海水中に無機物として戻される。あるいは直接または間接に他の生物（動物）に食べられると、植物体を構成していた有機物は動物の体を構成することになるが、その一部は動物の死後に分解されて海水中に無機物として戻る。

海藻の寿命は 1～2 年のものが多く、長いものでも 5～6 年であるから、陸上の森林などに比べ海藻は比較的短期間で枯死・分解することにな

る。つまり、海水中の無機物は海洋植物によって吸収されて海水中から除去されても、そのままにしておかれれば死後に分解されて再び海水中に戻ることになり、真の意味で海水を浄化したことにはならない。したがって、真の海水浄化のためには、植物体を収穫して水中から除去する必要がある。

栽培（養殖）された海藻の場合には、目的に応じて収穫され海から陸上に運ばれ、利用される。利用後は直接あるいは間接にいずれは分解されて無機物に戻るが、分解後の無機物は直接海に戻されることはほとんどない。すなわち、N や P などの無機物は養殖海藻によって海水中から取り除かれる（海水が浄化される）ことになる。

海草は多くの陸上植物と同じように花が咲いて種子をつける種子植物であり、種子が発芽して新しい個体をつくるが、地下茎を伸ばして無性的にも繁殖するので多年生の植物である。無性繁殖によってかなり大きな広がりをもった群落を形成し、寿命も長いが、一部の種を除けば草丈はあまり高くないので現存量は比較的小さい。海草の葉は、海藻と同じように海水中から CO_2 や栄養塩などを吸収し O_2 を海水中に放出するとともに、地下茎から出ている根は底質から栄養塩などを吸収している（厳密な意味では、底質中の間隙水から栄養塩などを吸収している）。

8.1.4 藻場の衰退と荒廃

前述のような重要な働きをもつ海藻草類の藻場を自然状態で保持した沿岸域は、とくに 1960 年代から 1970 年代の高度経済成長期を通して沿岸部の埋め立てや護岸工事などによって著しく減少し、人間活動に伴う陸域からの汚染負荷を受けて沿岸水域環境が悪化したことによる影響も加わってダメージを受けてきた。

こうした状況を踏まえ、水産生物資源の育成・供給の場としての藻場の環境荒廃が大いに懸念されるようになり、その修復が重要な課題として取り上げられるようになってきた。海洋生態系、と

くに沿岸生態系のなかで重要な位置を占める藻場を健全な状態で維持・管理することにより，沿岸漁場環境を良好な状態で安定的に維持していくことは，沿岸漁業の健全かつ持続的な発展をはかり，安全な水産物を供給していくうえで最優先の課題である．近年，日本各地の沿岸域で荒廃あるいは消失した藻場を再生させるための試みが行われている．

また，とくに近年では「磯焼け」とよばれる藻場の衰退や崩壊が全国的に認められるようになり，その影響が大いに懸念されている（谷口，1999；谷口ら，2008）．これは主として褐藻のアラメ，カジメ，ホンダワラ類のような大形海藻で構成される藻場（「海中林」とよばれる）が著しく衰退したり崩壊したりすることにより海藻植生がなくなって，海底がいわゆる砂漠状になってしまう状態を指している．こうした現象はいろいろな原因によって起こることが指摘されてきたが，そのなかでとくに注目されているのは魚類やウニ類による食害と地球温暖化に伴う海水温の上昇である．このような藻場の崩壊・消失は，当然の結果として健全な藻場が存在していたときに比べ植生によるCO_2その他の無機物の吸収とO_2の放出の著しい減少，すなわち環境浄化機能の著しい低下を意味する．

◆ 8.2 水環境浄化に適した海藻草類 ◆

8.2.1 海藻草類の環境浄化能の基礎

海藻草類の光合成によるCO_2の吸収と成長に伴うNやPなどの吸収による環境浄化機能を期待するためには，光合成活性が高く，したがって有機物生産力が高い大形の海藻草類が，できるだけ大きな群落（現存量の大きな群落）をつくっていれば理想的である．

植物による有機物生産量（一次生産量）は，どのくらいの光合成能力（光合成速度）をもった植物がどのくらい存在するか（現存量）によって決まるので，藻場の役割を評価する際には海藻草類群落の現存量とともに光合成能力に関する情報は必要不可欠である．海藻草類の環境浄化機能を評価しようとすれば，やはり海藻草類の現存量ができるだけ大きいこと，ならびにその光合成活性ができるだけ高いことが重要な指標となる．したがって，ここでは，現存量が大きい海藻草類群落あるいは光合成活性が高い（有機物生産力が高い）海藻草類群落を主な対象として比較を進める．

8.2.2 海藻草類の現存量

現存量は，土地の単位面積（通常$1\,m^2$）あたりに存在する植物体の量である．海藻の現存量は季節的に大きく変動する．多年生の海藻でも，現存量は季節によってかなりの変動がみられる．海藻草類の現存量の測定結果は生重量（生重）または乾燥重量（乾重）で表されるが，生重量のデータが圧倒的に多い．日本沿岸で測定された現存量の例を表8.1に示す．

表8.1を概観すると，海藻では緑藻や紅藻は一般に小形の種が多いのでその現存量は比較的小さく，これに対して褐藻はコンブ科（*Laminaria, Ecklonia, Eisenia*など）やホンダワラ科（*Sargassum*など）の大形の種がかなり多く存在するので，その現存量がかなり大きいのが特徴的である．また，海草では大形のものもあるが，そのような種の生育は地域的に限られるようである．

8.2.3 海藻の光合成能力と生産力

陸上植物や植物プランクトンの光合成による有機物生産に関する研究の進展に比べ，海藻の光合成に関する研究はかなり立ち遅れていたが，日本では海藻の光合成測定装置の開発・改良のおかげで1970年代以降活発に行われるようになった．とくに1980年代後半から1990年代にかけてアラ

8.2 水環境浄化に適した海藻草類

表 8.1 日本沿岸で測定された海藻草類現存量の例 (Aruga, 1982)

種	生重 (kg/m²)	乾重 (g/m²)
緑藻		
Enteromorpha sp. (アオノリの一種)*	0.42	63
Monostroma nitidum (ヒトエグサ)*	(1.31)**	270
Ulva pertusa (アナアオサ)	1.33	
Ulva lactuca (オオバアオサ)	2.31	
褐藻		
Alaria crassifolia (チガイソ)	13.56	
Dictyopteris undulata (シワヤハズ)	1.05	
Ecklonia cava (カジメ)*	4.00〜20.70	
Ecklonia kurome (クロメ)*	5.76	
Eisenia bicyclis (アラメ)*	3.65〜20.00	
Hizikia fusiformis (ヒジキ)*	1.05〜19.80	
Ishige okamurai (イシゲ)	0.30〜2.00	
Laminaria japonica (マコンブ)*	15.69〜19.08	
Laminaria angustata (ミツイシコンブ)*	(1.51〜2.50)**	301〜500
Laminaria ochotensis (リシリコンブ)*	6.00	
Laminaria religiosa (ホソメコンブ)*	5.10〜11.41	
Myagropsis myagroides (ジョロモク)	7.26〜10.01	
Sargassum confusum (フシスジモク)	3.00	
Sargassum fulvellum (ホンダワラ)*	10.94	3660
Sargassum hemiphyllun (イソモク)	4.80	
Sargassum patens (ヤツマタモク)	8.24	1594
Sargassum patens (ヤツマタモク)	(20.12)**	4023
Sargassum piluliferum (マメタワラ)	13.27	3660
Sargassum ringgoldianum (オオバモク)	10.41	2668
Sargassum sagamianum (ネジモク)	4.60	
Sargassum serratifolium (ウスバノコギリモク)	16.60	
Sargassum serratifolium (ウスバノコギリモク)	28.80	
Sargassum serratifolium (ウスバノコギリモク)	(35.36)**	7075
Sargassum thunbergii (ウミトラノオ)	11.70	
Sargassum thunbergii (ウミトラノオ)	10.30	
紅藻		
Chondrus yendoi (クロハギンナンソウ)	3.96	
Chondrus elatus (コトジツノマタ)	2.40	
Gelidium amansii (マクサ)*	(6.97)**	2300
Gelidium amansii (マクサ)*	9.50	
Gelidium amansii (マクサ)*	7.50	
Gelidium amansii (マクサ)*	1.61	
Gigartina mikamii (イボツノマタ)	2.85	
Gracilaria verrucosa (オゴノリ)*	1.17	
Grateloupia livida (ヒラムカデ)*	2.20	
Gymnogongrus flabelliformis (オキツノリ)	5.04	
Gymnogongrus flabelliformis (オキツノリ)	2.84	
Pachymeniopsis elliptica (タンバノリ)	6.34	
海草		
Zostera marina (アマモ)	1.84	
Zostera marina (アマモ)	5.50	
Zostera marina (アマモ)		242
Zostera japonica (コアマモ)	1.75	
Thalassia hemprichii (リュウキュウスガモ)		442〜1211
Cymodocea rotundata (ベニアマモ)		385〜392
Halodule uninervis (ウミジグサ)		130〜206
Halodule pinifolia (マツバウミジグサ)		6.0〜37.6
Halophila ovalis (ウミヒルモ)		15.0〜89.6

*食用あるいは食品原料となる海藻.
**乾重からの推定値.

メ・カジメやホンダワラ類のような海中林を構成する大形褐藻の光合成研究が盛んに行われるようになった．

また，その後，大形褐藻のコンブを対象とした研究やアマモをはじめとする海草を対象とした研究も盛んに行われるようになった．

しかし，海藻草類の光合成速度は単位重量（生重または乾重）あたりで表されたり，葉状部の単位面積あたりで表されたりしており，その比較は必ずしも容易ではない．日本沿岸域の海藻の光飽和純光合成速度（P_n^{max}）と呼吸速度（R）の例を表8.2に示す．

いずれの海藻草類グループもデータの幅が大きく，季節的な変動も大きいことが予測される．そのため，光合成活性に関してとくに活性の高い特定の種あるいは特定の分類群を取り出すことはかなり困難であると思われる．

8.2.4 海藻の有機物生産力（一次生産力）

世界的にみると，1960年代から海藻について光合成の測定が行われるようになり，その結果に基づいて有機物生産量の算定が試みられてきた．しかし測定や算定には種々の異なる方法が用いられ，いろいろな単位で報告されているので，厳密な比較は必ずしも容易ではない．

表8.3には，海藻の光合成に関する生態学的研究で実験的測定値に基づいて求めた初期の研究結果から日生産量（1日に面積1 m²あたり固定される炭素量）の例を示す．少し高すぎるのではないかと思われる値（Kanwisher, 1966）を除き，全体としてみると，とくに大形海藻群落は陸上植物群落にひけをとらない1〜10 gC/m²・dの光合成生産力（有機物生産力）をもっている．

表8.4には，世界の海藻群落について求めた1年間あたりの純生産量（総光合成量から呼吸量を差し引いた値）を示す．カナダ大西洋岸のコンブ属（*Laminaria*）やインド洋のジャイアントケルプ（*Macrocystis*）のような大形褐藻群落について

表8.2 海藻草類の光飽和光合成速度（P_n^{max}）と呼吸速度（R）（Aruga, 1982に資料を追加）

	光飽和光合成（P_n^{max}）mgO₂/g(乾重)・h	呼吸（R）mgO₂/g(乾重)・h
緑藻（8種）	16.3 (2.3〜80.0)	1.9 (0.5〜4.0)
褐藻（5種）	16.6 (6.5〜34.5)	2.6 (2.3〜9.5)
紅藻（6種）	7.6 (2.0〜15.3)	1.5 (0.2〜4.5)
海草（4種）	18.5 (11.7〜30.0)	1.0 (0.1〜8.0)
ヒロハノヒトエグサ		
（養殖11〜12月）	30〜40	2〜5
（養殖3〜4月）	12〜15	2〜5
スサビノリ		
（養殖11〜12月）	35〜50	3〜7
（養殖1〜2月）	18〜26	2〜4
アラメ[*1]	17.3〜36.7	2.9〜9.4
カジメ[*2]	30〜48	ca. 5
ナガコンブ[*3]	30〜61	2〜10
ノコギリモク[*4]	20〜35	2.2〜4.0
ノコギリモク[*5]	4〜6	ca. 0.5
アカモク[*6]	6〜15	—

[*1] μL O₂/cm²・h（Sakanishi et al., 1988）.
[*2] μL O₂/cm²・h（Sakanishi et al., 1989）.
[*3] μL O₂/cm²・h（Sakanishi et al., 1990）.
[*4] μL O₂/cm²・h（村瀬，2001）.
[*5] μL O₂/mg(乾重)・h（村瀬，2001）.
[*6] μL O₂/mg(乾重)・h（村瀬ら，2008）.

表8.3 実験的に推定された海藻の一次生産力の例（Lieth and Whittaker, 1975より改変）

	生産量（gC/m²・d）	文献
*Laminaria*と*Agarum*（ノバ・スコシア）	1.65	Mann（1972）
Laminaria hyperborea	3.37	Bellamy et al.（1968）
Laminaria sp.（水深2 m）	7.90	Bellamy et al.（1973）
（水深10 m）	3.00	Bellamy et al.（1973）
潮間帯幼魚池の藻類	1.22	Hickling（1970）
潮間帯の海藻	20.00	Kanwisher（1966）
Cystoseira（カナリー諸島）	10.50	Johnston（1969）
石灰藻（エニウェトック）	0.66	Marsh（1970）
潮間帯の海藻（エニウェトック）	0.65〜2.15	Bakus（1967）
Codium fragile（ロングアイランド海峡）	12.90	Wassman and Ramus（1973）

表 8.4 海藻群落の純生産量

	kg(乾重)/m²·y	kgC/m²·y	文献
褐藻			
Laminaria（カナダ大西洋沿岸）		1.2〜1.8	Mann（1973）
Laminaria（コンブ属）		2.0〜3.4	Westlake（1963）
Macrocystis（インド洋）		1.1〜2.0	Mann（1973）
Ecklonia cava（カジメ，鍋田湾）	5.4	2.7	Yokohama（1977）
Ecklonia（カジメ属）		1.1〜2.2	Westlake（1963）
Sargassum horneri（アカモク）		1.5	谷口・山田（1988）
Ascophyllum（ヒバマタ科）		1.0〜1.2	Westlake（1963）
紅藻			
Eucheuma（キリンサイ属）		1.4	Westlake（1963）
Gracilaria（オゴノリ属）		1.8〜3.7	Westlake（1963）
混生群落			
Laminaria（コンブ属）を主とする群落（ノバスコシア）		1.75	Mann（1973）
温帯の海藻群落	2.9	1.4	Westlake（1963）
熱帯の海藻群落	3.5	1.8	Westlake（1963）

表 8.5 海中林の年間純生産量（kg/m²·y）（谷口，2010 より改変）

種	海域	生産量（生重）	生産量（乾重）	文献
ミツイシコンブ	北海道日高地方		1.35	Fujii and Kawamura（1970）
マコンブ	宮城県女川湾		1.27	中脇ら（2001）
アラメ	宮城県松島湾	20.00		吉田（1970）
カジメ	静岡県鍋田湾		3.00	Yokohama et al.（1987）
ヤツマタモク	石川県飯田湾		5.53	谷口・山田（1978）
ノコギリモク	石川県飯田湾		8.25	谷口・山田（1978）
ノコギリモク	山口県深川湾		1.60	Murase et al.（2000）
アカモク	宮城県松島湾	21.42		谷口・山田（1988）
フシスジモク	北海道積丹半島		0.95	津田・赤池（2001）
エゾノネジモク	宮城県牡鹿半島		0.90	Agatsuma et al.（2002）
スギモク	秋田県男鹿半島	10.48		中林・谷口（2002）

は，陸上植物の生産力に匹敵するような 1.1〜2.0 kgC/m²·y の高い生産力をもつものがあることが知られている.

日本でも，Yokohama（1977）は静岡県伊豆下田鍋田湾の褐藻カジメ（*Ecklonia cava*）群落について毎月の成長量測定の結果に基づいて，純生産量として 5.4 kg(乾重)/m²·y（≒ 2.7 kgC/m²·y）を得ている．また，谷口・山田（1988）は褐藻アカモク（*Sargassum horneri*）で 1.5 kgC/m²·y を得ている．

これらは海藻群落としては著しく高い値であるが，Westlake（1963）のまとめによれば，国外でも同じく褐藻の *Ascophyllum*（ヒバマタ科）で 1.0〜1.2 kgC/m²·y，*Ecklonia*（カジメ属）で 1.1〜2.2 kgC/m²·y，*Laminaria*（コンブ属）で 2.0〜3.4 kgC/m²·y，紅藻の *Eucheuma*（キリンサイ属）で 1.4 kgC/m²·y，*Gracilaria*（オゴノリ属）で 1.8〜3.7 kgC/m²·y，また温帯の海藻群落で 2.9 kg(乾重)/m²·y（≒ 1.4 kgC/m²·y），熱帯の海藻群落で 3.5 kg(乾重)/m²·y（≒ 1.8 kgC/m²·y）といった値が報告されており，これらは高い生産力を示す場合の年間純生産のレベルであるということができる．

カナダのノバスコシアで *Laminaria*（コンブ属）を主とする群落について純生産 1.75 kgC/m²·y が得られているが，この調査海域全体の有機物生産を検討した結果，海藻による全生産量は植物プランクトンによる全生産量のおよそ 3 倍で

あったという（Mann, 1973）．したがって，とくに大形海藻の藻場が成立している沿岸部では，海藻による有機物生産が著しく大きな比率を占めていると考えられる．

また，日本沿岸域で大形褐藻が形成する海中林について谷口（2010）はその一次生産力を表8.5のようにまとめている．大形褐藻群落の年間純生産は0.9～3.0 kg（乾重）/m²·y が通常のレベルのようであるが，ヤツマタモクやノコギリモクのようにホンダワラ科の海藻（*Sargassum* など）のなかには5.5～8.3 kg（乾重）/m²·y に達するような大きな生産力をもつものがある．

このような結果から推測すると，これら大形の海藻群落による有機物生産に伴ってかなり大きな環境浄化が行われていると考えられる．

8.2.5 海草の光合成能力と生産力

海草の光合成能力や生産力に関する研究は，海藻に関する研究に比べるとやや遅れていたが，近年になってとくに藻場造成と関連して盛んになってきた．なかでも，アマモをはじめとする海草藻場造成のための研究が推進されてきた．

海草の現存量と光合成活性については，すでに示したように（表8.1, 8.2）海藻の場合と著しく異なることはないようである．亜熱帯海域によく生育する比較的大形のリュウキュウスガモなどで生産力が高いことが期待されるが，温帯のどこの海域でもよく生育できるとは限らないであろう．亜熱帯海域～温帯海域でそれぞれの特性が発揮されて大きな群落をつくることができれば，魚介類の産卵場や育成場としての海草藻場の機能を十分活用することができるとともに，生育期間を通して海水の浄化にも貢献すると考えられる．

8.2.6 海水浄化に適した海藻草類

図8.3は，種々の大形海藻や海草の年間の純生産のレベルを他の植物群落と比較したものである．この図から明らかなように，海藻群落にはもっとも高い生産力をもつといわれる陸上植物群落に匹敵する生産力もしくはそれ以上の生産力をもつものがあるといえる．また，海草もリュウキュウスガモ属やアマモ属の仲間でかなり高い生産力をもつものがあることを示している．さらに，海藻は，植物プランクトンの生産力より1桁高い生産力をもっているとみなすことができる．

こうした高い生産力をもつ海藻草類群落が，海洋沿岸部における他の生物の生産を直接・間接に支え，多くの有用動物の育成場所として重要な価値をそなえていると考えられる．また，これに応じて海藻群落は光合成により水中のCO_2を吸収してO_2を放出するとともに，水中のNやPその他の無機物質を吸収し，環境浄化の役割を果たしている．

これまでみてきたように，大形褐藻のコンブ

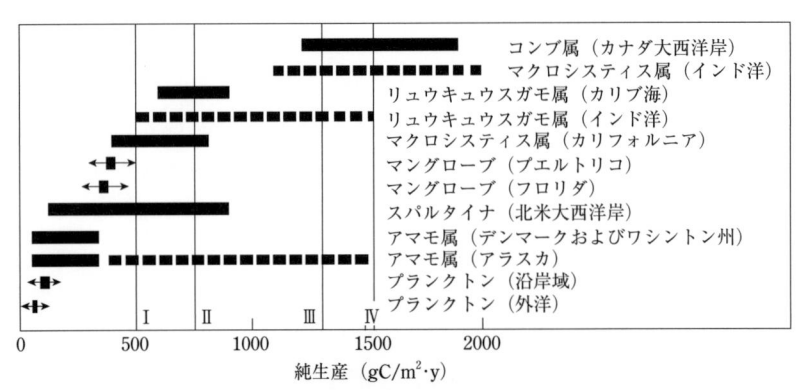

図8.3 種々の大形海産植物群落の有機物生産力（Mann, 1973）
比較のため陸上植物の代表的な値（Ⅰ：樹齢中位のカシ・マツ林，Ⅱ：若いマツ植林，Ⅲ：成長した多雨林，Ⅳ：アルファルファの耕地）を最下段に入れてある．破線は現存量からの推定値．

属，マクロシスティス属，アラメ・カジメ，ホンダワラ類などの群落は現存量が大きく，一次生産力が高いので，それに応じて高い環境浄化能をもっていると考えられる．また，海草ではリュウキュウスガモ属やアマモ属が高い生産力を示すことが知られているので，それに応じて高い環境浄化能をもつことが期待される．近年，このような海藻草類を活用した環境浄化の試みが進行中である．

具体的には，海水の富栄養化が進んだ沿岸海域に海藻草類の着生の基盤を増やすために基盤となる岩石やコンクリートブロックを投入したり，これらの人工基盤に遊走子を放出できるようなアラメやカジメの母藻を人為的に付着させたり，コンブやワカメの種苗（芽生え）を着生させたロープを海中に設置したりして，海藻を生育させる試みである．また，海草については，一部の種で種子を採集して，陸上の施設で種子からの芽生えを移植可能な大きさまで生長させたものを海中に移植するなど，海草群落を拡大させるための試みが行われている．

8.2.7 海藻による海水の浄化能力の試算

海藻のなかでもとくに大形の褐藻（アラメ，カジメ，コンブ類，ホンダワラ類）が形成する海中林（藻場）は生産力が高く，平均現存量は $1\sim5\,kg$（乾重）$/m^2$ あり，年純生産量は $1\sim2.5\,kgC/m^2$ （$\fallingdotseq 3.7\sim9.2\,kgCO_2/m^2$）と見積もられる．したがって，これに相当する $2.7\sim6.7\,kgO_2/m^2\cdot y$ の O_2 が海中林から海水中に放出される．

また，このような純生産量が達成されることは，海藻の平均的な C：N：P 比（213：13.5：1）に基づけば，$63\sim160\,gN/m^2\cdot y$ の N と $4.7\sim12\,gP/m^2\cdot y$ の P が海中林によって吸収（海水中から除去）されることを示す．たとえば 1 ha の海中林があれば，この海中林によって 1 年間に海水中から $37\sim92\,t$ の CO_2 と $630\sim1600\,kg$ の N と $47\sim120\,kg$ の P が除去され，$27\sim67\,t$ の O_2 が海水中に供給されることを示している．このように，大形褐藻の群落は，陸上植物群落のなかでも生産力が非常に高い群落に匹敵するような高い生産力をもち，沿岸水域の海水の浄化に大きな働きをしている重要な存在である．

しかし，大形褐藻の寿命は最大でも 5〜6 年と短いため，そのままにしておけば，やがては枯死し，分解されて CO_2 や N や P が海水中に戻されることになる．すなわち，植食動物の食物になるか収穫（刈取り）などによって除去しない限り真に海水を浄化したことにはならないから，藻場を構成する海藻の有効利用をはかる必要がある．

これに対して，日本の沿岸海域で行われている海藻養殖では，その対象種であるノリ，ワカメ，コンブ，オキナワモズクなどの海藻は，食用にするため収穫によって海（養殖場）から陸上へと取り上げられる．したがって，養殖場でこれらの海藻によって吸収された海水中の CO_2 や N や P は海水中から取り除かれる（海水が浄化される）ことになる．また，養殖場では，これら海藻によって光合成の結果として O_2 が海水中に供給される．

日本沿岸で行われているノリ養殖について，上記のような関係を概観してみよう．日本における近年の養殖ノリ生産量は 80〜100 億枚（乾海苔 1 枚が 3.3 g とすれば，乾燥重量にして 2.64〜3.30 万 t）であり，これだけのノリが 11 月から翌年 3 月までの 5 ヵ月間に生産（収穫）されている．単純計算すれば，これだけのノリが光合成によって吸収した CO_2 は 3.87〜4.84 万 t，放出した O_2 は 2.82〜3.52 万 t となる．すなわち，海でノリが養殖される 11 月から翌年 3 月までの 5 ヵ月間におよそ 4.4 万 t の CO_2 が吸収され，およそ 3.2 万 t の O_2 が海に供給されたことになる．

また，食品標準成分表（2005）によれば，乾ノリの N 含量は 6.3%（蛋白質含量÷6.25 として求めた），P 含量は 0.69% であるから，ノリの収穫量を 2.64〜3.30 万 t とすれば 1660〜2080 t の N と 182〜228 t の P がノリ養殖によって海水中から取り除かれた（海水を浄化した）ことになる

（乾海苔には全体でおよそ1870 tのNと205 tのPが含まれている計算になる）．

このことは，ノリ養殖によってきわめて大量のNとPが沿岸域の海水中から除去されていることを示している．すなわち，およそ5ヵ月間のノリ養殖によっておよそ3.2万 tのO_2が海に供給され，沿岸域の海水中からおよそ2000 tのNとおよそ200 tのPが除去されるという形で海を浄化していることになる．

ノリ養殖と同じように，日本の沿岸部ではワカメ・コンブ・モズクなどの養殖が行われているが，天然のワカメ・コンブ・オキナワモズクなどの採取（収穫）量と合わせて考えると，次のように試算することができる．N含量とP含量は食品標準成分表（2005）に従った．ただし，Nは蛋白質含量を6.25で割った値である．

ワカメの年間生産量（天然産＋養殖）はおよそ60000 t（生重）であり，生ワカメのN含量は0.30 %（素干し2.2 %），P含量は0.036 %（素干し0.35 %）であるから，ワカメ60000 tの収穫に伴っておよそ180 tのNとおよそ22 tのPが海水中から除去されたことになる．

また，コンブの年間生産量（天然産＋養殖）はおよそ26000 t（乾重）であり，N含量はおよそ1.3 %，P含量はおよそ0.20 %であるから，26000 tのコンブの収穫に伴ってNおよそ338 tとPおよそ52 tが海水中から除去されたことになる．

さらに，オキナワモズクは養殖のみで年間およそ20000 t（生重）が生産されている．オキナワモズクのN含量はおよそ0.05 %，P含量は0.002 %であるから，20000 tのオキナワモズクの収穫によりおよそ10 tのNとおよそ0.4 tのPが海水中から除去されたことになる．

このように，わが国の養殖を含む海藻の収穫は，海藻の成長（生産）に伴って海水中から多量の炭酸物質を取り込んでO_2を放出することだけでなく，海水中のNやPを吸収して除去する重要な働きによって，沿岸海域の浄化に大いに貢献しているということができる．

◆ 8.3　海藻草類を活用した水環境浄化事例と課題 ◆

8.3.1　海藻草類藻場の回復・復活と造成

海藻草類の水環境浄化機能を活用した沿岸海域や魚介類養殖場の水環境の浄化に関しては，いろいろな形で実施されてきた．

まず，沿岸部開発で汚濁した沿岸海域の浄化や磯焼けの結果減少した藻場を復活させるために，人工的に藻場を造成する努力がなされたり，あるいは空港建設のための沖合い埋立地の護岸を積極的に利用した大形海藻藻場の造成などが試みられた．瀬戸内海や東京湾その他で開発に伴って失われた海草藻場（アマモ場）の復活のための努力は，前者の例である．また，大阪湾の大阪国際空港や伊勢湾の中部国際空港の建設にあたって，埋立地の護岸を緩傾斜にして大形海藻藻場（褐藻のアラメ・カジメなど）を造成したのは後者の例である．いずれも魚介類の幼仔稚の隠れ場所や育成場の造成を第一の目的として行われたものであろうが，海域の環境浄化にも大いに貢献していると考えられる．

魚介類による摂食（食害）や環境変化などの影響を受けて大形海藻群落が減少あるいは消失した海底や，これまで大形海藻が定着できなかった砂地の海底に天然石やコンクリート構造物を投入して基盤をつくり，藻場を復活させたり新たに作出した例もいくつか知られている．こうしてできた藻場も魚介類の育成場や生息場としてだけでなく，その海域の水環境の浄化に貢献していると考えられる．

8.3.2　複合養殖

魚介類養殖池で魚介類の排泄物で汚れた海水を少しでも浄化するために，魚介類と海藻をいっし

海水 → 魚介類用タンク → 海藻用タンク → 浄化された海水

図8.4 海藻用タンクによる魚介類養殖タンク排水の浄化

ょに養殖池に入れて養殖を行うことが中国その他で行われてきた．たとえば，エビ類と紅藻オゴノリを同一の養殖池で育てるのがその例である．こうした養殖法は多種養殖あるいは複合養殖（ポリカルチャー，polyculture）とよばれてきた．しかし，この場合には魚介類と海藻のバランスをとることが必ずしも容易でない．

魚介類養殖に伴う排泄物による海水の汚染を積極的に除去するための方法として，魚介類養殖用のタンクの海水を海藻を入れた別のタンクに導いて，海水を浄化することも行われてきた（図8.4）．この場合は，浄化がうまくいけば海水を循環して再利用することもできる．

この場合，海藻が順調に成長すれば，その海藻を利用することが可能である．しかし，ここでも魚介類養殖タンクと海藻用タンクのバランスが問題となり，前者に対して後者がかなり大きくないとバランスがとれない可能性がある．もちろん，海藻用タンクには自然光あるいは人工光の供給が不可欠である．

8.3.3 多栄養段階統合養殖

前述のような複合養殖に対して，生態系の概念を取り入れた大規模な養殖システムを産業規模で動かそうとする海藻研究者が現れ，今世紀初頭から活発な活動を始めている．

カナダ東岸のアメリカとの国境に接するファンディ湾にはニュー・ブランズウィック大学の海藻研究者ショパン（Chopin, T.）が推進する「多栄養段階統合養殖」（integrated multi-trophic aquaculture：IMTA）の施設が浮かんでいる（Chopin et al., 2007; Yarish et al., 2007；Chopin, 2007）．

潮流の方向を考慮して，図8.5に示すような，①魚類の給餌養殖施設，②貝類の垂下養殖施設，③海藻の養殖施設が海面近くに上流側から順に設置され，①と②の下の海底には④底生動物の養殖施設が設置されている．

①の魚類の排泄物や残餌に由来する細かい粒状有機物（POM）は②の貝類の餌になり，①と②の動物の排泄物に由来する溶存無機栄養物質（DIN）は③の海藻の栄養になる．また，①と②の動物の排泄物や残餌に由来する比較的大きな粒状有機物は沈下して④の動物の餌になる．生態系のなかの3つ以上の栄養段階と物質循環を考慮して，一つの統合養殖施設で3種以上の水産物（水産動植物）を生産し（図8.6），収穫（漁獲）して市場に出そうというものである．

このような統合養殖はカナダ西岸のバンクーバー島沿岸でも試みられている．①にはギンダラやサケ・マス類が，②にはホタテガイ，カキ，ムー

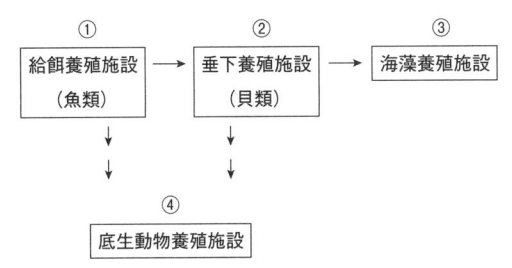

①給餌養殖施設（魚類）→ ②垂下養殖施設（貝類）→ ③海藻養殖施設
①と②↓ ④底生動物養殖施設

図8.5 多栄養段階統合養殖（IMTA）における物質の流れ

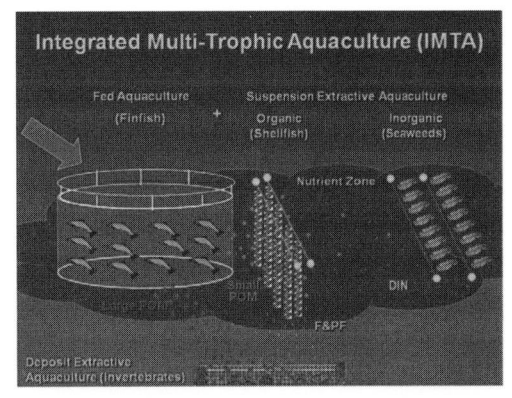

図8.6 IMTA概念図（Chopin, 2011）（口絵15参照）
海面近くの給餌魚類養殖，貝類垂下養殖，海藻養殖と海底上の無脊椎動物養殖の組合せ．POM：粒状有機物，F&PF：糞・偽糞，DIN：溶存無機栄養物質．

ル貝（ムラサキイガイ）が，③にはケルプ（大形褐藻）が，④にはナマコやウニが対象種として考えられている．

このようなIMTAとよばれるシステムは，国際学会でもしばしば重要なテーマとして取り上げられてきた．生態系における栄養段階を考慮し，集約的な養殖活動の結果生じる対象魚介類の残餌や排泄物による水質汚濁にも対処しようとするもので，いわゆる「エコ養殖」といえるものであろう．

しかし，その基礎となっている水産動植物の養殖に関する知識は決して新しいものではない．中国や日本では昔から水田ではイネとともにコイやフナを育て，コイ・フナ・ウナギの養殖池では"水づくり"（"グリーンウォーター"とよばれる植物プランクトンの利用・管理）が重視されてきた．近年では魚類養殖場の水質浄化に不稔アオサを用いたり，オゴノリと魚やエビを同一の養殖池で育ててきた実績があり，すでに述べたようにポリカルチャー（複合養殖）とよばれてきた．また，ノリ，コンブ，ワカメ，オキナワモズクなどの海藻養殖は立派な科学的技術に基づいて重要な産業として確立されている．

IMTAは，こうした技術や経験を取り入れ，生態系の概念に基づいて科学的な統合養殖を確立しようとしているところに新しさがある．ショパンのIMTAを推進してきた業績は世界的に高く評価されるようになった．現在，①の施設で養殖された魚類はマーケットに出荷されて食用として消費されており，③の施設で育った海藻は一部食用に供されているが，主に工業的な原料としての利用が考えられているようである．

多栄養段階統合養殖は重要な新産業の一つとして将来が大いに期待されているが，その成否はひとえにその生産物が効率良く有効に利用されるか否かにかかっている．対象の魚介類はカナダをはじめ欧米ではほとんど問題なく市場がある．しかし，生産された海藻をどのように利用するかは，欧米諸国では大きな課題であろう．

海藻を直接食品として利用することは欧米ではこれまでほとんどなく，アルギン酸，カラギーナン，寒天などの原料とするか，あるいは食品や魚介類用餌料の添加物としての利用が主な用途であった．生産された海藻を日本へ輸出することも考えられているが，やはり基本的には自分たちで消費すべきであろう．統合養殖のための投資を誰がどのように行うかは勿論大きな課題であるが，それも生産物のマーケットがどのように確保されるかにかかっている．考え方としてはきわめて科学的で合理的な多栄養段階統合養殖であるが，その成否が決まるのはこれからであろう．

また，海洋環境浄化の観点からすれば，①②③④の間の物質収支あるいはエネルギー収支を明らかにし評価する必要があるであろう．①と②の施設から出てくる汚染物質が③の海藻養殖施設で実際にどのくらい浄化されるかは大いに興味がもたれる．これをどのようにして求めるか，現在までのところまだ明らかにされていない．

◆ 8.4　CO_2貯蔵庫としての海洋と海藻の有効利用 ◆

海水中のCO_2濃度は大気中のCO_2濃度に比べて著しく高い．大気中のCO_2と海水中のCO_2は海表面を通して平衡を保っているので，CO_2は大気中の分圧のほうが高ければ大気中から海水中に溶け込み，海水中の分圧のほうが高ければ海水中から大気中に放出される．海洋は地球の表面積のおよそ70%を占めているので，海洋は大気中のCO_2濃度を一定レベルに保つのに貯蔵庫として非常に大きな役割を果たしている．

海洋沿岸域に生育する大形の海藻は，陸域に生育する生産力の高い樹木に匹敵する高い生産力をもつので，それに応じた高い環境浄化力が期待される．しかし，海藻の生育は沿岸部に限られ，海藻の寿命は陸上の樹木に比べて著しく短いので，

成長した海藻を収穫して有効に利用することが不可欠である．海水環境浄化のために育てた海藻を食用以外にどのように有効利用するかは今後の課題であろう． ［有賀祐勝］

付記　海藻の学名の変更

　海藻の系統分類に関する近年の研究成果に基づいて学名の再編が行われ，これまで使われてきた緑藻の *Enteromorpha*（アオノリ属），褐藻の *Laminaria*（コンブ属），紅藻の *Porphyra*（アマノリ属）について属名の変更が行われた．すなわち，*Enteromorpha* は *Ulva*（アオサ属）に統合され（2003），日本産コンブ属の大部分は *Laminaria* から *Saccharina* に変更され（2006），日本産アマノリ属の大部分は *Porphyra* から *Pyropia* に変更（2011）された．しかし，本章では混乱を避けるため原著の属名をそのまま用いている．

文　献

Agatsuma, Y., Narita, K., and Taniguchi, K. (2002): Annual life cycle and productivity of the brown alga *Sargassum yessoense* off the coast of the Oshika Peninsula, Japan, *Aquaculture Sci.*, **50**, 25-30.

Aruga, Y. (1982): Primary productivity of macroalgae in Japanese regions (*CRC Handbook of Biosolar Resources Vol.I, Part 2 Basic Principles*, Mitsui, A., and Black, C. C. eds. CRC Press, Boca Raton, Florida), pp. 455-466.

有賀祐勝（2004）：海藻の環境浄化機能を評価する試み，日本水産資源保護協会月報，(465), 4-7.

Bakus, G. J. (1967): The feeding habit of fishes and primary production in Eniwetok, Marshall Islands, *Micronesica*, **3**, 135-149.

Bellamy, D. J., John, D.M., and Jones, D. J. (1968): The "kelp forest ecosystem" as a "phytometer" in the study of pollution of inshore environment, *Underwater Assoc. Rep.*, 79-82.

Bellamy, D. J., Whittick, A., John, D. M., and Jones, D. J. (1973): A method for the determination of seaweed production based on biomass estimate, *Monogr. Oceanogr. Methodol.*, (3), 27-33.

Chopin, T. (2007): The 19th International Seaweed Symposium: a turning point in the seaweed industry sector? (*Proc. 19th Internat. Seaweed Symp.*, Borowitzka, M. A., Critchley, A. T., Kraan, S., Peters, A., Sjøtun, K., and Notoya, M. eds.) pp. XI-XIII.

Chopin, T., Sawhney, M., Shea, R. Belyea, E., Bastarache, S., Armstrong, W., Reid, G. K., Robinson, S. M. C., MacDonald, B., Haya, K., Burridge, L., Page, F., Ridler, N., Boyne-Travis, S., Sewuster, J., Szemerda, M., Powell F., and Marvin R.(2007): The renewed interest in seaweed aquaculture as the inorganic extractive component of integrated multi-trophic aquaculture (IMTA) systems with finfish and shellfish. *Program & Abstract, XIXth Internat, Seaweed Symp., Kobe, Japan.* pp. 47-48.

Chopin, T. (2011): Progression of the integrated multi-tropic aquaculture (IMTA) concept and upscaling of IMTA systems towards commercialization, *Aquaculture Europe*, **36** (4): 5-12.

Fuji, K., and Kawamura K. (1970): Studies on the biology of the sea urchin-VII Bio-economics of the population of *Strongylocentrotus intermedius* on a rocky shore of southern Hokkaido, *Bull. Jpn. Soc. Sci. Fish.*, **36**, 763-775.

Gao, K., and Aruga Y., (1987): Preliminary studies on the photosynthesis and respiration of *Porphyra yezoensis* under emersed conditions, *J. Tokyo Univ. Fish.*, **74**, 51-65.

Gao, K., Ji, Y., and Aruga, Y. (1999): Relationship of CO_2 concentrations to photosynthesis of intertidal macro-algae during emersion, *Hydrobiologia*, **398/399**, 355-359.

Hickling, C. E. (1970): Estuarine fish farming, *Adv. Mar. Biol.*, **8**, 119-213.

Johnston, C. S. (1969): The ecological distribution and primary production of macrophytic marine algae in the eastern Canaries, *Int. Revue ges. Hydrobiol.*, **54**, 473-490.

Kanwisher, J. W. (1966): Photosynthesis and respiration in some seaweeds (*Some contemporary studies in marine science*, Barnes, H. ed., Allen and Unwin, London) pp. 407-420.

Lieth, H., and Whittaker, R. W. eds. (1975): *Primary productivity of the biosphere*, Springer-Verlag, Berlin, 339p.

Mann, K. H. (1972): Ecological energetic of the seaweed zone in a marine bay on the Atlantic coast of Canada. II : Productivity of the seaweeds, *Mar. Biol.* **14**, 199-209.

Mann, K. H. (1973): Seaweeds: Their productivity and strategy for growth, *Science*, **182**, 975-981.

Marsh, J. A. (1970): Primary productivity of reef-building calcareous red algae, *Ecol.*, **51**, 255-263.

Murase, N., Kito, H., Mizukami Y., and Maegawa, M.(2000): Productivity of a *Sargassum macrocarpum* (Fucales, Phaeophyta) population in Fukawa Bay, Sea of Japan, *Fish. Sci.*, **66**, 270-277.

村瀬　昇（2001）：褐藻ノコギリモク *Sargassum macrocarpum* C. Agardh の生態学的研究，水産大研報，**49**, 131-212.

村瀬　昇・吉田吾郎・樽谷賢治・橋本俊也（2008）：山口県馬島沿岸におけるアカモクとノコギリモクの光合成特性，藻類，**56**, 91.

中林信康，谷口和也（2003）：男鹿半島沿岸におけるスギモク群落の季節変化と生産力，日水誌，**68**, 659-665.

中脇利枝，吾妻行雄，谷口和也（2001）：女川湾における褐藻マコンブ群落の生活年周期と生産力，水産増殖，**49**, 439-444.

Sakanishi, Y., Yokohama, Y., and Aruga, Y. (1988): Photosynthesis measurement of blade segments of brown algae *Ecklonia cava* Kjellman and *Eisenia bicyclis* Setchell, *Jpn. J. Phycol.* **36**, 24-28.

Sakanishi, Y., Yokohama, Y., and Aruga, Y. (1989): Seasonal changes of photosynthetic activity of a brown alga *Ecklonia cava* Kjellman, *Bot. Mag. Tokyo,* **102**, 37-51.

Sakanishi, Y., Yokohama, Y., and Aruga, Y. (1990): Seasonal changes in photosynthetic capacity of *Laminaria longissima* Miyabe (Phaeophyta), *Jpn. J. Phycol.* **38**, 147-153.

谷口和也編 (1999):磯焼けの機構と藻場修復, 恒星社厚生閣.

谷口和也, 吾妻行雄, 嵯峨直恆編 (2008):磯焼けの科学と修復技術 (水産学シリーズ160), 恒星社厚生閣, 136p.

谷口和也 (2010):磯焼けのしくみと海中造林, 海藻資源, (23), 2-22.

谷口和也, 山田悦生 (1978):能登飯田湾の漸深帯における褐藻ヤツマタモクとノコギリモクの生態, 日水研研報, **29**, 239-253.

谷口和也, 山田秀秋 (1988):松島湾におけるアカモク群落の周年変化と生産力, 東北水研研報, **50**, 59-65.

津田藤典, 赤池章一 (2001):北海道積丹半島西岸におけるフシスジモク群落の生活年周期と生産力, 水産増殖, **49**, 143-149.

Wassman, E. R., and Ramus, J. (1973): Primary production measurements for the green seaweed *Codium fragile* in Long Island Sound, *Mar. Biol.*, **21**, 289-298.

Westlake, D. F. (1963): Comparisons of plant productivity, *Biol. Rev,.* **38**, 385-425.

Yarish, C., Neefus, C. D., Kraemer, G. P., Pereira, R., Brawley, S. H., Blouin, N., He, P., Fei, X. G., Chopin, T., Buschmann, A., and Crichley, A. T. (2007): Cultivation of seaweeds in integrated multi-trophic aquaculture systems: new opportunities for the marine farmer in the global seafood industry. *Program & Abstract, XIXth Internat, Seaweed Symp., Kobe, Japan*, pp. 84-85.

Yokohama, Y. (1977): Productivity of seaweeds (*Productivity of Biocenoses in Coastal Region of Japan*, Hotetsu, K., Hatanaka, M., Hanaoka, T., and Kawamura, T. eds., University of Tokyo Press, Tokyo) pp. 119-127.

Yokohama, Y., Tanaka, J., and Chihara, M. (1987): Productivity of the *Ecklonia cava* community in a bay of Izu Peninsula on the Pacific coast of Japan, *Bot. Mag. Tokyo*, **100**, 129-141.

吉田忠生 (1970):アラメの物質生産に関する2・3の知見, 東北水研研報, **30**, 107-112.

全国調理師養成施設協会編 (2005):2006 食品標準成分表―五訂増補版, 307p.

9 土壌環境浄化機能

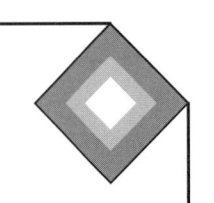

◆ 9.1 重金属による土壌汚染 ◆

9.1.1 重金属による土壌汚染の現状

　日本では，環境基本法（1993年施行）に基づき，土壌汚染に関する環境基準が定められている．それを補強する形で，土壌汚染の状況を把握しその汚染による人の健康被害の防止を目的とした土壌汚染対策法が2002（平成14）年に施行された（2009年に改正法が施行）．この法律は，土壌汚染の恐れのある土地について調査を行い，汚染が存在した場合にはその浄化を義づけるものである．

　この法律が施行される以前は，農用地の土壌の汚染防止等に関する法律（1970年）によって，特定有害物質（カドミウム，ヒ素，銅）で汚染された農用地に対して，農用地土壌汚染対策地域の指定が定められていた．しかしながら，農用地以外の市街地などに存在する汚染土壌の扱いについては「環境基準に適合しない土壌については，汚染の程度や広がり，影響の態様等に応じて可及的速やかにその達成維持に努めるものとする」と記載されていたにすぎず，実質的な対策方法に関する法律はなかったといえる．

　この土壌汚染対策法が整備されたことから，汚染土壌の浄化方法に対する関心が高まっている．対象となっている汚染物質は，重油や有機溶剤などに由来する揮発性有機化合物（第一種特定有害物；11種），カドミウムや鉛，クロムなどの重金属類（第二種特定有害物；10種），および農薬に由来する有機リンなどの有機物（第三種特定有害物；5種）である．それぞれの汚染物質の化学・物理性に応じた浄化方法が数多く検討され実施されているが，この章では，主に重金属による土壌汚染に焦点を当てる．

　日本で歴史的に有名な重金属汚染問題として，足尾銅山鉱毒事件やイタイイタイ病があげられる（浅見，2010）．これらは，いずれも鉱山に起因する重金属による汚染問題である．足尾銅山鉱毒事件は，銅山の鉱さいに由来する鉱毒が1890（明治23）年の大洪水で渡良瀬川を通して下流に流出し，農作物に甚大な被害を与えた日本で最初の公害問題といわれている．当時の東京帝国大学古在由直教授は，農民の依頼で鉱毒の分析を行い，農作物の被害が土壌中の銅と硫酸によるものと断定した．そのうえで対策法として，中和のための「石灰施用」や有害物質を拡散希釈させるための「深耕」を提案している．一方，イタイイタイ病は，鉱山に由来するカドミウムで汚染された農作物や水の摂取を通して，住民に発症した慢性疾患であり，神岡鉱山を上流域にもつ神通川流域に代表される．19世紀末からの鉱業活動の活発化以後，1912（大正元）年ごろから神通川下流域で患者が発生し，長い間原因不明の風土病とされていたが，1961（昭和36）年になってようやくその

図9.1 鉱山跡地（福井県内）（口絵17参照）

原因がカドミウムであるとつきとめられた（浅見，2010）．

これらの重金属汚染問題を受け，1949（昭和24）年に鉱山保安法が施行されてから，日本では鉱山における重金属流出は厳しく管理されている．しかしながら，鉱山跡地に存在する鉱さいの山では，いまだに植生が回復しないという現実をみることができる（図9.1）．また，法整備が進んでいない開発途上国では，鉱山からの汚染水の流出は深刻な問題となっている（Schwarzenbach et al., 2010）．

かつての日本では，鉱山だけでなく都市域の工場においても重金属廃棄物の処理はずさんであり，東京都江東区の日本重化学工業の6価クロム汚染問題は有名である（浅見，2010）．また，全国に存在する射撃場においても鉛弾による鉛汚染が問題となり，2007（平成19）年に「射撃場のガイドライン」が環境省から発表された（環境省水・大気環境局，2007）．このガイドラインは，射撃場内において鉛を含む土壌が存在することを問題とするのではなく，射撃場で使用された鉛弾に由来する鉛が射撃場周辺土壌の汚染や水質汚染の原因にならないように管理するためのものとなっている．

農地における土壌汚染に対しては，1970（昭和45）年に農用地土壌汚染防止法が施行され，当時の公害対策基本法（1993年に環境基本法に改正）に基づき，環境基準が整備された．とくにイタイイタイ病の原因となったカドミウムについては，米中の含有量としての基準で示されている．

近年，注目されている農地における重金属汚染の原因として，家畜の糞尿を用いた施肥があげられる．家畜に与えている飼料中には，成長促進のために銅や亜鉛が添加されている．過剰に投与された重金属は糞として排泄され，それを堆肥として農地に施用した場合，土壌中の重金属濃度が高くなる恐れがある．実際にヨーロッパでは，家畜糞由来の堆肥が農地におけるヒ素，銅，亜鉛の汚染源となっていることが報告されている（Bolan et al., 2004）．日本においても，畜産環境問題のひとつとして対策が検討され始めている（阿部，2011）．

表9.1 日本の土壌汚染対策法における基準値（土壌汚染対策法より抜粋）

項　目	溶出量基準*(mg/L)	含有量基準**(mg/kg)	農用地における基準（環境基準より抜粋）
カドミウム	0.01	150	農用地においては，米1kgにつき0.4mg以下であること
鉛	0.01	150	
6価クロム	0.05	250	
ヒ素	0.01	150	農用地(田に限る)においては，土壌1kgにつき15mg未満であること
総水銀	0.0005	15	
セレン	0.01	150	
フッ素	0.8	4000	
ホウ素	1	4000	
銅	対象外	対象外	農用地(田に限る)において，土壌1kgにつき125mg未満であること

*容出量測定の検液は，試料と溶媒（純水に塩酸を加え，pH5.8以上6.3以下となるようにしたもの）を重量堆積比（1：10）の割合で混合し，振とうして調整する．
**含有量測定は，試料と1M塩酸を重量体積比（3：100）の割合で混合し振とう抽出して行う．

表9.1に土壌汚染対策法で定められている基準値（抜粋）および環境基準で定められている農用地での基準値を示す．

9.1.2 重金属汚染土壌の影響

重金属土壌汚染によって懸念される問題は，栽培作物を通して，地下水を通して，さらには汚染土壌の直接的な吸引や経口摂取を通しての重金属の人体への健康影響である．また，環境においては，重金属濃度が植物に有害なレベルであるために植生が回復しないこと，さらには生態系全体への影響が懸念される．

表9.1の環境基準は，人間の健康に対する安全性の観点から定められたものであり，溶出試験では地下水を通しての経口摂取を，また1M塩酸抽出法による含有量試験では，汚染土壌の直接的な経口摂取によって胃から吸収される可能性を考慮している．植物がかかわる項目としては，環境基準においてカドミウムについてのみ，米1kgあたり0.4mgという含有量基準が示されているが（表9.1），これも人間の健康への影響から定められているものである．

重金属汚染土壌が植物や生態系へ影響を与えることは，図9.1のような光景からも明らかであるが，生物の多様性や環境適応，順化といった生物応答の複雑さを考えると，生態系が許容できる汚染の基準値を設定することは非常に困難である．

土壌中の重金属がどの程度植物に吸収されるか，あるいはどれくらいの濃度が植物の成長に影響を与えるかは，植物の種類と土壌中の重金属の化学形態によって大きく異なる．土壌中の重金属はさまざまな形態で存在する．大きく分類して，①土壌溶液中の遊離イオンあるいは溶存金属錯体，②イオン交換態あるいは鉱質土壌成分への選択的な吸着態，③有機物結合態，④鉄，マンガン酸化物態，⑤炭酸塩，水酸化物，リン酸塩などの不溶性化合物，⑥ケイ酸塩鉱物の構造内に存在する形態，である（Bruemmer et al., 1986）．

重金属が土壌中でどの形態で存在するかは，その重金属の由来，土壌の酸性度，土壌タイプ，気象要因（降水量）などのさまざまな要因に依存する．また，どの形態の重金属が植物にとって有害

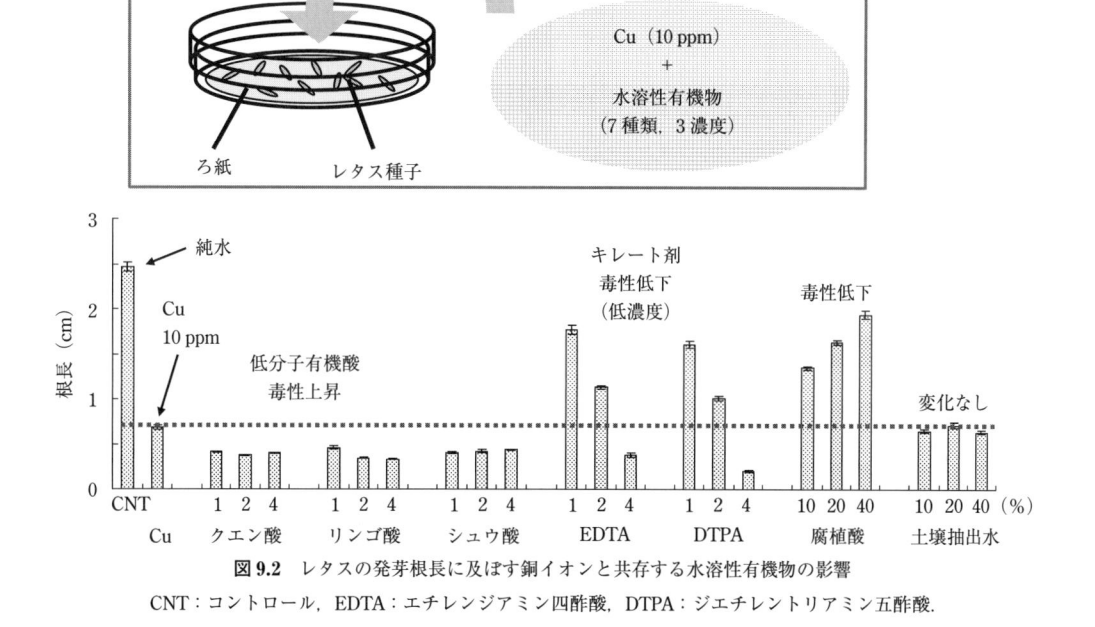

図9.2 レタスの発芽根長に及ぼす銅イオンと共存する水溶性有機物の影響
CNT：コントロール，EDTA：エチレンジアミン四酢酸，DTPA：ジエチレントリアミン五酢酸．

であるかは，重金属の存在形態や植物の根の機能によって異なり，また，共存する有機物によっても異なる．図9.2はレタスの発芽実験によって，さまざまな有機物が銅イオンの根に対する毒性に及ぼす影響を調べた実験の結果である（Inaba and Takenaka, 2005）．

銅イオン10 ppmが存在すると，水だけの条件の1/3程度しかレタスの根が伸びない．それに対し，クエン酸，リンゴ酸，シュウ酸といった低分子量の有機酸の共存は，毒性を高めている．レタスの根中の銅濃度の分析結果から，低分子有機酸が銅の吸収を促進させた結果だと考えられる．一方，EDTA（エチレンジアミン四酢酸）やDTPA（ジエチレントリアミン五酢酸）などのキレート剤は，低濃度の共存だと銅の毒性を緩和し，高濃度だと毒性を高める．腐植酸のような高分子量有機酸は，毒性を緩和することが認められた．キレート剤および腐植酸の存在により，レタス根中の銅濃度が低下したことから，銅がこれらの有機物と安定な化合物を形成し，根への吸収が抑えられたため毒性が緩和されたと判断できる．このように共存する有機物も，その種類によって重金属の植物への毒性に及ぼす効果が異なることがわかっている．

9.1.3 汚染土壌の浄化方法

汚染土壌に対する対策技術としては，土壌汚染の除去（掘削除去，原位置浄化）や，封じ込め，盛土などの方法が提示されている（環境省，2002）．現行の土壌汚染対策法では，土壌汚染を除去しない限り，汚染対策の指定区域から解除されないため，封じ込め，盛土などの手法は根本的な解決方法ではない．また，掘削除去を行っても汚染土壌の処分先の確保が困難なため，安価で効果的な原位置浄化方法の開発が望まれている．

現在，重金属汚染に対する原位置浄化方法として，土壌を薬品で洗浄する化学洗浄法や，土壌に電極を挿入して電場をつくり重金属イオンを移動濃縮させる電気泳動法などの物理化学的な手法が提案されている（環境省，2002）．しかしながら，これらの方法は，膨大なエネルギーやコストが必要なこと，また重金属を含む洗浄液の処理方法など課題も多い．一方，生物の機能を利用した土壌汚染の生物的浄化方法（バイオレメディエーション，bioremediation；バイオ＝生物，レメディエーション＝修復，治療）も，主に有機汚染物質を対象としてすでに実用化されており，経済産業省と環境省から2005（平成17）年に「微生物によるバイオレメディエーション利用指針」が示されている（経済産業省・環境省，2005）．

有機汚染物質は微生物が分解することができるため，バイオレメディエーションは非常に有効であるが，分解することのできない重金属の汚染には効果が望めない．そこで注目されているのが，植物のさまざま機能を用いた環境浄化方法（ファイトレメディエーション，phytoremediation）である．「ファイト（phyto）」は「植物」を意味している．ファイトレメディエーションは，植物を生育させなくてはならないため時間はかかるものの，太陽エネルギーを利用した光合成による二酸化炭素の固定も同時に行うため，環境に優しい浄化方法であると考えることができる．

◆ 9.2 植物を用いた重金属汚染土壌の浄化 ◆

9.2.1 浄化に利用できる植物の機能

植物はその生育過程において，体内にさまざまな機能を有している．根から養分を吸収し地上部にまで輸送する，吸収したものの不必要な物質は細胞内で隔離する，気孔からガスを出し入れする，根からさまざまな物質を分泌して自らの根圏環境を制御する，根において不必要な物質を吸着・隔離することで地上部に輸送しない，といった植物がもつさまざまな機能を用いて，土壌からの重金属や有機汚染物質の浄化が可能である（図

重金属については，根から吸収して地上部に輸送して無害な形で蓄積する作用（ファイトエクストラクション，phytoextraction），根への吸着や吸収によって根圏に安定に保持する作用（ファイトスタビライゼーション，phytostabilization）や，また葉まで輸送された元素を気孔から排出する作用（ファイトボラティリゼーション，phytovolatilization）が，汚染土壌の浄化や安定化に利用することができる．有機汚染物質に対しては，根圏で根や微生物が分泌する酵素で分解が促進される作用（ファイトデグラデーション，phytodegradation）により分解・浄化することが可能である（Salt et al., 1998）．

汚染土壌から重金属を除去するには，ファイトエクストラクションにより植物の地上部に重金属を吸収・蓄積させて，地上部を収穫・除去するという手法が有効である．この場合，地上部に重金属を高濃度に蓄積する植物を利用することが効果的である．

9.2.2 ファイトエクストラクション
a. 重金属を高濃度に蓄積する植物

植物は銅（Cu）や亜鉛（Zn）などさまざまな重金属を必須元素として利用しているため，ある程度の濃度の重金属を体内に含有している．植物種によっては，ある特定の元素を高濃度に吸収・蓄積しているものがある．このようなとくに高濃度に（通常の100倍以上）特定元素を蓄積する植物を，高濃度集積植物（ハイパーアキュムレーター，hyperaccumulator）とよんでいる．

高濃度集積植物の定義には，植物乾燥重量に対して，亜鉛，マンガン（Mn）で10000 mg/kg，ニッケル（Ni），コバルト（Co），ヒ素（As），セレン（Se），銅，鉛（Pb）については1000 mg/kg，カドミウム（Cd）で100 mg/kgという基準値が使われている（Baker and Brooks, 1989）．

現在，世界中で400種以上の高濃度集積植物が報告されているが，そのうち300種近くがニッケルを多量に含む蛇紋岩地質の植生で見出されているニッケル集積植物である（Hassinen et al., 2007）．蛇紋岩は，ニッケル，クロム，マグネシウムを多量に含む超塩基性の変性岩で，世界中にみることができる．蛇紋岩地質の地域では，そこに固有の植物種がみられることから，古くから「蛇紋岩植生」として生態学者の関心を集めてきた．このような特殊な植生のなかに，ニッケルを高濃度で蓄積する植物が多数見出されている．

重金属集積植物に関する世界で初めての報告は，1948（昭和23）年にイタリア・フローレンス地方の蛇紋岩地質からアブラナ科（Brassicaceae）の植物 *Alyssum bertolonii* が，葉の幹重あたり7900 mg/kg（0.79％）ものニッケルを蓄積していたという記述である（Brooks, 1998）．その後，1961（昭和36）年に第2のニッケル植物として同じくアブラナ科の植物がロシア人研究者によって見出され，さらに1972年にはオーストラリア原産のスミレ科の植物が，1.38％のニッケルを集積する能力があることが報告された．

その後も，アカザ科の植物が葉に4.75％もニッケルを集積するなどの報告が続き，多数のニッケル集積植物が見出されている（Brooks, 1998）．日本ではアブラナ科のタカネグンバイがニッケルの高濃度集積植物（1553 mg/kg）として報告されている（水野ら，2001）．

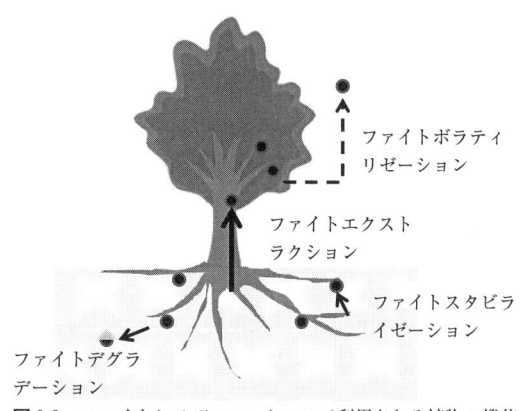

図9.3 ファイトレメディエーションで利用される植物の機能

表 9.2 代表的な重金属集積植物

重金属	植物 科	植物 学名	出典
Zn	アブラナ科（Brassicaceae）	*Thlaspi caerulescens*	Brooks（1998）
		Arabidopsis halleri	Brooks（1998）
		ハクサンハタザオ（*Arabidopsis halleri gemmifera*）	Kubota and Takenaka（2003）
Mn	ウコギ科（Araliaceae）	コシアブラ（*Chengiopanax sciadophylloides*）	Mizuno et al.（2008）
	キョウチクトウ科（Apocynacea）	*Alyxia rubricaulis*	Brooks（1998）
Ni	アブラナ科（Brassicaceae）	*Alyssum bertolnii*	Brook（1998）
		Alyssum murale	Brooks（1998）
		タカネグンバイ（*Thlaspi japonicum*）	水野ら（2001）
	スミレ科（Violaceae）	*Hybanthus floribundus*	Brooks（1998）
	アカザ科（Chenopodiaceae）	*Psychotria douarrei*	Brooks（1998）
As	イノモトソウ科（Pteridaceae）	モエジマシダ（*Pteris vittata*）	Ma et al.（2001）
Se	アブラナ科（Brassicaceae）	*Brassica napus*	Banuelos et al.（1997）
Cu	アブラナ科（Brassicaceae）	*Brassica napus*	Ebbs and kochian（1998）
Pb	アブラナ科（Brassicaceae）	*Thlaspi caerulescens*	Brooks（1998）
	オシダ科（Dryopteridaceae）	ヘビノネゴザ（*Athyrium yokoscense*）	茅野・小畑（1988）
	タデ科（Polygonaceae）	ソバ（*Fagopyrum esculentum*）	Tamura et al.（2005）
Cd	アブラナ科（Brassicaceae）	*Thlaspi caeruiscens*	Brooks（1998）
		Arabidopsis halleri	Brooks（1998）
		ハクサンハタザオ（*Arabidopsis halleri gemmifera*）	Kubota and Takenaka（2003）

現在までに見出されている高濃度集積植物には，アブラナ科の植物がもっとも多く，*Thlaspi caerulescens*（Ni, Cd, Zn, Pb 集積）や *Arabidopsis halleri*（Zn, Cd 集積）などが代表的であり，これらの植物を用いて重金属集積メカニズムに関する分子生物学的研究が進められている（Lasat et al., 2000）．その他さまざまな重金属の高濃度集積植物が報告されており（Prasad and Freitas, 2003），その代表的な例を表 9.2 に示す．

日本において高濃度集積植物を土壌の浄化に利用する際には，生態系保全の観点から，日本の在来種を使うことが望ましい．日本に自生する高濃度集積植物としては，オシダ科のヘビノネゴザが鉛を高濃度に集積することで有名である（茅野・小畑，1988）（図 9.4）．

ヘビノネゴザは古くから「金山草（かなやまそう）」とよばれ，金属鉱山を探す際の指標植物として利用されていた．日本の九州南部に自生するイノモトソウ科のシダ植物であるモエジマシダは，ヒ素を植物体の 2.3% という高濃度で蓄積するとの報告がある（Ma et al., 2001）．また，アブラナ科のハクサンハタザオが葉中にカドミウムを 1810 mg/kg，亜鉛を 20300 mg/kg の高濃度で集積できること（Kubota and Takenaka, 2003）（図 9.4）や，タデ科のソバに鉛の高集積性があり，葉中に 8000 mg/kg も蓄積すること（Tamura et al., 2005）も報告されている．これらの植物は，日本におけるファイトエクストラクションの実用化に有望な植物である．

これまで報告されている高濃度集積植物の多くは草本植物であり，木本植物の報告例は少ない．木本植物の高濃度集積植物としては，南半球にみみられるマンガンとニッケルを集積するクノニア科の植物，ニッケルを集積するイイギリ科，マンガンを集積するヤマモガシ科の植物が報告されている（Brooks, 1998）．

日本ではウコギ科のコシアブラの葉中マンガン濃度で 23500 mg/kg という値が報告され，高濃度集積植物に分類されている（Mizuno et al., 2008）（図 9.5）．また，筆者らは同じウコギ科のタカノツメにおいて，高濃度集積植物とまではいかないものの，カドミウムと亜鉛の集積性を見出している（Takenaka et al., 2009）（図 9.5）．

図 9.4 日本に自生する高濃度集積植物
ヘビノネゴザ（左）は鉛を集積し，ハクサンハタザオ（右）はカドミウムと亜鉛を集積する．

図 9.5 日本に自生する重金属を集積する木本植物
コシアブラ（左）はマンガンを集積し，タカノツメ（右）はカドミウムと亜鉛を集積する．

b. 植物による重金属蓄積のメカニズム

植物への吸収蓄積作用を利用したファイトエクストラクションを実用化するためには，植物における重金属蓄積のメカニズムを理解しておくことが重要である．

根における重金属の吸収機構としては，以下のようなメカニズムが明らかとなっている（Jabeen et al., 2009）．植物は根からプロトンを放出することにより根圏のpHを低下させ，金属を可溶化することができる．また，根からキレート物質を分泌し，根圏の金属を可溶化することができる植物もある．イネ科植物における鉄を吸収する際のムギネ酸分泌が代表例としてあげられる．クエン酸，シュウ酸，リンゴ酸といった有機酸が根から分泌され，重金属を可溶化することもよく知られている（Jones, 1998）．また，根に存在する金属還元酵素によって，土壌に結合している金属を還元して溶出するメカニズムも報告されている（Welch et al., 1993）．根圏で可溶化し根に取り込まれた重金属は，根中の細胞外あるいは細胞内の経路を通って，根の内部に取り込まれる．

多くの植物の根は菌根菌と共生しており，上記のメカニズムは菌根菌の機能としても，同様に当てはまる．菌根菌共生の効果は宿主植物から切り離して評価することができないので，菌体固有の重金属吸収量を調べるのは困難である．放射性同位体を用いた実験では，菌糸による亜鉛の蓄積，移行は種によって異なる傾向を示し（Cooper and

◎コラム4　大気汚染由来の重金属と樹木

　大気汚染由来の重金属と身近にみられる樹木との関係については，辰巳（1973）の総説が先駆的である．1970年代は大気汚染問題が深刻であり，都市の"緑"の保全と環境浄化の観点から，この総説では北九州市，神戸市，高松市の街路樹および公園樹の葉中の重金属濃度の調査事例が示されている．表1に，北九州市における公園樹の樹種別葉部重金属濃度を示す．

　これは未洗浄のデータであり，吸収された重金属と表面に付着している重金属の両方を含むため，厳密な意味での重金属吸収能ではないが，おおよその比較はできるものと筆者は述べている（辰巳，1973）．残念ながら土壌のデータが示されていないため，土壌からの吸収なのか葉面吸収に由来するのか言及できないが，当時の大気汚染の状況を示す貴重なデータであるといえよう．

表1　北九州市における公園樹の樹種別の重金属濃度（未洗浄）（単位：ppm）（辰巳，1973）

樹種名	Pb		Zn		Cu		Cd		Mn	
	濃度	標準偏差	濃度	標準偏差	濃度	標準偏差	濃度	標準偏差	濃度	標準偏差
プラタナス	23	17	46	26	10	2.8	1.1	0.40	142	92
クスノキ	14	7.1	34	10	12	2.9	0.83	0.37	573	610
サンゴジュ	15	7.6	66	20	12	12	2.0	1.2	51	22
ネズミモチ	16	21	104	59	12	4.1	0.96	0.33	231	204
アオギリ	31	13	73	22	25	17	1.6	0.52	114	158
ヒマラヤスギ	15	5.4	54	30	12	8.5	0.78	0.37	740	1540
ツツジ類	29	25	65	26	17	7.3	1.5	0.61	171	125
サワグルミ	20	8.1	97	52	38	53	1.1	0.28	188	95
カイズカイブキ	25	9.1	51	13	13	3.4	1.2	0.41	193	182
キョウチクトウ	15	5.8	42	14	14	5.9	1.1	0.30	109	52
シダレヤナギ	11	5.3	78	17	14	5.1	1.4	0.75	125	171
ニセアカシア	32	17	103	81	15	4.1	1.1	0.36	105	54
トベラ	16	6.6	118	45	14	6.9	3.4	2.3	287	124
マサキ	21	19	35	15	19	4.6	1.2	0.40	75	43
シャリンバイ	17	11	59	21	11	4.6	1.2	0.28	72	69
イチョウ	28	19	39	14	13	6.8	1.2	0.30	43	19
ケヤキ	29	12	62	30	13	5.2	1.0	0.16	264	241
ヒサカキ	14	7.4	30	11	13	1.8	0.85	0.26	1510	486
タブノキ	10	4.7	55	19	10	2.5	1.2	0.44	563	302
イヌビワ	21	5	168	35	19	3.1	6.2	3.7	469	312
ヤブツバキ	9	5.7	20	5	10	3	0.88	0.18	1550	523
ツブラジイ	11	7.4	48	14	12	2.8	1.0	0.34	580	454

Tinker, 1978; Burkert and Robson, 1994），菌糸を通してカドミウムが土壌から植物根に移行することが報告されている（Joner and Leyval, 1997）．

　根に取り込まれた重金属は，根の細胞に蓄積されるかあるいは地上部に運ばれる．地上部への輸送は，導管を通して行われ，地上部では，篩部を通して再分配される．一般に，導管の細胞壁は陽イオン交換能が高いので，金属イオンとしての移動は困難である．そこで，クエン酸錯体のような金属キレートの形で輸送されると考えられている．リンゴ酸，ヒスチジンなども金属輸送にかかわっている（Jabeen et al., 2009）．

　重金属が過剰に植物に取り込まれると，さまざまな代謝系に影響を与える．たとえばカドミウムの場合，イオンが細胞内のイオウ代謝系やクロロフィル生合成に影響を与えることが報告されている（DalCorso et al., 2008）．したがって，通常のレベルよりも高濃度で重金属を蓄積する植物には，重金属に対する耐性メカニズムがそなわっているといえる．その耐性メカニズムには，細胞内

への重金属イオンの侵入の阻止，侵入した重金属イオンの無毒化，重金属イオンストレスに対する抵抗性代謝系の活性化などがあげられる（Jabeen et al., 2009）．細胞内への侵入阻止は，根の細胞などでみられ，細胞膜に重金属イオンが吸着することによって侵入が妨げられる．また，無毒化のメカニズムには，重金属イオンと有機酸，フィトケラチン，メタロチオネインとの結合，さらには，有機酸錯体の形で液胞へ輸送され隔離されるといったプロセスが存在する（Rauser, 1990; Robinson, 1993; Hall, 2002; DalCorso et al., 2008）．

有機酸としては，シュウ酸，クエン酸，リンゴ酸が植物体内での重金属イオンとの結合に重要な役割を果たす（Rauser, 1999）．フィトケラチン（PCs）は，$(\gamma\text{-Glu-Cys})_n\text{-Gly}$ で表されるペプチド（$n=2\sim11$）であり，重金属イオン処理により多くの植物体内で誘導生成される．カドミウム集積植物であるアブラナ科の *Brassica juncea* を用いた実験では，カドミウム蓄積量に対して誘導された PCs の量が結合に十分であったことが報告されている（Haag-Kerwer et al., 1999）．またメタロチオネイン（MTs）は，システインを多く含むペプチドで，存在するチオール基が重金属と強く結合する（Rauser, 1999）．これらの物質と重金属イオンの結合が，細胞内での重金属イオンの毒性を抑えている（図 9.6）．

重金属イオンは，植物体内で活性酸素などを生成し，酸化ストレスを引き起こす（Stroinski, 1999）．それに対する抵抗性代謝系として，活性酸素消去のシステムが働く．スーパーオキシドジスムターゼ（SOD）やカタラーゼ（CAT）は，活性酸素を消去する代表的な酵素である．このような活性酸素消去系の酵素の誘導生成も，重金属耐性の重要なメカニズムである．

さらに，吸収した重金属を特別な組織に隔離する植物もある．ハクサンハタザオなどでは，葉の裏面にある毛状突起（トライコーム）にカドミウムや亜鉛を蓄積することが確認されている（Fukuda et al., 2008）．

このように重金属耐性メカニズムには，有機酸，メタロチオネイン，フィトケラチン，さまざまな酵素，各種重金属のトランスポーターなどがかかわっている（DalCorso et al., 2008）．これらの分子生物学的な解明は，重金属耐性を高めた遺伝子組み換え植物の創出につながり，ファイトエクストラクション実用化に向けて，近年精力的に研究が進められている（Cherian and Oliveira, 2005; Doty, 2008）．

c. 植物へ吸収されやすい重金属の形態とその応用

重金属汚染土壌からの植物への吸収・蓄積は，土壌中での重金属の存在形態に依存する．先にも述べたように，土壌中での重金属は主に次のような形態で存在する．①土壌溶液中の遊離イオンあるいは溶存金属錯体，②イオン交換態あるいは鉱質土壌成分への選択的な吸着態，③有機物結合態，④酸化物，炭酸塩，水酸化物などの不溶性化合物，⑤ケイ酸塩鉱物の構造内に存在する形態．

人為的な汚染に由来する重金属は主に①から④の形態をとっており，そのなかで植物にもっとも吸収されやすいのが①の形態であり，②の一部も吸収される．ファイトレエクストラクションを効果的に行うには，重金属の形態を吸収されやすい化学形にすることが有効である．そのために，キレート剤や pH 調節剤，還元剤などの土壌

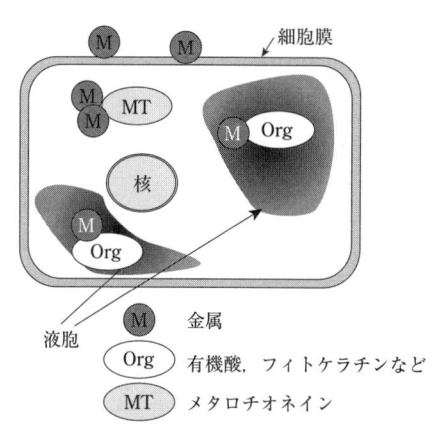

図 9.6 植物細胞中における重金属を無毒化するメカニズム

改良剤の使用が提案されている．キレート剤は，重金属をキレート錯体として植物に取り込まれやすい形にするだけでなく，吸着している金属の脱着や鉄・マンガン酸化物や沈殿している化合物の溶解を促進することにより，植物への吸収を増加させる．Salt et al.（1995）は，キレート剤の添加により，*Brassica juncea* のカドミウム吸収が約5倍増加したと報告している．

また，pHを低下させ重金属を土壌溶液中に溶解することにより，植物への吸収を促進することができる．この目的には，アンモニウム塩を含む肥料や土壌酸性化剤の使用が効果的であることが示唆されている（Salt et al., 1995）．さらに，植物根が本来もつ機能である有機酸や還元剤の分泌による鉄・マンガン酸化物の溶解を，添加剤で促進することも試みられている．Blaylock and James（1994）は，アスコルビン酸などの有機酸の添加で，オオムギとコムギのセレン吸収が高まったことを報告している．

d. 木本植物の重金属集積

木本植物を用いた重金属土壌浄化は，その植物が高濃度集積植物ではなくても，ある程度の集積性が認められれば，バイオマスが大きいことから十分に有効な手法となりうる（竹中，2012; Pulford and Watson, 2003）．木本植物の利用を目指した研究では，ヤナギ（*Salix*）とポプラ（*Populus*）を用いた報告が多い．

ヤナギ属には，400以上の種と200以上のハイブリッドが存在し，多様性が高いことから，重金属集積性をもつ種も見出されている（Felix, 1997）．ヤナギは環境適応性が高いこと，萌芽更新をするためバイオマス生産性が高いこと（10～15 a・t/ha・y），養分吸収能力が高く蒸発散量が多いことなどが実用化に有利である（Pulford and Watson, 2003）．

ポプラも，成長速度が速く，バイオマスが大きく水の吸収能力が高いこと，また根系の密度が高いことから，ファイトエクストラクションに適した種であるといえる．さらに，ポプラは全ゲノム情報が解読されたモデル植物であり，重金属蓄積や重金属耐性のメカニズムを分子生物学的手法で解析できるという利点がある．Hasseinenn et al.（2009）は，ハイブリッドポプラ（*Populus tremula×tremuloides*）を汚染土壌に植栽して，重金属蓄積にかかわるメタロチオネインの発現遺伝子を解析し，カドミウムと亜鉛の葉への蓄積とその遺伝子発現のレベルが関係していることを報告している．

このような木本植物の重金属集積研究では，カドミウムと亜鉛を対象としている事例が多い．これは，カドミウムと亜鉛の金属としての類似性と，自然界における易動性の高さが関係しているものと思われる．

e. ファイトエクストラクションの実用化

重金属汚染土壌から植物のファイトエクストラクション機能を用いて重金属を除去する方法を実用化するためには，次のような条件を満たす植物が望まれる．

①目的とする重金属の吸収効率が良い（植物体含有率×バイオマス），②成長が早い，③栽培技術が確立している，容易である，④地域適応性が高い，⑤一連の作業に機械適応性が高い（根系の収穫もできればよい），⑥連作が可能である，⑦種子・苗の安定供給が可能である，⑧栽培コストが安い，⑨病害虫抵抗性が高い，⑩収穫物の含水率が低い，⑪農地の場合，修復後の作物栽培が可能であり，農家感情として受け入れ可能であること，⑫日本の在来種であること．

日本では，カドミウム濃度が基準値（0.4 ppm）を超える米が毎年1000 t以上生産されてきた（農林水産省，2012）．これは，全国に点在する鉱山や精錬所跡地などからの流出，土壌への蓄積が一因ではないかと推測されており（浅見，2010），カドミウム濃度の高くなった水田土壌の浄化は，非常に重要な課題となっている．このカドミウム汚染土壌浄化にファイトエクストラクションを採用する試みはさまざまな研究機関で実施されている．

◎コラム5　タカノツメの研究例

　日本におけるファイトエクストラクションに有用な植物の候補として，ウコギ科の落葉広葉樹であるタカノツメ（図9.5）を取り上げ，その集積特性を紹介する（Takenaka et al., 2009）.

　タカノツメは二次林の下層植生によくみられる木本植物であり，その名称は冬芽が「鷹の爪」に形状に似ていることに由来する．タカノツメにおけるカドミウムと亜鉛の集積性の特徴として，葉中濃度が季節とともに増加し，落葉時に最大となることがあげられる．すなわち，葉まで輸送されたカドミウムと亜鉛の落葉時における転流はほとんどない．このような葉への蓄積の季節変化は，コシアブラにおけるマンガンやポプラ，ヤナギにおけるカドミウムと亜鉛でも報告されている（Mizuno et al., 2008; Lettens et al., 2011; Mertens et al., 2006）.

　図1に鉱山跡地から採取したタカノツメの根，枝，葉における各存在部位中のカドミウム濃度を示す．葉におけるカドミウムの蓄積には，維管束付近から離れるにしたがってカドミウム濃度が減少するという特徴があり，導管外のアポプラストではカドミウムの移動性は急激に減少することが考えられる．また枝では樹皮近傍の濃度が高いことも明らかとなっている．タカノツメにおけるカドミウム蓄積に関与する物質としては，シュウ酸とカドミウム濃度との間に相関関係が認められており（図2），シュウ酸との結合形態での存在が示唆される．

　このような重金属の吸収蓄積メカニズムは，制御した条件下での生育実験により，さらに詳細に理解することが可能になり，現場への適用において重金属を効率良く吸収・除去するための条件設定に重要な知見を与えることが期待される．

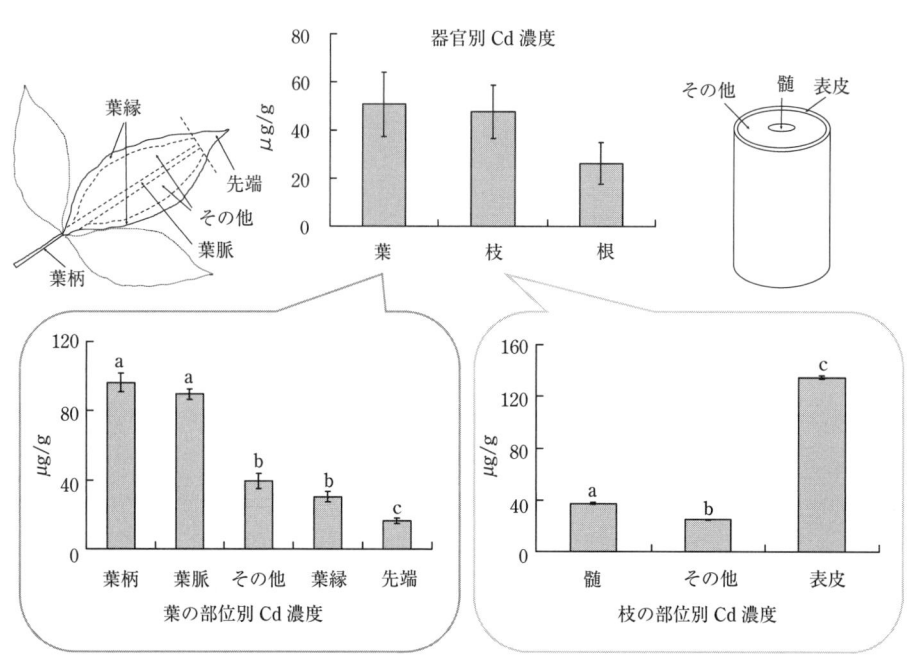

図1　タカノツメにおけるカドミウムの存在部位

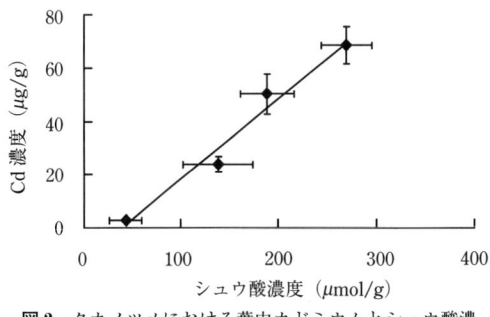

図2 タカノツメにおける葉中カドミウムとシュウ酸濃度の関係

農業環境技術研究所では，カドミウム高吸収イネ品種による浄化技術を開発し，一作あたり，土壌中カドミウム濃度をおおむね10％以上低減することが可能であると報告している（農業環境技術研究所，2011）．水稲を用いる方法は，栽培技術が確立しており機械化されていること，種子が安定供給され，地域にあった品種が選択できることなど，ファイトエクストラクションの実用化に向けて他の植物に比べて優位である．しかしながら，水稲にカドミウムを吸収させることに対する農家の感情にも配慮する必要がある．

また，ハクサンハタザオを用いて，溜池底泥土のカドミウム濃度を低減させる効果も確認されている（農村工学研究所，2007）．圃場における一作の栽培により，ヘクタールあたり3000gのカドミウムを土壌から回収し，金属として回収できることが示され，ファイトエクストラクションの実用性が証明された．

ファイトエクストラクションで汚染土壌を浄化した後，重金属を蓄積した植物体をどう処理するのかは重要な課題である．これについては，エネルギー利用，パルプ原料，木製品利用など可能性はいろいろとあげられている（Licht et al., 2005）．また，重金属を蓄積した植物から，重金属を取り出して再利用する手法（ファイトマイニング，phytomining）についても，パイロットスケールで検討されており，重金属が飛散しない最適な熱分解温度の検討が進んでいる（Koppolu et al., 2004; Stals et al., 2010）．このような重金属を集積したバイオマスの安全で効率的な処理プラント技術が確立すれば，ファイトエクストラクションの実用化は促進するものと期待される．

9.2.3　ファイトスタビライゼーション

植物を用いて汚染物質を土壌に安定な状態で保持する手法である．重金属が根に吸収蓄積され地上部に移行しない，根からの分泌物によって重金属が安定な化学形態として土壌中に存在するといった根の生理的作用だけでなく，根系が発達することにより，土壌そのものを物理的に安定化させる機能を利用することも含んでいる．植生が失われた重金属汚染土壌は侵食を受けやすくなり，土壌流出による汚染拡散の恐れがある．このような土壌に重金属耐性植物を植え，植生を復活させ，土壌を安定化させることもファイトスタビライゼーションの一つである．

ファイトスタビライゼーションに関する研究は，鉱山における鉱さい屑の山（ズリ山）への適用を目指した例が多い（Mendes and Maier, 2008）．ズリ山では土壌の発達がほとんどみられないため，保水機能が低く，植物は乾燥ストレスを受けやすい．したがって，ズリ山の植生回復に適した植物には，重金属耐性だけではなく，乾燥ストレス耐性，塩ストレス耐性が求められる．

ファイトスタビライゼーションに用いることのできる植物の候補としては，ウルシ科

(Anacardiaceae), キク科, アカザ科, トウダイグサ科, マメ科, イソマツ科 (Plumbagiaceae), イネ科の植物があげられている (Mendes and Maier, 2008). Smith and Bradshaw (1979) は, イネ科のベントグラス (*Agrostis tenuis*) や *Festuca rubra* が酸性の鉛・亜鉛汚染土壌, 石灰質の鉛・亜鉛汚染土壌, 銅汚染土壌などの植生回復に幅広く有効であると述べている.

また Salt et al. (1995) は, 重金属蓄積植物が汚染土壌から地下水への重金属の流出を防ぐ役割を果たすことも報告している. たとえば, *Brassica juncea* を植栽することにより, 鉛汚染土壌からの鉛流出を約 1/30 に抑えられることが示されている. また, マメ科のアルファルファの根が, 有害な 6 価クロムを毒性の低い 3 価クロムに還元するという報告もある (Losi et al., 1994).

植物と菌根菌[*1] の共生は, ファイトスタビライゼーションに有利に働く (Roy et al., 2007). ハンノキと共生するフランキア属の放線菌は, 窒素固定を行うことから, 貧栄養のズリ山のような環境における植生回復の助けとなる. 菌根菌のなかには重金属の毒性から植物を守るものが存在し,一方, 宿主植物は汚染土壌において, 生存に有利な条件を菌に与える. このような寄生生物と宿主双方に有利となる菌根性植物における相利関係は, 非菌根性植物よりもファイトスタビライゼーションに適しているといえる.

9.2.4 ファイトボラティリゼーション

根から吸収した物質を, 揮発性の分子として気孔から大気に放出する機能を利用する方法である. 主に有機汚染物質についての研究例が多いが, 重金属ではセレンをジメチルセレンとして気孔から排出する植物の存在が報告されており, イネ, ブロッコリー, キャベツにおいて揮発能力が高い (Terry et al., 1992). また, 揮発性の高い水銀についても研究が行われているが, 現在のところ遺伝子組み換え植物での報告があるのみである (Heaton et al., 1998).

ファイトボラティリゼーションは, 土壌中の汚染物質濃度を減らすことには効果があるかもしれないが, 汚染物質が大気に放出されることによって大気汚染を引き起こすため, 開放系での実施には問題がある.

◆ 9.3 放射性物質汚染土壌の浄化 ◆

9.3.1 放射性物質汚染の現状

2011 (平成 23) 年 3 月 11 日の東日本大震災に伴う東京電力福島第一原子力発電所の事故によって, 放射性物質が広域的に拡散し, 地表面を汚染したことが大きな社会問題となっている. 図 9.7 は, 2012 (平成 24) 年 6 月に文部科学省によって実施された第 5 次航空機モニタリング観測による放射性物質の汚染の広がりを示している (文部科学省, 2012a).

2013 (平成 25) 年現在, 福島第一原発周辺の汚染地域は, 年間積算放射線量 (単位: Sv) が 20 mSv を判断基準として,「避難指示解除準備区域」「居住制限区域」「帰還困難区域」に区別され立ち入りや帰宅が制限されている. 人間の被ばく線量という観点では, 許容できる基準値について多くの議論がなされており, 年間 20 mSv が適当であるかはいまだ明確ではない. しかしながら, 放射能汚染地域の被災者が自宅に帰れるか否かには, この年間 20 mSv の基準値が重要な意味をもち, この値を下回るまでの放射性物質の除染が望まれている.

被ばく線量は, 放射線を浴びた際に受ける影響の程度 (エネルギーと放射線の種類に依存) を示すものであり, 環境中の放射性物質の存在量 (単位: Bq) そのものを示しているわけではない. さまざまな汚染物質の環境中での基準値を定めた

[*1] 菌根菌: 植物の根に侵入・定着して, 植物と共生関係にある菌類.

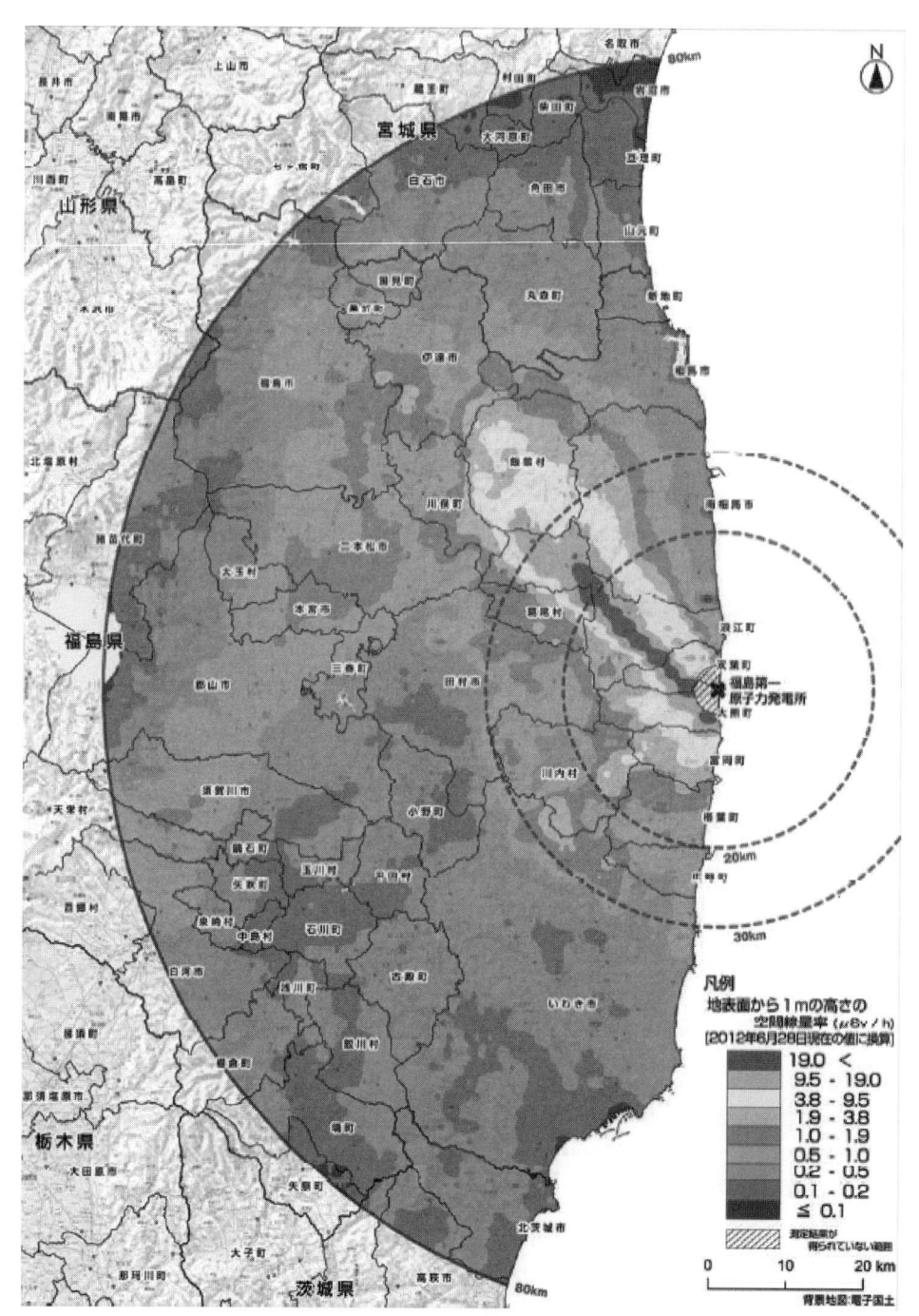

図 9.7 文部科学省による第 5 次航空機モニタリング（平成 24 年 6 月）の結果（地表から 1m の空間線量率）
本マップには天然核種による空間線量率が含まれている．

環境基本法では，これまで放射性物質に関してはすべて適用除外項目となっており，環境中での規制の対象にはなっていなかった．

原発事故から 1 年以上経過した 2012（平成 24）年 6 月に，ようやく環境基本法 13 条の放射性物質の適用除外規定削除法案が成立し，放射性物質が公害物質に位置づけられ，環境中におけるその存在を規制する法的根拠ができたといえる．しか

しながら，実質的にはまだ何も動き出していないというのが現状（2012年11月時点）である．原発事故由来の放射性物質としては，事故直後に半減期8日のヨウ素131（^{131}I）が検出されたが，すでに消失している．現在問題となっているのは半減期30年のセシウム137（^{137}Cs）と半減期2年のセシウム134（^{134}Cs）である．1986（昭和61）年のチェルノブイリ原発事故で放出され問題となったストロンチウム90（^{90}Sr）については，今回の事故で陸域にもたらされた量は放射性セシウムに比較して少ないことが報告されている（文部科学省，2012b）．

2011（平成23）年3月の事故直後から，放射性物質で高濃度に汚染された農作物が問題となった．その当時の食品中の放射能基準値は1 kgあたり500 Bqであり（現在は1 kgあたり100 Bq），その基準値を超えるホウレンソウやブロッコリー，タケノコなどがみつかっている．事故直後の放射性物質による農作物の汚染は，大気からの直接的な沈着に起因するものが多い（山口ら，2012）．しかしながら，農地の土壌汚染も深刻であったため，農林水産省は農地の放射性物質の除染に向けて，表土の削り取り，水による土壌撹拌・除去，反転耕，植物による除染といった除染技術の比較実験を行い，2011（平成23）年9月にその結果を公表している（農林水産省農林水産技術会議，2011）．

表土の削り取りが70〜97％の放射能低減率を示し，高い効果が認められたのに対し，ヒマワリを用いた除染では土壌中の放射性物質の1/2000しか除去できず，現場への応用は困難であるという結論が示されている．

しかしながら，先にも述べたように植物への特定元素の吸収・蓄積は，植物の種類と土壌中の存在形態によって大きく異なるため，ある土壌においてヒマワリによる吸収が低かったという結果だけで，ファイトエクストラクションによる放射性物質の浄化の可能性が否定されるものではない．土壌の削り取りは，確かに現地での効果は期待されるが，放射性物質を含む膨大な量の土壌の処分が問題となってくる．その点，放射性物質を高濃度で地上部に蓄積する植物を汚染土壌に植栽し，収穫後，焼却処分をするファイトエクストラクション法では，土壌表面や植生に広く分布する放射性物質を，高濃度に濃縮した焼却灰とすることができるため，放射性廃棄物の減量化には有利であるといえる．

9.3.2 土壌中の放射性セシウムの存在形態

セシウムはカリウムやナトリウムと同じアルカリ金属であり，1価の陽イオンとして挙動する．土壌中にイオン態としてはいったセシウムは，2:1型層状ケイ酸塩鉱物中の負電荷部位に，イオン交換反応で吸着する（図9.8）．とくに，バーミキュライトやイライトには，セシウムにきわめて選択性の高いフレイド・エッジサイト（frayed edge site：FES）によって，きわめて強い吸着能力があるといわれている（山口ら，2012）．

また，土壌腐植物質もセシウムを吸着するという報告もあるが，粘土鉱物に対する吸着能力より

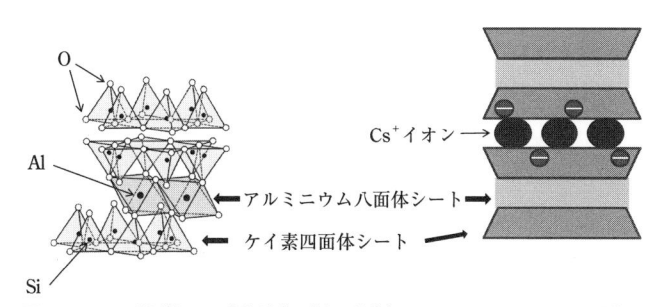

図9.8　2:1型層状ケイ酸塩鉱物（粘土鉱物）へのセシウムイオンの吸着

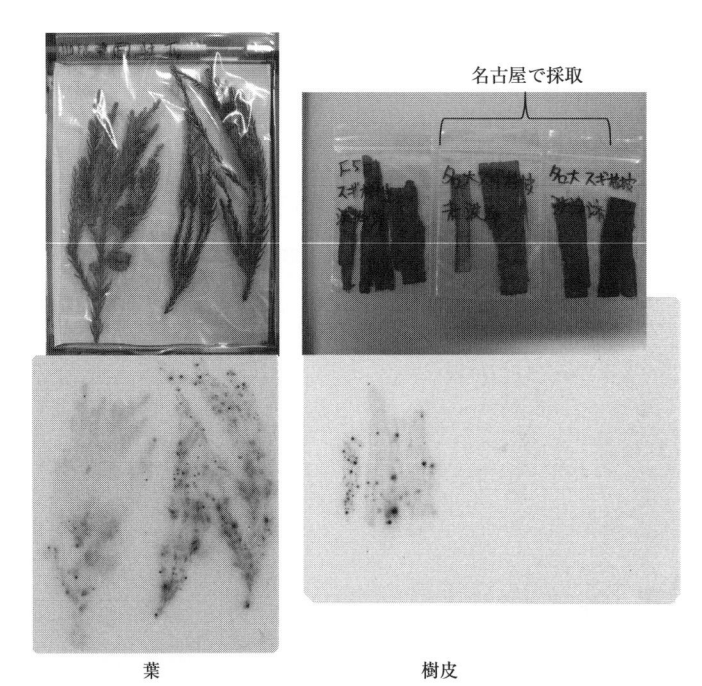

図 9.9 福島県内で採取（2011）したスギにおける放射性物質の付着状況（口絵 18 参照）
上：写真，下：イメージプレート画像（黒い部分が放射性物質の存在を示す）.

は弱いと考えられている．FES に吸着されたセシウムは，他の陽イオンとの交換反応での再溶出はほとんどない．したがって，強く粘土鉱物に吸着した状態のセシウムイオンを，植物の根が吸収するためには，セシウムイオン溶出のためのかなり強力なメカニズムが必要となる．

放射性セシウムは，2012（平成 24）年現在，有機物中にも存在している．事故直後に拡散した放射性物質は，植生においては葉や幹の表面に吸着した．図 9.9 は福島県で採取したスギの葉と樹皮に吸着した放射性物質の存在を，イメージングプレートにより可視化した写真である．この写真で黒くみえる部分が放射性物質の存在を示している．このような放射性物質の付着は，樹皮だけでなく葉表面にも認められており，これらが落葉などで地表面にもたらされて，有機物が分解されてセシウムが放出されるまで有機物態で存在することになる．

このような有機態の放射性物質の一部は，昆虫や土壌動物に被食され，生態系の食物連鎖系に入ることが考えられる．

9.3.3 放射性セシウムを吸収・蓄積する植物

放射性セシウム汚染に対してファイトエクストラクションによる浄化を目指した研究は，チェルノブイリ原発事故[*2]後，ロシアやヨーロッパを中心にさまざまな植物を用いて報告されている．とくに，ヒユ科のアマランサス，アオゲイトウ，アカザ科のビート，キヌアなどで高い放射性セシウム蓄積能が報告されている（Broadley et al., 1999; Fuhrmann et al., 2003; Lasat et al., 1998）．

このような植物への吸収蓄積の程度は，「移行

[*2] 1986 年 4 月 26 日，ウクライナのチェルノブイリ原子力発電所で起こった事故により，大量の放射性物質が放出された．この事故による放射性物質の環境中での挙動や，生態系・人体への影響，その対策については IAEA の報告書 "EnvironmentalConsequences of the Chernobyl accident and their remediation: Twenty yearsof experience"（IAEA, 2006）に詳しく報告されている．この報告書の和訳版「チェルノブイリ原発事故による環境への影響とその修復―20 年の経験」は，2013 年に日本学術会議によりインターネット上で公開された．
http://www.scj.go.jp/ja/member/iinkai/kiroku/3-250325.pdf

Satoyama and Satoumi
里山・里海
自然の恵みと人々の暮らし

国際連合大学高等研究所／日本の里山・里海評価委員会[編集]

○ 世界初の総合的な地球規模の生態系評価であるミレニアム生態系評価（MA）の枠組みに基づき，日本の里山・里海評価（JSSA）により行った国内の評価を集大成.
○ 200名を超える国内外の執筆関係者の協力のもと，現状と問題，将来のシナリオを提示.
○ 各論では5つのクラスター（地域グループ）による個別評価を詳述.

[本書を推薦します]

エドゥアルド S.ブロンディジオ（インディアナ大学ブルーミントン校人類学部教授・学部長）
トーマス・エルムクヴィスト（ストックホルム大学システム生態学部およびストックホルム・レジリアンス・センター教授）
ハロルド・ムーニー（スタンフォード大学環境生物学教授）
谷本正憲（石川県知事）
A.H.ザクリ（マレーシア政府科学顧問）

〈ABC順・敬称略〉

I 総論編
- 第1章 日本の里山・里海評価 ―目的と焦点，アプローチ
- 第2章 里山・里海と生態系サービス ―概念的枠組み
- 第3章 里山・里海の現状と変化の要因は何か？
- 第4章 なぜ里山・里海の変化は問題なのか？
- 第5章 里山・里海の変化への対応はいかに効果的であったか？
- 第6章 里山・里海の将来はどのようであるか？
- 第7章 結論

II 各論編
- 第8章 北海道クラスター ―北の大地の新しい里山
- 第9章 東北クラスター ―山～里～海の連携から
- 第10章 北信越クラスター ―過疎・高齢化を克服し，豊かな自然と伝統を活かす
- 第11章 関東中部クラスター ―里山里海と都市，その将来に向けて
- 第12章 西日本クラスター ―人の影響の深さと洗練された文化
- 第13章 西日本クラスター ―里海としての瀬戸内海
- 用語集
- 索引

B5判 216頁（口絵4頁） 定価4,515円（本体4,300円）
ISBN 978-4-254-18035-0

● ご注文の際は最寄りの書店へお申し込み下さい．特にお急ぎの場合は宅配便のご用意もございます．

朝倉書店 〒162-8707 東京都新宿区新小川町6-29
tel:03-3260-7631（営業部直通） fax:03-3260-0180 http://www.asakura.co.jp e-mail:eigyo@asakura.co.jp

2 里山・里海と生態系サービス
——概念的枠組み

2.1 はじめに

本章は、本書全体に共通する概念と評価の枠組みを示す。まず、本書全体に共通する概念や研究の歴史的な経緯を概観したうえで (2.2)、本書における里山・里海の定義を概念的に提示する (2.3)。そのうえで、里山・里海の近年の変化 (2.4) と里山・里海の主要な生態系サービスの概要 (2.5) を説明する。次に、JSSA における評価の枠組みと評価で採用された包括的な評価のアプローチを提示する (2.6)。さらに、里山・里海の生態系サービスと人間の福利をめぐるシナリオ分析の概念と分析方法について論じる (2.7)。最後に本章のおもな結果をまとめた (2.8)。

2.2 歴史的に見た里山・里海

2.2.1 里山

「里山」の語の最古の史料は 1661 年にさかのぼる。1661 年佐賀藩『山方ニ付テ申渡条々』によるもので、鳥島、里山方、山方という土地を示す語のなかで、「里山方」という言葉が用いられている (黒田、1990)。1663 年加賀藩『改作所旧記』でも、「山廻役」（巡回役）として「奥山廻」と「里山廻」が記述されている (山口、2003)。

「木曽材木寿村補役吉右衛門が差記した 1750 (宝暦 9) 年代以降の生態学的研究により、里山の保全との関係が強調されている。おもに 1990 年代以降の生態学的研究により、生物多様性

（所、1980）。ここで、山と人間社会との連関が明記されたが、ここでの里山の定義は、今日使われているように里山のなかの人間社会は含まれていない。

その後、1970 年代に森林生態学者の四手井綱英により、寺町によって荒廃された自然と人間の相互作用を表す里山の概念が復活させられ、村里に近いヤマ（農用林）を指す言葉として提唱された (四手井、1974)。つまり、里山は当初は農用林を意味しており、里山とは当時林野だけでなく四手井が、里山として林野として使用される (天井、2002)。つまり、里山のほかは農用林林業に地続し、地域元々に集落に近い林業として四季や薪や燃料として家畜で使用したり、新緑や炭が燃料として家畜で使用したり、新緑や炭が燃料として家畜で使用したり、農用林だけでなく、まつてよる里山の集団利用と密接に関係していた林を指す。

しかし、過去 50 年間で身近に存在した農村集落の減少に伴って、こうした里山は一般住民もともとの意味を超えた広い概念がともなく、一般住民もともとの意味を超えた広い概念がたるようになった。また、学術的にも広い意味で使われるようになった。集落などの農村集落の相互関係の重要性が認識されるようになり、農用林だけでなくその他の集落、広い里山の重要性を含めたランドスケープとして理解していくことが広く重要視されるようになってきている (図 2.1)。

このような農村集落をまとめて「里地」と呼び、林としての「里山」と区別するような提案もある (武内、2001)。また、鉄森の里山を「里山林」とし、多様な農村景観のセットとしての「里山」として、広義の「里山や畑」と区別している文献もある (江井、2005)。

表 2.1 にこれまでのおもな文献の変遷をまとめた。養父 (2009a) は、里地里山の定義のなかで海岸部や湖沼の近郊では「里海」や「里湖」がその一部と

図 2.1 里山の概念図（巻頭カラー口絵 1 参照）
a: 薪炭林、b: 人工林、c: アカマツ林、d: 竹林、e: 竹林、f: 農地、g: 水田、h: 畑、i: 木造の家、j: 神社、k: 集落、l: 家畜小屋（ニワトリ）、m: シメコなどの山菜、n: 栗林の人入、o: 木材の伐採、p: 椎茸栽培、q: 竹材づくり、r: 堆肥づくり、s: 落ち葉かき、t: 炭焼き、u: 茅葺、v: オオタカ、x: カワセミ、y: 農薬・採集、z: ハイカー、w: ヨシキショウウオ

2.2.2 里海[1]

「里海」の概念は、1842 年佐久間『佐倉閑開岸棚地帳』（から）に、東京湾内の「陣打村」の空間的構造に初めて記述されている。近年における「里海」という意味では、1998 年に柳哲雄により沿岸域としての生物生産性と生物多様性が高くなった沿岸海域という意味で（柳、1998、2005; Yanagi、2007）、とくに瀬戸内海沿岸における「人と海の関係を見直そうという動きが活発化」となった。

また、中村 (2003) は「海域と里海とをひとまとまりの海域として、人間の営みとしての生活と、周辺の漁村とおよびその他の生物の生活とかかわり深い海域の自然環境

[1] 本稿における里海に関する課題は、JSSA サポート (JSSA=西日本クラスター; 瀬戸内海クラスター、2010; JSSA=北信越クラスター、2010) の記述を参照。

係数」(=植物中の放射性セシウム濃度 (Bq/kg) /土壌中の放射性セシウム濃度 (Bq/kg)) で評価されている (IAEA, 2006). 除染効果を考える場合や森林のような場では，面積あたりの放射性セシウム量 (Bq/kg) を用いた面移行係数が用いられている．いずれにしても，植物への放射性セシウムの吸収は，土壌中での存在形態に大きく依存するため，土壌中の全量で評価する移行係数は一つの目安でしかないといえよう．農林水産省の除染実験で用いられたヒマワリは，過去に水耕実験でセシウムを吸収することが確認されてはいるものの，とくに高い吸収能力が報告されていたわけではない (Soudek et al., 2004).

一方，筆者らが福島で採取したヒマワリのなかには，非常に高濃度 (27000 Bq/kg) で葉にセシウム 137 を蓄積している試料が見出された (竹中・杉浦, 2012) (図 9.10). そのヒマワリは砂質土壌で栽培されていたものであり，土壌中のセシウムが比較的吸収されやすい形態で存在していたと推測される．このように同じ植物でも，土壌中のセシウムの存在状態によって吸収の程度が大きく異なることから，福島におけるファイトエクストラクションによる除染に向けては，セシウムを吸収する植物と土壌中のセシウムの存在形態について，さらに多くの知見を集める必要がある．

セシウムについても，草本植物だけでなく木本植物を用いた浄化に関する研究報告がある．Dutton and Humphyreys (2005) は，ヤナギやポプラを植栽して短周期で伐採する雑木林をつくることによって，放射性物質で汚染された土地の浄化が可能であると述べている．日本においても，汚染された地域の土壌や気候にあった樹種を用いて浄化することは可能であろう．

重金属汚染土壌と同様に，土壌改良剤が植物のセシウム吸収に及ぼす効果に関する研究も多い．Chiang et al. (2011) は，酢酸，クエン酸，シュウ酸など低分子量有機酸が土壌からのセシウムの溶出を促進したことを報告している．これは，植物の根がセシウムを吸収する際に，このような低

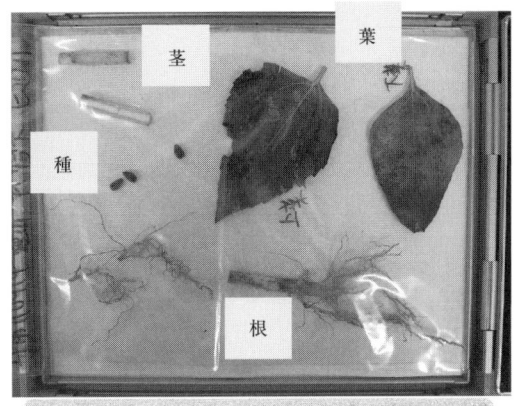

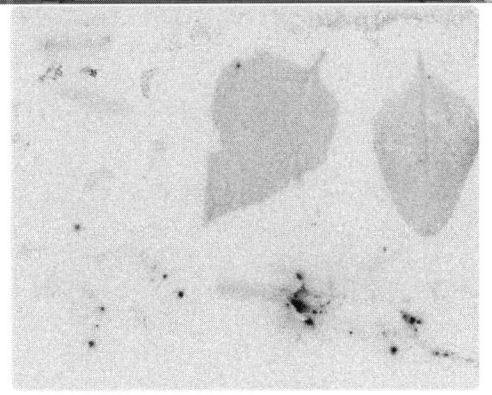

図 9.10 福島県内の砂質土壌に植栽されていたヒマワリ (2011年) の各部位における放射性物質の存在状況 (口絵19 参照)
上：写真，下：イメージプレート画像 (黒い部分が放射性物質の存在を示す)．

分子量有機酸の根からの滲出が重要なメカニズムであることを示唆している．セシウムはカリウムと同じアルカリ金属であるため，カリウムの施肥が，セシウムの吸収を抑えることから，根の吸収におけるカリウムとの競合が示唆されている (Shaw and Bell, 1991).

一方，水耕実験および土耕実験において，アンモニウムイオンの存在がセシウムの吸収を高めたという報告があり (Lasat et al., 1997; Willey and Tang, 2006)，同じ 1 価の陽イオンでもカリウムイオンとアンモニウムイオンでは，植物の根圏におけるセシウムイオン吸収に及ぼす影響が異なることが示されている．

◆ 9.4 土壌浄化の課題 ◆

汚染土壌のために使えない土地（ブラウンフィールド）の利用は世界的な課題である．浄化に時間をかけることが許される土地であれば，ファイトエクストラクションはかなり有望な技術である（French et al., 2006）．放射性物質で汚染された土壌については，たとえばセシウム137の場合，放置しておいても30年で半分にしか減少しない．そのようなタイムスケールでの浄化を考えることが許されるならば，ファイトエクストラクションにより少しずつ土壌から汚染物質を除去して，30年で1/10にすることも可能であろう．この手法の実用化のためには，重金属や放射性物質を吸収蓄積した植物体用の処理プラントの建設が不可避である．

一方で，ファイトエクストラクションによる浄化技術のリスクを指摘する報告もある（Van Nevel, 2007）．植食性動物を介した食物連鎖への影響，リターなどによる汚染物質の飛散，土壌表層への汚染物質の集積などがファイトエクストラクションにおける環境へのリスクを増大させる要因としてあげられている．そのため，ファイトエクストラクションではなく，植物のもつファイトスタビライゼーション作用，すなわち汚染物質を根圏で安定化させて流出を阻止する手法のほうが現実的であると考えることもできる．

土壌汚染問題に植物の能力を利用する手法は，限りある資源のなかでの今後の人類が選択すべき理にかなった方法の一つである．これからの社会でどのようにこの手法を取り入れていくかは，実際の汚染対象地に対して，量的・空間的・時間的な軸で汚染を評価し，議論を進めていく必要がある．そのためには，植物における重金属や放射性物質の吸収・集積メカニズムに関する知見をさらに積み重ねていかねばならない． ［竹中千里］

文 献

阿部 薫（2011）：家畜ふん尿由来亜鉛の水系への流出と環境影響，平成23年度家畜糞尿処理利用研究会「家畜ふん尿を処理利用する際の防疫と重金属対策に関する研究動向」，65-72.

浅見輝男（2010）：データで示す―日本土壌の有害金属汚染，615p，アグネ技術センター．

Baker, A. J. M., and Brooks, R. R. (1989): Terrestrial higher plants which hyperaccumulate metallic elements, *Biorecovery*, **1**, 81-97.

Banuelos, G. S., Ajaw, H. A., Mackey, B., Wu, L., Cook, C., Akohoue, S., and Zambruzuski, S. (1997): Evaluation of different plant species used for phytoremediation of high soil selenium, *J. Environ. Qual.*, **26** (3), 639-646.

Blaylock, M. J., and James, B. R. (1994): Redox transformations and plant uptake of selenium resulting from root-soil interactions, *Plant and Soil*, **158**, 1-12.

Bolan, N. S., Adriano, D. C., and Mahimairaja, S. (2004): Distribution and bioavailability of trace elements in livestock and poultry manure by-products, *Environ. Sci. Technol.*, **34**, 291-338.

Broadley, M. R., Willey, N. J., Philippidis, C., and Dennis, E. R. (1999): A comparison of caesium uptake kinetics in eight species of grass, *J. Environ. Radioact.*, **46**, 225-236.

Brooks, R. R. (1998): *Plants that hyperaccumulate heavy metals*, 380p, CAB International, Oxon UK.

Bruemmer, G. W., Gerth, J., and Herms, U. (1986): Heavy Metal Species, Mobility and Availability in Soils, *Z. Pflanzenernaehr. Bodenk.*, **149**, 382-398.

Burkert, B., and Robson, A. (1994): Zn-65 uptake in subterranean clover (*Trifolium-subterraneum*) by 3 vesicular-arbuscular mycorrhizal fungi in a root-free sandy soil, *Soil Biol. Biochem.*, **26**, 1117-1124.

Cherian, S., and Oliveira, M. M. (2005): Transgenic plants in phytoremediation：Recent advances and new possibilities, *Environ. Sci. Technol.*, **39**, 9377-9390.

Chiang, P. N., Wang, M. K., Huang, P. M., and Wang, J. J. (2011): Effects of low molecular weight organic acids on Cs-137 release from contaminated soils, *Applied Radiation and Isotopes*, **69**, 844-851.

茅野充男，小畑 仁（1988）：重金属と植物（重金属と植物，茅野充男，斉藤寛編，博友社），pp.100-117.

Cooper, K. M., and Tinker, P. B. (1978): Translocation and transfer of nutrients in vesicular-arbuscular mycorrhizas: 2. Uptake and translocation of phosphorus, zinc and sulfur, *New Phytologist*, **81**, 43-52.

DalCorso, G., Farinati, S., Maistri, S., and Furini, A. (2008). How plants cope with cadmium：Staking all on metabolism and gene expression, *J. Integrative Plant*

Biology, **50**, 1268-1280.

Doty, S. L. (2008): Enhancing phytoremediation through the use of transgenics and endophytes, *New Phytologist*, **179**, 318-333.

Dutton, M. V., and Humphreys, P. N. (2005): Assessing the potential of short rotation coppice (SRC) for cleanup of radionuclide-contaminated sites, *Int. J. Phytoremediation*, **7**, 279-293.

Ebbs, S. D., and Kochian. L. V. (1998): Phytoextraction of zinc by oat (*Avena sativa*), barley (*Hordeum vulgare*), and Indian mustard (*Brassica juncea*), *Environ. Sci. Technol.*, **32** (6), 802-806.

Felix, H. (1997): Field trials for in situ decontamination of heavy metal polluted soils using crops of metal-accumulating plants, *Zeitschrift Fur Pflanzenernahrung Und Bodenkunde*, **160**, 525-529.

French, C. J., Dickinson, N. M., and Putwain, P. D. (2006): Woody biomass phytoremediation of contaminated brownfield land, *Environ. Pollut.*, **141**, 387-395.

Fuhrmann, M., Lasat, M., Ebbs, S., Cornish, J., and Kochian, L. (2003): Uptake and release of cesium-137 by five plant species as influenced by soil amendments in field experiments, *J. Environ. Qual.*, **32**, 2272-2279.

Fukuda, N., Hokura, A., Kitajima, N., Terada, Y., Saito, H., Abe, T., and Nakai, I. (2008): Micro X-ray fluorescence imaging and micro X-ray absorption spectroscopy of cadmium hyper-accumulating plant, *Arabidopsis halleri* ssp *gemmifera*, using high-energy synchrotron radiation, *J. Analytical Atomic Spectrometry*, **23**, 1068-1075.

Haag-Kerwer, A., Schafer, H. J., Heiss, S., Walter, C., and Rausch, T. (1999): Cadmium exposure in *Brassica juncea* causes a decline in transpiration rate and leaf expansion without effect on photosynthesis, *J. Exp. Bot.*, **50**, 1827-1835.

Hall, J. L. (2002): Cellular mechanisms for heavy metal detoxification and tolerance, *J. Exp. Bot.*, **53**, 1-11.

Hassinen, V. H., Tervahauta, A. I., Karenlampi, S. O. (2007): Searching for genes involved in metal tolerance, uptake, and transport, Methods in Biotechnology, vol 23 (*Phytoremediation : Methods and Reviews*, Willey, N. ed., Humana Press, Totowa, NJ), pp. 265-289.

Hassinen, V., Vallinkoski, V. M., Issakainen, S., Tervahauta, A., Karenlampi, S., and Servomaa, K. (2009): Correlation of foliar MT2b expression with Cd and Zn concentrations in hybrid aspen (*Populus tremula × tremuloides*) grown in contaminated soil, *Environ. Pollut.*, **157**, 922-930.

Heaton, A. C. P., Rugh, C. L., Wang, N. J., and Meagher, R. B. (1998): Phytoremediation of mercury- and methylmercury-polluted soils using genetically engineered plants, *J. Soil Contamination*, **7**, 497-509.

IAEA (2006): Classification of soil systems on the basis of transfer factors of radionuclides from soil to reference plants. IAEA-TECDOC-1497, 250p.

IAEA (2006): Environmental Consequences of the Chernobyl accident and their remediation: Twenty years of experience (和訳版「チェルノブイリ原発事故による環境への影響とその修復：20 年の経験」). http://www.scj.go.jp/ja/member/iinkai/kiroku/3-250325.pdf (2013. 7. 26 アクセス).

Inaba, S., and Takenaka, C. (2005): Effects of dissolved organic matter on toxicity and bioavailability of copper for lettuce sprouts, *Environ. Int.*, **31**, 603-608.

Jabeen, R., Ahmad, A., and Iqbal, M. (2009): Phytoremediation of Heavy Metals: Physiological and Molecular Mechanisms, *Botanical Review*, **75**, 339-364.

Joner, E. J., and Leyval, C. (1997): Uptake of Cd-109 by roots and hyphae of a Glomus mosseae Trifolium subterraneum mycorrhiza from soil amended with high and low concentrations of cadmium, *New Phytologist*, **135**, 353-360.

Jones, D. L. (1998): Organic acids in the rhizosphere - a critical review, *Plant and Soil*, **205**, 25-44.

環境省 (2002)：土壌・地下水汚染の調査・対策技術 NETT21（GEC 環境技術情報データベース），http://nett21.gec.jp/SGC_DATA/index-j.html（2013. 7. 5 アクセス）.

環境省水・大気環境局 (2007)：射撃場に係る鉛汚染調査・対策ガイドライン，81p.

経済産業省・環境省 (2005)：微生物によるバイオレメディエーション利用指針，2005 年 3 月告示第 4 号.

Koppolu, L., Prasad, R., and Clements, L.D. (2004): Pyrolysis as a technique for separating heavy metals from hyperaccumulators. Part III: pilot-scale pyrolysis of synthetic hyperaccumulator biomass, *Biomass and Bioenergy*, **26**, 463-472.

Kubota, H., and Takenaka, C. (2003): Arabis gemmifera is a hyperaccumulator of Cd and Zn, *Int. J. Phytoremediation*, **5**, 197-201.

Lasat, M. M., Norvell, W. A., and Kochian, L. V. (1997): Potential for phytoextraction of Cs-137 from a contaminated soil, *Plant and Soil*, **195**, 99-106.

Lasat, M. M., Fuhrmann, M., Ebbs, S. D., Cornish, J. E., and Kochian, L. V. (1998): Phytoremediation of a radiocesium-contaminated soil：Evaluation of cesium-137 bioaccumulation in the shoots of three plant species, *J. Environ. Qual.*, **27**, 165-169.

Lasat, M. M., Pence, N. S., Garvin, D. F., Ebbs, S. D., and Kochian, L. V. (2000): Molecular physiology of zinc transport in the Zn hyperaccumulator *Thlaspi caerulescens*, *J. Exp. Bot.*, **51**, 71-79.

Lettens, S., Vandecasteele, B., De Vos, B., Vansteenkiste, D., and Verschelde, P. (2011): Intra-and inter-annual variation of Cd, Zn, Mn and Cu in foliage of poplars on contaminated soil, *Sci. Total. Environ.*, **409**, 2306-2316.

Licht, L. A., and Isebrands, J. G. (2005): Linking phytoremediated pollutant removal to biomass economic opportunities, *Biomass and Bioenergy*, **28**, 203-218.

Losi, M. E., Amrhein, C. and Frankenberger, W. T. (1994): Bioremediation of chromate-contaminated groundwater by reduction and precipitation in surface soils, *J. Environ. Qual.*, **23**, 1141-1150.

Ma, L. Q., Komar, K. M., Tu, C., Zhang, W. H., Cai, Y., and Kennelley, E. D. (2001): A fern that hyperaccumulates arsenic, *Nature*, **409**, 579.

Mendez, M. O., and Maier, R. M. (2008): Phytostabilization of mine tailings in arid and semiarid environments - An emerging remediation technology, *Environ. Health Perspect.*, **116**, 278-283.

Mertens, J., Vervaeke, P., Meers, E., and Tack, F. M. G. (2006): Seasonal changes of metals in willow (*Salix* sp.) stands for phytoremediation on dredged sediment, *Environ. Sci. Technol.*, **40**, 1962-1968.

水野直治, 堀江健二, 水野隆文, 野坂志朗 (2001): 超ニッケル集積植物"タカネグンバイ *Thlaspi japonicum*"の化学組成とニッケル化合物, 日本土壌肥料學雜誌, **72** (4), 529-534.

Mizuno, T., Asahina, R., Hosono, A., Tanaka, A., Senoo, K., and Obata, H. (2008): Age-dependent manganese hyperaccumulation in *Chengiopanax sciadophylloides* (Araliaceae), *J. Plant Nutr.*, **31**, 1811-1819.

文部科学省 (2012a): 第5次航空機モニタリングの測定結果, および福島第一原子力発電所から80km圏外の航空機モニタリングの測定結果について, http://radioactivity.mext.go.jp/ja/contents/7000/6289/24/203_0928.pdf (2013.7.9アクセス).

文部科学省 (2012b): 都道府県別環境放射能水準調査 (月間降下物) におけるストロンチウム90の分析結果について, http://radioactivity.mext.go.jp/ja/contents/6000/5808/24/194_Sr_0724.pdf (2013.7.9アクセス).

農業環境技術研究所 (2011): 農作物中のカドミウム低減対策技術集, http://www.niaes.affrc.go.jp/techdoc/cadmium_control.pdf (2013.7.9アクセス).

農林水産省 (2012): 食品中のカドミウムに関する情報, 食品中のカドミウムに関する国内基準値, http://www.maff.go.jp/j/syouan/nouan/kome/k_cd/kizyunti/country.html (2013.7.9アクセス).

農林水産省農林水産技術会議 (2011): 農地土壌の放射性物質除去技術 (除染技術) について, http://www.s.affrc.go.jp/docs/press/pdf/110914-02.pdf (2013.7.9アクセス).

農村工学研究所, フジタ技術センター, 三菱マテリアル (2007): アブラナ科の植物 (ハクサンハタザオ) がため池底泥土のカドミウム濃度を低減させる効果を確認 (農村工学研究所グループ), http://www.naro.affrc.go.jp/publicity_report/press/laboratory/nkk/043660.html (2013.7.9アクセス).

Prasad, M. N. V., and Freitas, H. M. D. (2003): Metal hyperaccumulation in plants - Biodiversity prospecting for phytoremediation technology, *Electro. J. Biotech.*, **6**, 285-321.

Pulford, I. D., and Watson, C. (2003): Phytoremediation of heavy metal-contaminated land by trees - a review, *Environ. Int.*, **29**, 529-540.

Rauser, W. E. (1990): Phytochelatins, *Ann. Rev. Biochem.*, **59**, 61-86.

Rauser, W. E. (1999): Structure and function of metal chelators produced by plants-The case for organic acids, amino acids, phytin, and metallothioneins, *Cell Biochem. Biophys.*, **31**, 19-48.

Robinson, N. J., Tommey, A. M., Kuske, C., and Jackson, P. J. (1993): Plant metallothioneins, *Biochem. J.*, **295**, 1-10.

Roy, S., Khasa, D. P., and Greer, C. W. (2007): Combining alders, frankiae, and mycorrhizae for the revegetation and remediation of contaminated ecosystems. *Can. J. Bot. Rev.*, **85**, 237-251.

Salt, D. E., Blaylock, M., Kumar, N., Dushenkov, V., Ensley, B. D., Chet, I., and Raskin, I. (1995): Phytoremediation : A novel strategy for the removal of toxic metals from the environment using plants, *Bio-Technology*, **13**, 468-474.

Salt, D. E., Smith, R. D., and Raskin, I. (1998): Phytoremediation, *Ann. Rev. Plant Physiol. Plant Mol. Biol.*, **49**, 643-668.

Schwarzenbach, R. P., Egli, T., Hofstetter, T. B., von Gunten, U., Wehrli, B. (2010): Global water pollution and human health, *Ann. Rev. Environ. Resources*, **35**, 109-136.

Shaw, G., and Bell, J. N. B. (1991): Competitive effects of potassium and ammonium on cesium uptake kinetics in wheat, *J. Environ. Radioact.*, **13**, 283-296.

Smith, R. A. H., and Bradshaw, A. D. (1979) The use of metal tolerant plant populations for the reclamation of metalliferous wastes, *J. Appl. Eco.*, **16**, 595-612.

Soudek, P., Tykva, R., and Vanek, T. (2004): Laboratory analyses of Cs-137 uptake by sunflower, reed and poplar, *Chemosphere*, **55**, 1081-1087.

Stals, M., Thijssen, E., Vangronsveld, J., Carleer, R., Schreurs, S., and Yperman, J. (2010): Flash pyrolysis of heavy metal contaminated biomass from phytoremediation : Influence of temperature, entrained flow and wood/leaves blended pyrolysis on the behaviour of heavy metals, *Journal of Analytical and Applied Pyrolysis*, **87**, 1-7.

Stroinski, A. (1999): Some physiological and biochemical aspects of plant resistance to cadmium effect. I: Antioxidative system, *Acta Physiol. Plant.*, **21**, 175-188.

竹中千里 (2012): 木本植物を用いたファイトレメディエーション, 林木の育種, **243**, 17-20.

Takenaka, C., Kobayashi, M., and Kanaya, S. (2009): Accumulation of cadmium and zinc in *Evodiopanax innovans*, *Environ. Geochem. Health*, **31**, 609-615.

竹中千里, 杉浦佑樹 (2012): 植物を用いた放射性セシウムの除染をめざして, *TRACER*, **51**, 3-7.

辰巳修三 (1973)：重金属と樹木，公害と対策，**9** (9)，881-892.

Tamura, H., Honda, M., Sato, T., and Kamachi, H. (2005): Pb hyperaccumulation and tolerance in common buckwheat (*Fagopyrum esculentum* Moench), *J. Plant Res.*, **118**, 355-359.

Terry, N., Carlson, C., Raab, T. K., and Zayed, A. M. (1992): Rates of selenium volatilization among crop species, *J. Environ. Qual.*, **21**, 341-344.

Van Nevel, L., Mertens, J., Oorts, K., and Verheyen, K. (2007): Phytoextraction of metals from soils：How far from practice? *Environ. Pollut.*, **150**, 34-40.

Welch, R. M., Norvell, W. A., Schaefer, S. C., Shaff, J. E., and Kochian, L. V. (1993): Induction of iron (III) and Cu (II) reduction in pea (*Pisum-sativum l*) roots by Fe and cu status -Does the root-cell plasmalemma Fe (III) -Chelate reductase perform a general role in regulating cation uptake-, *Planta*, **190**, 555-561.

Willey, N., and Tang, S. (2006): Some effects of nitrogen nutrition on caesium uptake and translocation by species in the Poaceae, Asteraceae and Caryophyllidae, *Environ. Exp. Bot.*, **58**. 114-122.

山口紀子，高田悠介，林健太郎，石川　覚，倉俣正人，江口定夫，吉川省子，坂口　敦，朝田　景，和穎朗太，牧野和之，赤羽幾子，平舘俊太郎（2012）：土壌-植物系における放射性セシウムの挙動とその変動要因，農環研報，**31**，75-129.

資 料 編

資料1 全調査樹種の学名，英語名および和名
表中の数値は資料2のNo.を示す．

Family name	Scientific name	Common name	科　名	和　名	No.
Aceraceae	Acer rubrum L.	Red Maple	かえで	アカカエデ	94
	Acer saccharinum L.	Silver Maple		ギンカエデ	60
	Acer trifidum Hook. et Arn.	Trident Maple		トウカエデ	83
Anacardiaceae	Rhus chinensis Miller	Japanese Sumac	うるし	ヌルデ	56
Annonaceae	Asimina triloba Dunal	Papaw	ばんれいし	ポーポーノキ	70
Aquifoliaceae	Ilex latifolia Thunb.		もちのき	タラヨウ	103
	Ilex rotunda Thunb.			クロガネモチ	68
	Ilex serrata Thunb.	Japanese Winter Berry		ウメモドキ	59
Araliaceae	Fatsia japonica Dance. et Planch.	Japanese Aralia	うこぎ	ヤツデ	89
	Hedera rhombea Bean	Japanese Ivy		キヅタ	102
Berberidaceae	Mahonia japonica DC.	Japanese Mahonia	めぎ	ヒイラギナンテン	111
Betulaceae	Alnus japonica Steud.	Japanese Alder	かばのき	ハンノキ	52
	Alnus pendula Matsum.			ヒメヤシャブシ	93
	Alnus sieboldiana Matsum.			オオバヤシャブシ	67
	Brtura tauschii Koidz.	Japanese White Birch		シラカバ	27
	Carpinus tschonoskii Maxim.	Yedo Hornbeam		イヌシデ	46
Bignoniaceae	Campis chinensis Voss	Chinese Trumpet Creeper	のうぜんかずら	ノウゼンカズラ	57
	Catalpa ovata G. Don	Japanese Catalpa		キササゲ	8
Caprifoliaceae	Abelia grandiflora Rehd.	Glossy Abelia	すいかずら	ハナゾノツクバネウツギ	66
	Lonicera japonica Thunb.	Japanese Honeysuckle		スイカズラ	45
	Sambucus sieboldiana Blume ex Graebn	Red-barried Elder		ニワトコ	23
	Viburnum awabuki K. Koch	Japanese Coral Tree		サンゴジュ	58
	Viburnum tomentosum Thunb. var. plicatum Maxim.	Japanese Snowball		オオデマリ	50
	Weigela floribubda K. Koch			ヤブウツギ	39
Celastraceae	Celastrus orbiculatus Thunb.	Orienta Bittersweet	にしきぎ	ツルウメモドキ	12
	Euonymus alatus Sieb.	Winged Spindle Tree		ニシキギ	34
	Euonymus sieboldianus Blume			マユミ	33
Clethraceae	Clethra barbinervis Sieb. et Zucc.		りょうぶ	リョウブ	79
Cornaceae	Aucuba japonica Thunb.	Japanese Aucuba	みずき	アオキ	108
	Cornus controversa Hemsl.	Giant-Dogwood		ミズキ	30
Ebenaceae	Diospyros kaki Thunb.	Japanese Persimmon	かきのき	カキノキ	14
Elaeagnaceae	Elaeagnus multiflora Thunb. var. gigantea Araki	Cherry Elaegnus	ぐみ	ダイオウグミ	100
Ericaceae	Kalmia latifolia L.	Mountain Laurel	つつじ	カルミヤ	47
	Pieris japonica D. Don	Japanese Andromeda		アセビ	113
	Rhododendron kaempferi Planch.	Torch Azalea		ヤマツツジ	62
	Rhododendron oomurasaki Makino			オオムラサキ	31
	Rhododendron quinquefolium Bisset et Moore	Cork Azalea		ゴヨウツツジ	104
	Vaccinium oldhami Miq.			ナツハゼ	90
Euphorbiaceae	Alchonea trewioides Muell. Arg.		とうだいぐさ	オオバベニガシワ	54
	Daphniphyllum macropodum Miq.			ユズリハ	99
	Sapium sebiferum Roxb.	Chinese Tallw Tree		ナンキンハゼ	20
Fagaceae	Fagus japonica Maxim.	Japanese Beech	ぶな	イヌブナ	42
	Castanea crenata Sieb. et Zucc.	Japanese Chestnut		クリ	77
	Castanopsis cuspidata Schottky var. sieholdii Nakai	Japanese Chinquapin		スダジイ	80
	Pasania edulis Makino			マテバシイ	95
	Quercus acutissima Carr.	Japanese Chestnut Oak		クヌギ	13
	Quercus dentata Thunb.	Daimyo Oak		カシワ	71
	Quercus glauca Thunb.	Ring-cupped Oak		アラカシ	92
	Quercus mongolica Fischer var. grosseserrata Rehd. et Wils.			ミズナラ	16
	Quercus myrsinaefolia Blume	Bamboo-leafed Oak		シラカシ	82
	Quercus phyllireaeoides A. Gray	Ubame Oak		ウバメガシ	85
	Quercus serrata Thunb.	Konara Oak		コナラ	63
Ginkgoaceae	Ginkgo viloba L.	Maiden Hair Tree	いちょう	イチョウ	35
Hamamelidaceae	Corylopsis spicata Sieb. et Zucc.	Spike Winter Hazel	まんさく	トサミズキ	17
	Hamamelis virginiana L.	Witch Hazel		アメリカマンサク	28

資料編

資料 1 （続き）

Family name	Scientific name	Common name	科　名	和　名	No.
Hamamelidaceae	Liquidambar styraciflua L.	Sweet Gum	まんさく	モミジバフウ	51
Hippocastanaceae	Aesculus turbinata Blume	Japanese Horse-chestnut	とちのき	トチノキ	73
Juglandaceae	Juglans regia L. var. orientis Kitamura		くるみ	テウチグルミ	9
	Juglans ailanthifolia Carr.	Japanese Walnut		オニグルミ	7
Lardizabalaceae	Akebia quinata Dence.	Akebia	あけび	アケビ	53
	Stauntonia hexaphylla Dence.			ムベ	61
Lauraceae	Cinnamomum camphora Sieb.	Camphor Tree	くすのき	クス	87
	Lindera obtusiloba Blume	Japanese Spice Bush		ダンコウバイ	81
	Lindera umbellata Thunb.	Spice Bush		クロモジ	86
	Neolitsea sericea Koidzumi			シロダモ	101
	Machilus thunbergii Sleb. et Zucc.			タブ	96
Leguminosae	Cercis chinensis Bunge	Chinese Redbud	まめ	ハナズオウ	32
	Lespedeza bicolor Turcz. var. japonica Nakai			ヤマハギ	18
	Maackia amurensis Rupr. et Maxim. var. buergeri Schneid	Japanese Maackia		イヌエンジュ	49
	Robinia psudo-acacia L.	Locust		ニセアカシア	26
	Wisteria brachybotrys Sieb. et Zucc.	Japanese Wisteria		ヤマフジ	78
Lythraceae	Lagerstroemia indica L.	Crape Myrtle	みそはぎ	サルスベリ	36
Magnoliaceae	Kadsura japonica Dunal	Scarlet Kadsura	もくれん	サネカズラ	55
	Liriodendron tulipifera L.	Tulip Tree		ユリノキ	22
	Magnolia grandiflora L.	Laurel Mangolia		タイサンボク	72
	Magnolia kobus DC.	Kobus Magnolia		コブシ	69
	Magnolia stellata Maxim.	Star Magnolia		シデコブシ	29
	Magnolia virginiana L.	Sweet Bay		ヒメタイサンボク	74
Malvaceae	Hibiscus syriacus L.	Rose of Sharon	あおい	ムクゲ	10
Meliaceae	Melia azedarach L. var. subtripinnata Miquel	Japanese Bead Tree	せんだん	センダン	5
Moraceae	Broussonetia kazinoki Sieb.	Paker Mulberry	くわ	コウゾ	4
Myricaceae	Myrica rubra Sieb. et Zucc.	Bayberry	やまもも	ヤマモモ	41
Mytraceae	Eucalyptus pulverulenta Sims.	Spiral Eucalyptus	ふともも	マルバユーカリ	11
Oleaceae	Forsythia suspensa Vahl.	Golden Bell Tree	もくせい	レンギョウ	25
	Ligusturm lucidum Ait.	Glossy Privet		トウネズミモチ	98
	Osmanthus fragrans Lour. var. aurantiacus Makino			キンモクセイ	105
	Syringa vulgaris L.	Common Lilac		ムラサキハシドイ	91
Platanaceae	Platanus orientalis L.	Oriental Plane Tree	すずかけのき	スズカケノキ	84
Rosaceae	Cydonia sinensis Thouin	Chinese Quince	ばら	カリン	75
	Photinia glabra Maxim.	Japanese Photinia		ベニカナメモチ	97
	Prunus itosakura Sieb.			シダレザクラ	19
	Prunus lannesiana Wils.			サトザクラ	48
	Prunes mume Sieb. et Zucc.	Japanese Apricot		ウメ	64
	Prunus persica Sieb. et Zucc.	Peach		モモ	15
	Prunus sargrntii Rehd.			オオヤマザクラ	21
	Prunus yedoensis Matsumura	Yoshino Cherry		ソメイヨシノザクラ	43
	Raphiolepis umbellata Makino var. mertensii Makino	Indian Currant		マルバシャリンバイ	76
Schophulariaceae	Paulownia tomenrosa Steud.	Royal Paulownnia	ごまのはぐさ	キリ	1
Simaroubaceae	Ailanthus altissima Swingle	Tree of Heaven	にがき	シンジュ	3
Solanaceae	Solanum glaucophyllum Desf.		なす	ルリヤナギ	65
Stachyuraceae	Stachyurus praecox Sieb. et Zucc.		きぶし	キブシ	37
Sterculiaceae	Firmiana simplex W. F. Wight	Chinese Parasol Tree	あおぎり	アオギリ	40
Styracaceae	Styrax japonicus Sieb. et Zucc.	Japanese Snowbell	えごのき	エゴノキ	24
	Styrax obassia Sieb. et Zucc.	Fragrant Snowbell		ハクウンボク	107
Theaceae	Camellia japonica L.	Camellia	つばき	ヤブツバキ	109
	Camellia sasanqua Thunb.	Sasanqua Camellia		サザンカ	106
	Cleyera japonica Thunb.			サカキ	112
	Eurya japonica Thunb.	Eurya		ヒサカキ	110
	Ternstroemia gymnanthera Sprague.			モッコク	88
	Thea sinensis L.	Tea Plant		チャノキ	44
Ulmaceae	Celtis sinensis Pers. var. japonica Nakai	Japanese Hackberry	にれ	エノキ	6
	Ulmus davidiana Planch. var. japonica Nakai	Japanese Elm		ハルニレ	38
	Zelkova serrata Makino	Japanese Zelkova		ケヤキ	2

資料編

資料 2 気孔密度および葉面拡散抵抗値に関する全調査樹種の特性表

No.	学名	常緑樹(E)と落葉樹(D)の区別	樹高 (m)	光要求性	気孔密度 (mm^{-2}) 向軸面	気孔密度 (mm^{-2}) 背軸面	葉面拡散抵抗 (abax, $s \cdot cm^{-1}$) July '84	葉面拡散抵抗 Aug. '83	平均	備考
1	Paulownia tomentosa Steud.	D	10–15	+2	53±10	430±20	.43±.03	.37±.06	.40	(adax; 1.91 ± .68)
2	Zelkova serrata Makino	D	30	+2	0	262 2	.46 .04	— —	.46	
3	Ailanthus altissima Swingle	D	20	+2	0	204 22	.48 .05	— —	.48	
4	Broussonetia kazinoki Sieb.	D	2–5	+1	47 7	590 35	.47 .08	.56 .12	.51	
5	Melia azedarach L. var. subripinnata Miq.	D	15–20	+2	0	278 34	.53 .04	.55 .08	.54	
6	Celtis sinensis Pers. var. joponica Nakai	D	15–20	+1	0	497 30	.39 .04	.69 .12	.54	
7	Juglans ailanthitolia Carr.	D	30	+2	0	※	.55 .08	— —	.55	
8	Catalpa ovata G. Don	D	10	+2	0	316 28	.47 .07	.65 .14	.56	
9	Juglans regia L. var. orientis Kitamura	D	20	+2	0	240 46	.59 .14	.55 .04	.57	
10	Hibiscus syriacus L.	D	2–5	+1	56 10	272 29	.48 .05	.70 .09	.59	
11	Eucalyptus pulverulenta Sims.	E	30	+2	390 22	400 67	.61 .12	— —	.61	(adax; .95 ± .29)
12	Celastrus orbiculatus Thunb.	D	vine	+1	0	218 61	.63 .06	.63 .10	.63	
13	Quercus acutissima Carr.	D	15	+1	0	476 60	.65 .11	.63 .05	.64	
14	Diospyros kaki Thunb.	D	15–20	+2	0	337 25	.61 .07	.73 .35	.67	
15	Prunus persica Batsch	D	3–5	+2	0	243 16	.62 .06	.72 .09	.67	
16	Quercus mongolica Fisher var. grosseserrata Rehd. et Wils.	D	20	0	0	632 30	.67 .04	.83 .21	.70	
17	Corylopsis spicata Sieb. et Zucc.	D	2–3	0		163 15	.74 .01	.70 .05	.72	
18	Lespedeza bicolor Turcz. var. japonica Nakai	D	1.5–2	+1	0	# 142 62	.65 .08	.80 .19	.72	
19	Prunus itosakura Sieb.	D	20	+2	0	292 15	.66 .05	.78 .14	.72	
20	Sapium sebiferum Roxb.	D	16	+2	44 9	205 15	.60 .10	.85 .05	.72	
21	Prunus sargentii Rehd.	D	12	+2	0	288 42	.68 .20	.95 .09	.81	
22	Liriodendron tulipifera L.	D	30	+2	0	132 19	1.00 .18	.65 .08	.82	
23	Sambucus sieboldiana Blume ex Graebn.	D	2–3	+1	0	190 13	.74 .13	.90 .10	.82	
24	Styrax japonicus Sieb. et Zucc.	D	7–8	+1	0	305 42	.86 .11	.78 .18	.82	
25	Forsythia suspensa Vahl.	D	3	+2	0	323 9	.89 .21	.78 .11	.84	
26	Robinia psudo-acasia L.	D	25	+2	0	※	1.04 .19	.68 .10	.86	
27	Betula tauchii Koidz.	D	20–25	+3	0	74 18	— —	.86 .15	.86	
28	Hamamelis virginiana L.	D	3–5	+1	0	289 21	— —	.87 .13	.87	
29	Magnolia stellata Maxim.	D	3	0	0	245 49	.86 .34	.92 .12	.89	
30	Cornus controversa Hemsl.	D	10–15	+2	0	※	.78 .16	1.05 .24	.89	
31	Rhododendron oomurasaki Makino	E	1–2	+2	0	347 35	— —	.91 .26	.91	
32	Cercis chinensis Bunge	D	2–3	+2	0	288 14	.85 .07	1.00 .06	.92	
33	Euonymus sieboldianus Blume.	D	5–6	+1	0	261 17	— —	.92 .12	.92	
34	Euonymus alatus Sieb.	E	1.5–3	−1	0	149 26	.92 .06	— —	.92	
35	Ginkgo biloba L.	D	30	+2	0	109 13	1.03 .23	.84 .06	.93	
36	Lagerstroemia indica L.	D	6–7	+2	0	311 33	— —	.93	.93	
37	Stachyurus praecox Sieb. et Zucc.	D	2–3	+2	0	271 33	1.19 .22	.67 .63	.93	
38	Ulmus davidiana Planch. var. japonica Nakai	D	20	+2	0	362 27	.72 .15	1.18 .21	.95	
39	Weigela floribubda K. Koch	D	2	+1	0	246 34	.85 .08	1.07 .19	.96	
40	Firmiana simplex W. F. Wight	D	15	+2	0	818 42	.96 .13	— —	.96	
41	Myrica rubra Sieb. et Zucc.	E	15	+2	0	557 70	.98 .09	— —	.98	
42	Fagus japoinca Maxim.	D	25	+2	0	237 77	.88 .12	1.12 .15	1.00	
43	Prunus yedoensis Matum.	D	10	+2	0	230 28	.73 .08	1.29 .13	1.01	
44	Thea sinensis L.	E	2–3	0	0	209 32	1.01 .20	— —	1.01	
45	Lonicera japonica Thunb	E/D	vine	0	0	334 24	— —	1.06 .19	1.06	
46	Carpinus tschonoskii Maxim.	D	12	+1	0	224 26	— —	1.06 .06	1.06	
47	Kalmia latifolia L.	D	1–3	+1	0	200 20	1.12 .12	— —	1.12	
48	Prunus lannesiana Wils.	D	5–10	+2	0	220 35	1.14 .12	1.14 .12	1.14	
49	Maackia amurensis Rupr. et Maxim. var. buergeri C. K. Schn.	D	12	+1	0	※	1.14 .03	1.15 .08	1.14	

資料編

資料 2 （続き）

No.	学名	常緑樹(E)と落葉樹(D)の区別	樹高 (m)	光要求性	気孔密度 (mm^{-2}) 向軸面	気孔密度 (mm^{-2}) 背軸面	葉面拡散抵抗 (abax, s・cm^{-1}) July '84	葉面拡散抵抗 (abax, s・cm^{-1}) Aug. '83	平均	備考
50	Viburnum tomentosum Thunb. var. plicatum Maxim.	D	1−3	+1	0	124±10	1.34±.20	.96±.05	1.15	
51	Liquidambar styraciflua L.	D	25−30	+2	0	298 70	1.22 .31	1.08 .27	1.15	
52	Alnus japonica Steud.	D	10−15	+2	0	61 10	1.11 .18	1.22 .24	1.16	
53	Akebia quinata Dence.	D	vine	+1	0	206 18	1.17 .12	1.15 .17	1.16	
54	Alchornea trewioides Muell. Arg.	D	shrub	+2	6 ±2	276 52	1.20 .29	− −	1.20	
55	Kadsura japonica Dunal	E	vine	−2	6 3	66 7	1.38 .42	1.03 .11	1.20	(adax; 30.6 ± 8.3)
56	Rhus chinens Miller	D	5−6	+2	0	※	1.20 .21	1.20 .15	1.20	
57	Campis chinensis Voss	D	vine	+2	0	202 18	1.02 .15	1.45 .10	1.23	
58	Viburnum awabuki K. Koch	E	10	−2	0	118 16	1.23 .15	−	1.23	
59	Ilex serrata Thunb.	D	2−5	+1	0	260 31	1.37 .14	1.16 .13	1.26	
60	Acer saccharinum L.	D	20	+2	0	※	1.34 .32	1.19 .18	1.26	
61	Stauntonia hexaphylla Dence.	E	vine	+1	0	640 68	1.09 .04	1.47 .14	1.26	
62	Rhododendron kaempferi Planch.	D	1−5	+1	0	105 11	1.20 .14	1.35 .22	1.27	
63	Quercus serrata Thunb.	D	15	+1	0	483 62	1.09 .04	1.47 .14	1.28	
64	Prunus mume Sieb. et Zucc.	D	7−10	+2	0	766 103	1.27 .30	1.29 .33	1.28	
65	Solanum glaucophyllum Desf.	E	1−2	+2	130 46	87 18	1.00 .14	1.57 .04	1.28	(adax; 1.50 ± .21)
66	Abelia grandiflora Rehd.	D	0.6-1.5	0	0	260 27	1.51 .23	1.22 .20	1.36	
67	Alnus sieboldiana Matsum.	D	5−6	+2	0	207 17	1.43 .28	1.30 .13	1.36	
68	Ilex rotunda Thunb.	E	10−15	+1	0	242 32	1.22 .08	1.53 .14	1.37	
69	Magnolia kobus DC.	D	10−15	0	0	504 27	− −	1.41 .07	1.41	
70	Asimina triloba Dunal	D	4−6	+2	0	271 22	1.31 .33	1.58 .24	1.44	
71	Quercus dentata Thunb.	D	15	+2	0	538 22	1.12 .06	1.80 .37	1.46	
72	Magnolia grandfilora L.	E	20	+2	0	248 13	1.28 .11	1.70 .24	1.49	
73	Aesculus turbinata Blume	D	25	−2	0	143 13	1.49 .23	− −	1.49	
74	Magnolia virginiana L.	E	10	+2	0	288 36	1.46 .05	1.56 .30	1.51	
75	Cydonia sinensis Thouin	D	20	+2	0	291 63	1.52 .39	− −	1.52	
76	Raphiolepsis umbellata Makino var. mertensii Makino	E	1-1.5	−2	0	454 74	− −	1.54 .12	1.54	
77	Castanea crenata Sieb. et Zucc.	D	10	+3	0	609 40	1.67 .24	1.50 .16	1.58	
78	Wisteria brachybotrys Sieh. et Zucc.	D	vine	0	0	297 27	− −	1.60 .01	1.60	
79	Clethra barbinervis Sieb. et Zucc.	D	3−5	+1	0	124 24	1.60 .12	− −	1.60	
80	Castanopis cuspidata Schotty var. sieboldii Nakai	E	30	−1	0	554 88	1.66 .32	1.59 .26	1.62	
81	Lindera obtusiloba Blume	D	2−6	+1	0	398 49	1.35 .11	1.92 .18	1.63	
82	Quercus myrsinaefolia Blume	E	20	−1	0	775 51	1.38 .18	1.92 .25	1.65	
83	Acer trifidum Hook. et Arn.	D	15	+2	0	# 590 54	1.60 .30	1.87 .17	1.68	
84	Platanus orientalis L.	D	20−30	+2	3 3	267 30	1.85 .42	1.60 .18	1.72	
85	Quercus phyllireaoides A. Gray	E	15	+1	0	493 26	− −	1.77 .31	1.77	
86	Lindera umbellata Thunb.	E	1.5-3	−2	0	139 16	1.70 .40	1.98 .10	1.79	
87	Cinnamomum camphora Sieb.	E	40	−2	0	292 35	− −	1.80 .06	1.80	
88	Ternstroemia gymnanthera Sprague	E	10−15	−2	0	234 48	1.72 .35	1.90 .39	1.81	
89	Fatsia japonica Dence. et Planch.	E	2.5-3	−3	0	180 20	1.81 .09	− −	1.81	
90	Vaccinium oldhami Miq.	D	3−6	+2	0	130 25	1.62 .12	2.15 .36	1.88	
91	Syringa vulgaris L.	D	2−6	+1	17 3	236 25	1.88 .25	− −	1.88	
92	Quercus glauca Thunb.	E	10−20	−1	0	667 51	1.76 .24	1.98 .48	1.88	
93	Alnus pendula Matsum.	D	5−6	+2	0	339 39	2.21 .71	1.60 .15	1.90	
94	Acer rubrum L.	D	15	+1	0	519 45	1.63 .24	2.25 .35	1.96	
95	Pasania edulis Makino	E	10	+2	0	※	− −	1.98 .35	1.98	
96	Machilus thunbergii sieb. et Zucc.	E	20	−1	0	196 13	1.76 .31	2.30 .62	2.03	
97	Photinia glabra Maxim.	E	6−10	+1	0	490 73	2.00 .25	2.38 .54	2.19	
98	Ligusturm lucidum Ait.	E	5−8	−2	0	186 12	2.34 .72	2.15 .19	2.24	
99	Daphniphyllum macropodum Miq.	E	15	−3	0	240 12	22.32 .52	2.33 .23	2.32	
100	Elaeagnus multiflora Thunb. var. gigantea Araki	D	2−4	0	0	# 368 70	2.70 .36	1.96 .17	2.37	
101	Neolitsea sericea Koidz.	E	15	−1	0	※	2.20 .30	2.60 .29	2.40	
102	Hedera rhombea Bean	D	vine	−2	0	65±12	1.92±.10	3.05±.76	2.48	
103	Ilex latifolia Thunb.	E	15−20	−1	0	187 12	2.72 .24	2.27 .29	2.49	
104	Rhododendron quinquefolium Bisset et Moore	D	4−5	−1	0	116 28	− −	2.53 .30	2.53	
105	Osmanthus fragrans Lour. var. aurantiacus Makino	E	10	0	0	958 112	− −	2.89 .29	2.89	
106	Camellia sasanqua Thunb.	E	6−12	−1	0	107 8	2.16 .32	3.88 .75	3.02	

資　料　編

資料2　（続き）

No.	学名	常緑樹(E)と落葉樹(D)の区別	樹高 (m)	光要求性	気孔密度 (mm^{-2})		葉面拡散抵抗 (abax, $s \cdot cm^{-1}$)				平均	備考
					向軸面	背軸面	July '84		Aug. '83			
107	Styrax obassia Sieb. et Zucc.	D	10	−1	0	※	3.17	.55	2.98	.61	3.07	
108	Aucuba japonica Thunb.	E	2−3	−3	0	157	7	−	−	3.28	.49	3.28
109	Camellia japonica L.	E	15	−3	0	396	42	4.05	.66	2.64	.78	3.34
110	Eurya japonica Thunb.	E	5	−1	0	422	27	4.19	.66	3.13	.44	3.66
111	Mahonia japonica DC.	E	1.5−2	−3	0	308	32	3.55	1.22	4.15	.88	3.85
112	Cleyera japonica Thunb.	E	10	−1	0	147	11	4.14	.53	3.62	.36	3.88
113	Pieris japonica D. Don	E	2−10	−2	0	406	32	3.87	.64	4.30	.57	4.08

1) 光要求性は極陽樹（+3）から極陰樹（−3）までの7階級に分類した．
2) 気孔数は一視野 $0.25mm^2$（♯印は $0.02mm^2$）で計数し，$1mm^2$ あたりの気孔密度に換算した．なお，※印は気孔が存在するが，計数できなかったもの．
3) 葉面拡散抵抗は1983年8月と1984年7月の2回計測した．
4) 備考欄中の数値は葉表面の拡散抵抗値を示した．
5) abax（abaxial）は背軸面（葉の裏面），adax（adaxial）は向軸面（葉の表面）．

●資料1，2の出典
　藤沼康実，町田　孝，岡野邦夫，名取俊樹，戸塚　績（1985）：大気浄化植物の検索—広葉樹における葉面拡散抵抗特性の種間差異，国立公害研究所研究報告，第82号，13−28．
　　＊一部，表現を改めたところがある．

資料3 大気浄化植樹のための樹種リスト（関東地方周辺）

	比較的濃度レベルの低い地域（住宅街など）	濃度レベルが高い地域（工場・幹線道路周辺など）
高木	（常緑樹） ヤマモモ，ウバメガシ，シラカシ，アラカシ，スダジイ，マテバシイ，タイサンボク，クスノキ，タブノキ，クロガネモチ，モッコク，カクレノミ，カイズカイブキ，モチノキ，サンゴジュ （落葉樹） ケヤキ，エノキ，ムクノキ，ハルニレ，キリ，イチョウ，クヌギ，アキニレ，ユリノキ，シンジュ，アオギリ，サルスベリ，クリ，ヤマモミジ，コブシ，ハクモクレン，ヤマザクラ，ソメイヨシノ，イロハモミジ，イヌシデ，アカシデ，トチノキ，エンジュ，トウカエデ，コナラ，スズカケノキ，モミジバスズカケノキ，センダン，カキノキ，シダレザクラ，ナンキンハゼ，エゴノキ，ニセアカシア，ミズキ，サトザクラ，オオシマザクラ，ハンノキ，モミジバフウ，カシワ，リョウブ，モモ 以上のほかこれらに準ずる樹種	（常緑樹） ヤマモモ，ウバメガシ，シラカシ，アラカシ，スダジイ，マテバシイ，タイサンボク，クスノキ，タブノキ，クロガネモチ，モッコク，カクレノミ，カイズカイブキ，モチノキ，サンゴジュ （落葉樹） イチョウ，クヌギ，アキニレ，ユリノキ，シンジュ，アオギリ，トウカエデ，コナラ，スズカケノキ，モミジバスズカケノキ，モミジバフウ，センダン，ナンキンハゼ，ニセアカシア，サトザクラ，オオシマザクラ，ハンノキ，モミジバフウ，カシワ 以上のほかこれらに準ずる樹種
中木	（常緑樹） イヌツゲ，マサキ，ネズミモチ，キョウチクトウ （落葉樹） ウメ，ニワトコ，ハナズオウ，マユミ，シデコブシ，シモクレン 以上のほかこれに準ずる樹種	（常緑樹） イヌツゲ，マサキ，ネズミモチ，キョウチクトウ （落葉樹） ニワトコ，マユミ 以上のほかこれに準ずる樹種
低木	（樹緑樹） オオムラサキ，ヤマツツジ，シャリンバイ，マルバシャリンバイ，ヤツデ，サツキ，ヒラドツツジ，アベリア，チャノキ （落葉樹） ムクゲ，レンギョウ，トサミズキ，ヒュウガミズキ，ヤマハギ，ニシキギ，ハコネウツギ，オオデマリ，ウメモドキ 以上のほかこれらに準ずる樹種	（常緑樹） オオムラサキ，シャリンバイ，マルバシャリンバイ，ヤツデ，サツキ，ヒラドツツジ，アベリア，チャノキ （落葉樹） ムクゲ，レンギョウ，ハコネウツギ，オオデマリ，ウメモドキ 以上のほかこれらに準ずる樹種
つる植物	（常緑） サネカズラ，ムベ，キヅタ，テイカカズラ，セイヨウキヅタ （落葉） ツルウメモドキ，フジ，ヤマフジ，スイカズラ，ノウゼンカズラ，アケビ，ミツバアケビ，ナツヅタ 以上のほかこれらに準ずる樹種	（常緑） ムベ，キヅタ，セイヨウキヅタ，テイカカズラ 以上のほかこれらに準じる種

1) 造園材料としての樹木は，造園上の使いやすさなどから，次のように樹高のおおよその目安によって高木・中木・低木に3区分した．
   高木：3m以上，中木：1m以上3m未満，低木：1m未満
   ただし，生物の特性がこれらをこえるものであっても，生垣，刈込み物などのように剪定などによって樹高，枝張調整され，造園上では中木・低木扱いとすることが多い樹種については，それぞれ中木・低木とした．
2) 網掛けで表示している樹種は，東京都内およびその近県における事例調査において，屋上緑化など都市建築空間の緑化に多用されている樹種を示しており，アンダーラインで表示している樹種は，沿道緑化など道路緑化に多用されている樹種を示している．
3) 以上のほかに，汚染ガス吸収能率は低いが大気汚染に対する抵抗性が強く被陰などにも一般的によく耐えて道路緑化などに多く用いられている樹種に次のようなものがある．上記の樹群を主に植栽し，これらの樹種をまじえることは差し支えない．
   高木（常緑樹）：トウネズミモチ，サカキ，ユズリハ，ヒメユズリハ，シロダモ
   中木（常緑樹）：カナメモチ，サザンカ，ヒサカキ，ヤブツバキ，ヒイラギモクセイ，ヒイラギ
   低木（常緑樹）：ハマヒサカキ，ヒイラギナンテン，アオキ，アセビ，トベラ，ジンチョウゲ，クチナシ
4) つる植物についてはこのほかに大気浄化能力について調べられてはいないが，壁面緑化によく使われている植物として以下のようなものがある．
   （常緑）：イタビカズラ類，カロライナジャスミン，ツルニチニチソウ類，ツルマサキ，ヘデラ類
   （落葉）：シナサルナシ（キウイフルーツ），ツタ類，シリガネカズラ，ツルバラ類，ブドウ

資 料 編

資料 4　エコプラントの機能

資料 4.1　エコ・プラントによるキシレンおよびトルエン除去率（上位 14 種）

植物	μg／h
アレカヤシ	■■■■■■■■■■■■■■■■■■
シンノウヤシ	■■■■■■■■■■■■■
ファレノプシス	■■■■■■■■■■■
ディフェンバキア "カミーラ"	■■■■■■■■■
ベニフクリンセンネンボク	■■■■■■■■■
デンドロビウム	■■■■■■■■
ディフェンバキア "エキゾチカ"	■■■■■■■
ホマロメナ・バリシー	■■■■■■■
ネフロレピス オブリテラータ	■■■■■■■
ドラセナ "ウォーネッキー"	■■■■■■■
アンスリウム	■■■■■■
ドラセナ・フラグランス "マッサンゲアナ"	■■■■■■
ベンジャミンゴムノキ	■■■■■■
スパティフィラム	■■■■■■

資料 4.2　エコ・プラントによるアンモニア除去率（上位 14 種）

植物	μg／h
カンノンチク	■■■■■■■■■■■■■■■■■■
ホマロメナ・バリシー	■■■■■■■■■■■
コヤブラン	■■■■■■■■■■
アンスリウム	■■■■■■■■■
ポットマム	■■■■■■■
カラテア	■■■■■■■
デンドロビウム	■■■■■■■
チューリップ	■■■■■■
テーブルヤシ	■■■■■
シンゴニウム	■■■■■
ベンジャミンゴムノキ	■■■■
スパティフィラム	■■■■
ドラセナ・フラグランス "マッサンゲアナ"	■■■
アザレア	■■■

資料 4.3　スパティフィラムの化学物質除去率

化学物質	μg／h
アセトン	■■■■■■■■■■■■■■■■■■■
メチルアルコール	■■■■■■■■■■■■
エチルアセテート	■■■■■■■■
ベンゼン	■■■■■■
アンモニア	■■■■
トリクロロエチレン	■■■■
ホルムアルデヒド	■■■
キシレン	■

資料 4.4　スパティフィラムによるバイオエフルエント（生体排気物）除去率

エチルアルコール	✺✺✺✺✺✺✺✺✺✺✺✺✺✺✺✺✺✺■
アセトン	✺✺✺✺✺✺✺✺✺✺✺✺✺■
メチルアルコール	✺✺✺✺✺■■
エチルアセテート	✺✺✺

✺植物によるバイオエフルエント除去
■人体が放出したバイオエフルエント

●資料 3 の出典
　環境庁大気保全局大気規制課監修，大気環境に関する緑地機能検討会編集（1989）：大気浄化植樹指針—緑のインビテーション，pp. 3–233，第一法規出版．

●資料 4，5 の出典
　ウォルバートン，B. C（1998）：エコ・プラント—室内の空気をきれいにする植物，主婦の友社．

資料5 エコ・プラント50種—光による分類

植物名（通称）	学名	植物名（通称）	学名
日向を好むもの			
アロエ・ベラ	*Aloe barbandensis*	カランコエ	*Kalanchoe blossfeldiana*
クロトン	*Codiaeum variegatum pictum*	シマナンヨウスギ	*Araucaria heterophylla*
矮性バナナ	*Musa cavendishii*	チューリップ	*Tulipa gesneriana*
フィクス・アリイ	*Ficus macleilandii* "Alii"	ベゴニア・センパフローレンス	*Begonia semperflorens*
ポットマム	*Chrysanthemum morifolium*	ベンジャミンゴムノキ	*Ficus benjamina*
ガーベラ	*Gerbera jamesonii*	アザレア	*Rhododendron simsii* "Compacta"
半日向を好むもの			
アロエ・ベラ	*Aloe barbandensis*	ガーベラ	*Gerbera jamesonii*
アンスリウム	*Anthurium andraenum*	ネフロレピス・オブリテラータ	*Nephrolepis obliterata*
アレカヤシ	*Chrysalidocarpus lutescens*	コヤブラン	*Liripe spicata*
シンゴニウム	*Syngonium podophyllum*	シマナンヨウスギ	*Araucaria heterophylla*
カマエドレア・ザイフリッツィー	*Chamaedorea seifritzii*	シッサス・ロンビフォリア "エレン・ダニカ"	*Cissus rhombifolia* "Ellen Danika"
ボストンタマシダ	*Nephrolepis exaltata* "Bostoniensis"	テーブルヤシ	*Chamaedorea elegans*
クリスマス・カクタス（シャコバサボテン）	*Schlumbergera bridgesii*	スパティフィラム	*Spathiphyllum* sp.
イースター・カクタス	*Schlumbergera rhipsalidopsis*	マランタ・レウコネウラ "ケルショビアナ"	*Maranta leuconeura* "Kerchoveana"
クロトン	*Codiaeum variegatum pictum*	インドゴムノキ	*Ficus robusta*
デンドロビウム	*Dendrobium* sp.	サンセベリア・トリファスキアタ	*Sansevieria trifasciata*
ディフェンバキア "カミーラ"	*Dieffenbachia camilla*	ナカフオリヅルラン（オリヅルラン）	*Chlorophytum comosum* "Vittatum"
ディフェンバキア "エキゾチカ・コンパクタ"	*Dieffenbachia* "Exotica Compacta"	チューリップ	*Tulipa gesneriana*
矮性バナナ	*Musa cavendishii*	エクメア・ファスキアタ（アナナス）	*Aechmea fasciata*
シンノウヤシ	*Phoenix roebelenii*	ベゴニア・センパフローレンス	*Begonia semperflorens*
セイヨウキヅタ	*Hedera helix*	ベンジャミンゴムノキ	*Ficus benjamina*
フィクス・アリイ	*Ficus macleilandii* "Alii"		
ポットマム	*Chrysanthemum morifolium*		

資　料　編

資料5　（続き）

植物名（通称）	学　名	植物名（通称）	学　名
半日陰を好むもの			
シンゴニウム	*Syngonium podophyllum*	フィロデンドロン・セロウム	*Philodendron selloum*
ボストンタマシダ	*Nephrolepis exltata*	コヤブラン	*Liriope spicata*
アグラオネマ "シルバー・クイーン"	*Aglaonema crispum*	ファレノプシス（コチョウラン）	*Phalaenopsis* sp.
ドラセナ・フラグランス	*Dracaena fragrans*	シマナンヨウスギ	*Araucaria heterophylla*
クロトン	*Codiaeum variegatum pictum*	シッサス・ロンビフォリア "エレン・ダニカ"	*Cissus rhombifolia* "Ellen Danika"
シクラメン	*Cyclamen persicu*	テーブルヤシ	*Chamaedorea elegans*
ベニフクリンセンネンボク	*Dracaena marginata*	スパティフィラム	*Spathiphyllum* sp.
ディフェンバキア "カミーラ"	*Dieffenbachia camilla*	カラテア	*Calathea makoyana*
ディフェンバキア "エキゾチカ・コンパクタ"	*Dieffenbachia* "Exotica Compacta"	ポインセチア	*Euphorbia pulcherrima*
フィロデンドロン・ドメスティクム	*Philodendron domesticum*	マランタ・レウコネウラ "ケルショビアナ"	*Maranta leuconeura* "Kerchoveana"
セイヨウキヅタ	*Hedera helix*	フィロデンドロン・エルベスケンス	*Philodendron erubescens*
ポトス	*Epipremnum aureum*	インドゴムノキ	*Ficus robusta*
ヒメカズラ	*Philodendron oxycardium*	ブラッサイア・アクティノフィラ	*Brassaia actinophylla*
アオワーネッキー	*Dracaena deremensis* "Janet Craig"	サンセベリア・トリフアスキアタ	*Sansevieria trifasciata*
ネフロレピス・オブリテラータ	*Nephrolepis obiterata*	ナカフオリヅルラン（オリヅルラン）	*Chorophytum comosum* "Vittatum"
ホマロメナ・バリシー	*Homalomena wallisii*	ドラセナ "ウォーネッキー"	*Dracaena deremensis* "Warneckei"
		エクメア・ファスキアタ（アナナス）	*Aechmea fasciata*
日陰を好むもの			
シンゴニウム	*Syngonium podophyllum*	ヒメカズラ	*Philodendron oxycardium*
アグラオネマ "シルバー・クイーン"	*Aglaonema crispum*	ホマロメナ・バリシー	*Homalomena wallisii*
フィロデンドロン・ドメスティクム	*Philodendron domesticum*	フィロデンドロン・エルベスケンス	*Philodendron erubescens*
ポトス	*Epipremnum aureum*	サンセベリア・トリフアスキアタ	*Sansevieria trifasciata*

資料6 植物特性一覧表

No.	樹種	種別 常緑/落葉	種別 高木/中木/低木	大気浄化能力	大気汚染抵抗性	成長度	耐乾性	耐陰性	耐潮性	耐風性	耐瘦地性	鑑賞性 実	鑑賞性 花	鑑賞性 葉	移植難易度	管理難易度	調達難易度	耐剪定性	用途 道路緑化	用途 屋上/ベランダ緑化	用途 壁面緑化	備考
1	アカマツ	常	高		弱	速	乾	陽	弱	中	強	○			中		中	弱	○			大気汚染に弱い
2	イヌマキ	常	高		強	速	中	陰	強						中	易	易	強	○	○		丈夫で生垣にも用いられる針葉樹
3	カイズカイブキ	常	高		強	速	乾	陽	強			○			難	易	易	強	○	○		芽先をつみ樹形整理. 赤星病のためナシ生産地では規制
4	クロマツ	常	高		中	速	乾	陽	強	中	強				中	易	中	中	○	○		大気汚染に強く街路樹にも利用. 海岸地域
5	スギ	常	高		弱	速	湿	中	中	弱	弱				難		中	中				大気汚染に弱く枯れる. 刈込みにも耐える
6	イチョウ	落	高	高	強	速	中	陽	中					○	易	易	易	強	○			成長が速く病害虫の少ない強健な樹種
7	アラカシ	常	高	中	強	速	中	中	中	中					中	易	易	強	○	○		剪定に強く生垣などにも利用. シラカシよりもやや温暖地向き
8	イスノキ	常	高			中		陰							中	易	易	強	○			萌芽力が強く剪定や移植にも耐える. 温暖地
9	ウバメガシ	常	高	中	強	遅	乾	中	中	中	強				難	易	易	強	○	○		大気汚染に強く刈込にも耐える. 海岸地域に自生
10	カクレミノ	常	高	中	強	遅	湿	陰	強					○	中	易	易	強	○			耐陰性が強い. 成長が遅く管理がらく
11	ガジュマル	常	高			中		陰	強							易	中		○			温暖地向き. 幹から気根を出す独特の樹形
12	カナメモチ	常	高	低	強	速	中	陽	強		弱			○	中	易	易	強	○	○		剪定に強く生垣に適する. 芽出しが紅く美しい
13	カナリーヤシ	常	高		強	速	中	陽	強					○	易		中	弱	○			温暖地向き. 別名フェニックス
14	クスノキ	常	高	中	強	速	中	中	強	中					易		中	強	○			寿命が長く巨木になる. 成長が速く庭木には適さない
15	クロガネモチ	常	高	中	中	中	中	中	強			○			中	中	中	中	○			大気汚染にも強く街路樹にも用いる. 野鳥誘致
16	サカキ	常	高	低	強	中	中	陰	弱	弱	弱				中	中	中	中	○			枝が密生しないため自然仕立ても可. 神社境内木
17	サンゴジュ	常	高	中	強	速	中	陰	強	強					易	易	易	強	○			耐火力があり, 防災のための生垣に利用. 野鳥誘致
18	シュロ	常	高		強	遅	中	中	強					○	易	易	易	弱	○			耐陰性が強く日陰でも育つ
19	シラカシ	常	高	中	強	速	中	中	強	強		○			中	易	易	強	○			関東では防風・防潮の生垣に多用される
20	シロダモ	常	高	低	強	速	湿	陰	中			○	○		難	易	易	中				開花・結実が重なるため花と実を同時に鑑賞
21	スダジイ	常	高	中	強	中	中	中	強	弱					易	易	易	強	○			大木になるが, 刈込みにも耐え生垣にも利用
22	タイサンボク	常	高	中	中	中	中	陽	強		弱		○		難	易	易	弱	○			移植が難しく根回しが不可欠
23	タブノキ	常	高	中	中	速	中	中	強		弱				難	易	易	強	○			大木になる
24	ツバキ類	常	高		強	遅	中	陰	強	中	中		○		易	中	易	強	○			多様な園芸品種. チャドクガによる被害
25	ヒメユズリハ	常	高	低	強	中	中	陰	強			○				易	易	強	○			ユズリハほど大きくならず庭木にされる
26	フサアカシア	常	高			速	乾	陽	強	弱			○			中	中	強	○			別名ミモザ. 風で倒れやすく剪定が必要
27	ホルトノキ	常	高			遅									難				○			温暖地向き
28	マテバシイ	常	高	中	強	速	中	陽	強	強					易	易	易	強	○			大気汚染に強く, 防塵・防火などの生垣に利用. 耐潮性強
29	モチノキ	常	高	中	中	遅	中	陰	中						易	中	中	強	○			剪定や刈込に耐える
30	モッコク	常	高	中	強	遅	中	陰	中	中					易	易	易	強	○			庭木の定番. 透かしや間引きなどの剪定. 野鳥誘致
31	ヤマモモ	常	高	高	強	中	中	強	強	強					易	易	中	強	○			根に根粒菌が共生し窒素固定. 果実は食用
32	アオギリ	落	高	高	強	速	中	陽	強	弱					易	易	易	強	○			大気汚染に強く緑陰樹や街路樹に多用
33	アカシデ	落	高	高	中	中			弱				○			中	中	弱				自然樹形が美しい
34	アキニレ	落	高	高	強	中	中	陽	強						易		中	強	○			大気汚染にも強い
35	アメリカデイゴ	落				中		陽					○	○		易	易	強				温暖地向き. 開花のため枝の切り戻しが重要
36	イヌシデ	落	高	中	中	速	中	中	弱						易	易	易	弱				自然樹形が美しい. 別名ソロ
37	イロハモミジ	落	高	中	弱	速	中	陽	弱					○	易	中	易	中				自然樹形が美しい
38	エゴノキ	落	高	高	弱	速	中	陰	強				○		易	易	易	中	○			自然樹形が美しい
39	エノキ	落	高	高	弱	中	中	陽	強						強	易	中		○			大木になる. 昔, 一里塚として植栽されていた
40	エンジュ	落	高	高	強	速	中	中	弱				○		易	中	中	強	○			大気汚染に比較的強く街路樹・公園樹に多用
41	オニグルミ	落	高		強	速	湿	陰	中						難	易	中	弱				日当たりと冷涼な気候を好む
42	カキノキ	落	高	高	弱	中	中	陽	中			○			難	易	易	中				枝先に結実するため剪定に注意が必要
43	カシワ	落	高	中	中	中	湿	陽	強	強		○			難	中	難	弱	○			潮風に耐え防風林に利用
44	カロリナポプラ	落	高		強	速	湿	陽	強		強			○	難	中	中	強	○			強健で都市環境にも育つが, 風倒しやすい

No.	樹種名																			備考
45	キリ	落	高	高	弱	速	中	陽	中				○		中	中	中	弱	○	成長が速いため，植栽場所に要注意
46	クヌギ	落	高	高	中	速	湿	陽	中		○		○		中	易	易	弱	○	強健で成長が速く手間もかからない
47	クリ	落	高	中	弱	速	中	陽	強	強	○				難	中	易	弱	○	根に根粒菌が共生するため痩せ地でも可
48	ケヤキ	落	高	高	弱	速	中	陽	弱	強	弱				易	中	易	強	○○	大気汚染に弱く，かつて生物指標として利用
49	コナラ	落	高	中	強	速	乾	陽	弱	強	○				中	易	易	弱	○	自然樹形が美しい．雑木林の構成種．株立ちあり
50	コブシ	落	高	中	弱	速	湿	中				○			難	易	中	弱	○○	自然樹形で育てる．早春に咲き人気がある
51	ヤエザクラ類	落	高	中	中	速	中	陽	弱			○			難	中	易	弱	○	サクラ類は大気汚染に弱い．成長が速いことに注意
52	サルスベリ	落	高	高	中	中	乾	陽	強		弱				易	中	中	強	○○	花つきをよくするためにその年の枝を切り戻す
53	シダレザクラ	落	高	高		速	中	陽	弱	弱					難	中	易	弱		アメリカシロヒトリなどの病害虫被害に注意
54	シダレヤナギ	落	高			速	湿	陰	強	弱	強	○			中	易	中	中	○	きれいな樹形を保つには毎年強剪定する
55	シラカンバ	落	高		中	速	湿	陽	弱	弱	強									寒冷地向き．自然樹形が美しい．テッポウムシ被害
56	シンジュ	落	高	高	強	速	中	陽	中				○		易	中	中	中	○	中国原産．別名ニワウルシ
57	スズカケノキ	落	高	中	強	速	中	陽	中	弱	○				易	中	中	強	○	強風で倒れやすい．別名プラタナス
58	センダン	落	高	高	中	速	湿	陽	中		○				弱					温暖地向き．自然樹形が美しい
59	ソメイヨシノ	落	高	中	弱	速	中	陽	弱		○	○			難	易	難	弱	○○	自然樹形が美しい．寿命が短い．成長が速い
60	タイワンフウ	落	高			速				○	○									街路樹や公園木として植栽
61	トウカエデ	落	高	中	強	速	中	陽	強	○					易	易	易	強	○	大気汚染に強く，街路樹や公園木として利用
62	トチノキ	落	高	中	中	中	湿	陰	中	弱	○				難	中	中	中		山野の渓谷沿いに自生．自然樹形が美しい
63	ナツツバキ	落	高		中	中	中	中	中			○			易	易	易	弱	○	自然樹形が美しい．乾燥にやや弱い
64	ナナカマド	落	高		強	遅	中	中	中			○			易	易	中	弱	○	自然樹形が美しい．寒冷地向き
65	ナンキンハゼ	落	高	高	中	速	湿	陽	強	強	○		○		中	易	易	強	○○	街路樹や公園木として植栽．成長が速いため強度剪定が必要
66	ニセアカシア	落	高	高	強	速	乾	陽	中	弱	強				易	中	中	強	○	風倒しやすい．河川敷での分布拡大が問題
67	ハクモクレン	落	高	中	弱	速	中	中			○				難	易	易	弱	○	シモクレンと異なり大木になるので注意
68	ハルニレ	落	高	高	弱	速	中	陽	強			○			易	中	中	弱	○	街路樹や公園木に利用され，大木になる
69	ハンノキ	落	高	中	弱	速	湿	陽			○				易	易	易	強	○	湿潤地に自生するが，乾燥にも耐える
70	プラタナス類	落	高	中	強	速	中	陽	中	弱	○				易	中	中	強	○	大気汚染に強く街路樹や公園木に利用される
71	ベニスモモ	落	高			中		陽			○	○							○	樹高2〜3m程度の耐寒性のサクラ
72	ポプラ類	落	高	高	中	速		陽		弱					難	中	中	強	○	成長が速いため大木になり，風倒しやすい．浅根性
73	ミズキ	落	高	高	弱	速	湿	陽	中			○			中	易	難	強	○	湿潤な山腹斜面に自生．枝が水平に広がる
74	ムクノキ	落	高	高	弱	速	中	陽	強						易	易	難	強	○	河川沿いの湿潤地に自生．公園木にも利用
75	モミジバスズカケノキ	落	高	中	強	速	中	陽	中						易	易	易	強	○	大木になり，街路樹や公園木に利用される
76	モミジバフウ	落	高	中	強	速	中	陽	強						易	易	易	強	○	大木になり，街路樹や公園木に利用される
77	モモ	落	高	高	弱	速	中	陽	強			○			易	易	易	強	○	過湿を極端に嫌うため，水はけのよい場所
78	ヤチダモ	落	高		中	速	湿	中	中						易			強	○	河畔林など湿潤で日当たりのよい場所
79	ヤマザクラ	落	高	中	弱	速	中	陽	弱		○	○			難	中	易	弱	○	大気汚染に弱い．枝張りが広がることに注意
80	ヤマモミジ	落	高	中	弱	速	湿	中	弱						易	易	易	弱	○○	自然樹形が美しい
81	ユズリハ	常	高	低	強	遅	湿	陰	強						難	易	難	弱	○	大気汚染や潮風に強い
82	ユリノキ	落	高	高	強	速	中	陽	中	弱					難	易	中	弱	○	成長が速いため，植栽場所に要注意
83	リョウブ	落	高	中	弱	速	中	陽	中						易	易	易	強	○	庭木や街路樹に利用できる．西日を嫌う
84	イチイ	常	中		中	遅	中	陰	中		弱		○		難	中	中	弱	○	刈込みに強いため生垣に利用
85	トベラ	常	中		強	速	中	陰	強				○		易	易	易	強	○	潮風や大気汚染に強い．海岸地域に自生
86	ネズミモチ	常	中	中	強	速	中	陰	強			○			易	易	易	強	○	大気汚染に強く強健で刈込みにも耐える．野鳥誘致
87	マサキ	常	中	高	強	速	中	陰	強		○		○		易	易	易	強	○	大気汚染や潮風に強く生垣に利用．ウドンコ病発生
88	イヌツゲ	常	中	中	強	遅	中	陰	強		○				易	易	易	強	○	萌芽力が強く刈込に耐え，生垣に利用．野鳥誘致
89	オリーブ	常	中			速	乾	陽	強	○	○		○		難	中	中	強	○	寒さに弱く，暖地向き．やや乾燥を好む
90	キョウチクトウ	常	中		強	速	乾	陽	強						難	易	易	中		大気汚染に強く，工場緑化や道路緑化に適す
91	キンモクセイ	常	中			中	中	陰	弱						易	易	易	強	○	大気汚染に弱く，かつて生物指標に利用
92	サザンカ	常	中	低	強	遅	中	陰	強						易	易	易	強	○	古くから庭木や生垣に利用．チャドクガ発生
93	トウオガタマ	常	中			速	中	中							難	易	易	弱	○	温暖地向き．別名カラタネオガタマ
94	トウジュロ	常	中			遅	中	陰	強			○				易		弱	○	耐陰性が強く日陰でも育つ．中国原産
95	トウネズミモチ	常	中	低	強	速	中	陰	強		○				易	易	易	強	○	鳥散布により分布域が拡大している．野鳥誘致
96	ヒイラギ	常	中	低	強	遅	中	陰	強		○	○			難	易	中	強	○	庭木や生垣として利用．芳香を楽しめる
97	ヒイラギモクセイ	常	中	低	強	中	湿	陰	強			○			易	易	易	強	○○	庭木や生垣として利用．芳香を楽しめる

資料編

No.	名称																		備考
98	ヒサカキ	常	中	低	強	遅	中	陰	強		○	○		易	中	易	強	○	○	日陰に耐え成長も遅いため庭木・生垣に利用．野鳥誘致
99	ヤブツバキ	常	中	低	強	遅	中	陰	強		○	○		中	中	易	弱	○	○	古くから親しまれている花木で園芸品種が多い
100	レッドロビン	常	中			速	中	中	強			○		中	易	易	強	○	○	新葉が紅く美しい．別名ベニカナメモチ
101	ウメ	落	中	中	弱	遅	中	陽	中		○	○		易	中	易	強	○	○	多様な園芸品種．剪定のタイミングが重要
102	シデコブシ	落	中	高	弱	速	湿	中	中					難	易	易	弱		○	日当たりのよい湿潤地を好む
103	シモクレン	落	中	中	弱	速	湿	陽						難	易	易	弱		○	樹高は3～4mでハクモクレンほど大きくならない
104	ニワトコ	落	中	高	強	速	湿	中	中		○	○		易	中	難	強	○		日当たりのよい湿潤地を好む
105	ハナズオウ	落	中	高	弱	速	中	陽						難	易	易	弱		○	根に根粒菌が共生し痩せ地にも耐える
106	ハナミズキ	落	中			速	中	陽			○	○			易	易	弱	○	○	大きくなり過ぎないため近年多用されている
107	ヒメシャラ	落	中		中	速	中	陰	中	弱	○	○		難	中	易	弱	○	○	自然樹形が美しい．乾燥を嫌う
108	マユミ	落	中	高	強	速	湿	陽			○		○	易	易	易	中		○	自然樹形が美しい
109	ライラック	落	中			速	中	中								易			○	別名ムラサキハシドイ．暑さに弱く寒冷地向き．芳香あり
110	アオキ	常	低	低	強	速	乾	陰	強		○			易	易	弱		○	○	耐陰性がとくに強く，日陰でも生育できる
111	アセビ	常	低	低	強	遅	乾	陰	中					易	中	易	強	○	○	日当たりのよい場所を好み，水切れに注意
112	アベリア	常	低	中	強	速	中	中						易	易	易	強	○	○	大気汚染に強く強靭で，道路緑化にも多用
113	オオムラサキツツジ	常	低	高	強	速	中	陽	中					易	易	易	強	○	○	剪定に耐えるため生垣に利用．花後に刈込み
114	タチカンツバキ	常	低			遅	中	陰	強					易	易	易	強	○	○	サザンカに比べて枝が横に広がるのが特徴
115	クチナシ	常	低		強	速	中	陰	強					難	中	易	弱	○	○	オオスカシバによる被害が多い
116	コトネアスター	常	低			速	乾	陽			○	○		中	易	易	強	○	○	別名ベニシタン．枝の伸び方にタイプあり．野鳥誘致
117	サツキ	常	低	中	強	中	陽	中						易	易	易	強	○	○	刈込に強く盆栽にも多用されている．河岸の岩上に自生
118	シャリンバイ	常	低	中	強	遅	中	中	強		○			難	易	易	弱	○	○	大気汚染に強く道路の中央分離帯に多用
119	ジンチョウゲ	常	低		強	遅	乾	陰	中					難	中	中	弱	○	○	耐陰性・耐乾性に強く日陰でも生育できる．芳香あり
120	タマイブキ	常	低			速		陽	強			○		難	中	易	強	○	○	ビャクシンの園芸品種．丸く玉状に仕立てる
121	チャノキ	常	低	中	強	中	中	中	強		○			難	易	易	強	○	○	萌芽力が強く生垣に利用．チャドクガの被害
122	ツゲ	常	低		強	遅	中	中	強	弱	○			難		中	強		○	剪定に耐え，生垣や刈込みに利用
123	ドワーフコニファー類	常	低			遅	乾	陽				○		易	易				○	矮性針葉樹類の総称
124	ナギイカダ	常	低			遅	乾	陰			○	○		難	易		弱		○	葉に鋭い棘あり
125	ナンテン	常	低		中	遅	湿	陰			○	○		易	中	易	強	○	○	若いうちは放任，成長し込み入ったら間引く．野鳥誘致
126	ハクチョウゲ	常	低			速		中						易	易	易	強	○	○	強靭で萌芽力もあるため生垣に適する
127	ハマヒサカキ	常	低	低	強	遅	中	陰	強		○			易	易	易	中	○	○	強靭で潮風や乾燥にも強く刈込みにも耐える
128	ヒイラギナンテン	常	低	低	強	遅	乾	陰			○			易	易	易	強	○	○	耐陰性に強く日陰でも生育できる．芳香あり
129	ピラカンサ	常	低		強	速	中	中	中					難	易	易	強	○	○	別名タチバナモドキ．野鳥誘致効果が大きい．棘あり
130	ヒラドツツジ	常	低	中	強	遅	乾	中	弱					易	中	易	強	○	○	玉造や生垣に利用．道路緑化に多用
131	フッキソウ	常	低				中	陰								易		○	○	湿りを好む地被植物
132	マルバシャリンバイ	常	低	中	強	中	中	中	強					難	易	易	弱	○	○	大気汚染に強く道路の中央分離帯に多用
133	ヤツデ	常	低	中	強	遅	中	陰	強					易	易	易	強	○	○	縁起木として玄関先に植栽される
134	ヤマツツジ	常	低	中	中	中	中	陽	中					易	中	易	強	○	○	仲間が多く，クルメツツジは園芸品種
135	アジサイ類	落	低			速	湿	陰	強					易	易	易	強	○	○	丈夫で育てやすく多くの品種がある
136	イボタノキ	落	低			速	乾	中	強					易	易	易	強	○	○	山地に自生．萌芽力が強く生垣に適する
137	ウツギ	落	低		強	速	湿	陰	強	強				易	易			○	○	痩せ地にも耐える
138	ウメモドキ	落	低	中	弱	速	中	陽	中		○			易	易	易	強	○	○	自然樹形が美しい．日当たりのよい湿潤地．野鳥誘致
139	オオデマリ	落	低	中	中	遅	中	中						易	易	易	中	○	○	成長が遅く萌芽力も弱いため剪定は軽度
140	コデマリ	落	低			速		中						易	易	易	強	○	○	株立．風通しが悪いとカイガラムシが発生
141	タニウツギ	落	低		強	速	湿	陽						易	易	易	強	○	○	山地の渓流の湿潤地に自生
142	ドウダンツツジ	落	低			中	中	陽	弱			○		易	易	易	強	○	○	刈込に耐え整形しやすい．紅葉が美しい
143	トサミズキ	落	低	高	弱	速	中	中						易	易	易	強	○	○	四国の蛇紋岩地帯に自生．切り戻し剪定
144	ニシキギ	落	低	高	弱	速	中	陰	中		○		○	易	中	易	強	○	○	枝に着いているコルク質の「翼」が特徴．紅葉が美しい
145	ハコネウツギ	落	低	高	強	速	湿	陽	強					易	易	易	強	○	○	水はけがよく肥沃な土壌を好む．株立ち状で強健
146	ハマナス	落	低			速	中	陰	強	強	中	○		易	易	易	強	○	○	耐寒性は非常に強いが夏の高温多湿が苦手．海岸に自生
147	ヒュウガミズキ	落	低	高	弱	速	中	中			○			易	易	易	弱	○	○	自然樹形が美しいが，刈込みによる整形も可

No	名称																	備考
148	ミツマタ	落	低			速	中	陰			○		難	中	易	弱		日当たりと水はけのよい適潤地. 和紙の原料
149	ミヤギノハギ	落	低		中	速	中	陽	中	強	○		易	中	易	強	○	日当たりと水はけのよい場所. 根元で剪定
150	ムクゲ	落	低	高	強	速	湿	陽	中		○		易	易	易	強	○○	強靭な樹種で管理に手間がかからない. 花期が長い
151	ムラサキシキブ	落	低			速	中	陰	強		○		易	易	易	中	○○	冬の間に切り戻しを行う. ほかにコムラサキあり
152	ヤマハギ	落	低	高		速	中	陽	弱	強			易	中	易	強		山腹工や法面緑化に多用される
153	ヤマブキ	落	低		中	速	湿	中					易	易	易	強	○	山野に自生. 乾燥を好まない
154	ユキヤナギ	落	低		強	速	中	中			○	○	易	中	易	強	○○	密生すると病虫害が発生するため間引く. 株立ち状
155	レンギョウ	落	低	高	強	速	中	陽	中				易	易	易	強	○○	強靭な樹種で管理に手間がかからない. 株立ち状
156	ロウバイ	落	低			速	中	中					難	中	易	強	○	移植は困難で植栽は落葉時期に行う
157	クマザサ	常	笹				中	陰				○	易	易	易	強	○	適潤な場所を好み日陰でも生育する
158	クロチク	常	竹				中	陰						易		強	○	適潤な日当たりのよい場所を好む
159	トウチク	常	竹				中	陰						易		強	○	別名ダイミョウチク. 寒さに弱い
160	ナリヒラダケ	常	竹				中	陰					易	易	易	強	○	「業平竹」の名称が姿形がよいことから命名
161	オカメザサ	常	笹	強			乾	陰	強				易		中	強	○○	適潤な場所を好み日向でも日陰でも育つ
162	コグマザサ	常	笹				中	陰	強				易		中	強	○○	クマザサの矮性品種であまり大きくならない
163	モウソウチク	常	竹			速	中	中					易	易	易	強	○	大きくなった竹は根が張り扱いづらく要注意
164	オオイタビ	常	蔓			遅	中	陰	強		○			易	中		○○	気根による吸着タイプ
165	クレマチス類	落	蔓				中	陽			○		易	中	易	強	○○	多品種. テッセン・カザグルマなどの日本産もこの仲間
166	サネカズラ	常	蔓			速	中	陰			○	○	易	易		強	○	巻き付きタイプ. 別名ビナンカズラ. 下部が透けやすい
167	ジャスミン類	常	蔓				中	陽					易	易	易	強	○○	巻き付きタイプ. ハゴロモジャスミン, カロライナジャスミンなど
168	ツキヌキニンドウ	常	蔓			速	中	陽					易	易	中	弱	○○	巻き付きタイプ. 名称は茎が葉真中から突き抜けるため
169	ヘデラ類	常	蔓	強	速	乾	陰	強		中			易	易	易	強	○	○	吸着根タイプ. 別名アイビー, セイヨウキヅタ
170	ムベ	常	蔓			速	中	陰			○		易	易	中	強	○	巻き付きタイプ. 日当たりがよく適潤な土壌を好む
171	トケイソウ	半	蔓			速	中	陰			○	○		中	易	中	○○	多品種・栽培品種. 巻きひげタイプ. 実は食用
172	アケビ	落	蔓			速	乾	中			○	○	難	中	易		○	巻き付きタイプ. 果実は食用
173	ノウゼンカズラ	落	蔓			速	中	陽			○		易	易	易	強	○	気根による吸着タイプ. 地表をはわせると根が出やすい
174	ツタ	落	蔓	強	速	中	陰	強				○	易	易	難	強	○○	吸盤と巻きひげで登はんするタイプ. 落葉. 別名ナツヅタ
175	ツルバラ類	落	蔓				中	陽	弱				易	易	易	強	○	寄りかかりタイプ. 自ら絡みつかないため誘引が必要
176	キヅタ	常	蔓	強	遅	中	陰	強					易	易	易	強	○○	常緑. 別名フユヅタ. 山野に自生
177	フジ	落	蔓			速	中	陽			○		易	易	易	強	○○	巻き付きタイプ. 棚仕立て. ノダフジ系とヤマフジ系
178	スイカズラ	常	蔓			速	中	陽	強				易	易	易	強	○○	巻き付きタイプ. 芳香性. 上部で繁茂し下部で透けやすい
179	テイカカズラ	常	蔓			遅	中	陽	強				易	易	易	強	○○	気根による吸着タイプ. 山野の林床に自生
180	アイビーゼラニウム	常	多				乾	陽		中			易	中	易	強	○	成長すると下垂. 支柱やフェンスに誘引. 吊り鉢に向く
181	アカンサス	常	多				乾	陰	強				易	易	易		○	排水のよい土壌を好む
182	キチジョウソウ	常	多				中	陰			○		易	易	易		○	林内に自生. ヤブランに似る
183	シャガ	常	多				中	陰					易	易	易		○	人里近くの林内に自生. 明るい日陰地を好む
184	ジャノヒゲ	常	多				乾	陰	強		○	○	易	易	易	強	○	別名リュウノヒゲ. 似たものにノシランがある. 密に生育
185	ゼラニウム	常	多				乾	陽					易	中	易	強	○	過湿や高温に弱い. 伸びすぎたら切り戻す. 花期が長い
186	タツタナデシコ	常	多				乾	陽	強	中			易	易	易		○	ナデシコの仲間を総称してダイアンサスと呼ぶ
187	ツワブキ	常	多				乾	陰	強				易	易	易		○	海岸付近に自生. 明るい日陰を好む
188	ディモルフォセカ	常	多				中	陽					易	易	易		○	日当たりのよい適潤地を好む
189	バーベナ	常	多				中	陽		中			易	易	易		○	茎が立ち上がるもの・匍匐するもの. 花期が長い
190	ベゴニア類	常	多				中	陽		弱	○	○	易	易	易	強	○	ベゴニア・センパフローレンスなど. ベランダなど

No.	名称	常/落	型	大気浄化	大気汚染抵抗	成長	耐乾	耐陰	耐潮	耐風	耐瘠地	鑑(実)	鑑(花)	鑑(葉)	移植	管理	調達	耐剪定	道路	屋上	壁面	備考
191	マツバギク	常	多				乾	陽		強	強		○	○	易	易	易			○		日当たりのよい乾燥しやすい痩せ地.
192	ヤブラン	常	多				中	陰	強	中		○	○		易	易	易			○		山野の林床に自生する
193	カンナ	落	多				中	陽					○		易	易	易					寒さに弱い
194	シラン	落	多				中	陰		中			○							○		日当たりのよい場所を好む. 栽培品が逸出. 西日を避ける
195	ダリア	落	多				中	陽					○		易	中	易					球根を分球して増やす
196	インパチェンス	/	1				中	陰					○		易	易	易			○		高温多湿を好むが，夏の直射日光は避ける. 花期が長い
197	サルビア類	/	1				中	陽					○		易	易	易					サルビア属には多様な種・品種がある. ベランダなど
198	ハナスベリヒユ	/	1				中	陽				○	○		易	易	易			○		別名ポーチュラカ
199	ペチュニア	/	1				中	陽					○		易	易	易					多様な品種がある
200	コウライシバ	/	芝				乾	陽	中	強			○		易	中	易	強				匍匐茎で拡大. 維持管理に手間を要す. 冬季は枯れる

凡例

○種別（常緑／落葉）：
　　　常：常緑樹，落：落葉樹
○種別（高木／中木／低木）：
　　　高：高木，中：中木，低：低木，竹：竹類，笹：笹類，蔓：ツル植物，多：多年生草本，1：一年生草本
○大気浄化能力：大気浄化能力の高いものから高・中・低に3区分
○大気汚染抵抗性：大気汚染に対して強いものから強・中・弱に3区分
○成長度：成長速度の速いものから速・中・遅に3区分
○耐乾性：乾燥を好むもしくは乾燥に耐えられるなど乾燥に強いものから強・中・弱に3区分
○耐陰性：日陰を好むもしくは日陰に耐えられるなど日陰に強いものから陰・中・陽に3区分
○耐潮性：潮風に対する耐性の強いものから強・中・弱に3区分
○耐風性：強風でも倒れにくいなど風の物理的影響に対して強いものから強・中・弱に3区分
○耐瘠地性：土壌養分の要求度との関係から比較的養分の不足に耐えられるものから強・中・弱に3区分
○鑑賞性（実）：果実が美しいもの・面白いもの，食用や野鳥誘致に有利なもの
○鑑賞性（花）：花が美しいもの
○鑑賞性（葉）：紅葉や芽だしの頃の葉の色が美しいもの，葉の形が面白いもの
○移植難易度：移植が容易なものから易・中・難に3区分
○管理難易度：日常的な維持管理が容易なものから易・中・難に3区分
○調達難易度：苗木や成木の購入・兆冊が容易なものから易・中・難に3区分
○耐剪定性：萌芽力が強く強度の刈込に耐えられるものから強・中・弱に3区分
○用途（道路緑化）：道路緑化によく用いられるもの
○用途（屋上／ベランダ緑化）：屋上，ベランダ，テラスなど，建築空間の緑化によく用いられているもの
○用途（壁面緑化）：都市建築空間のうち壁面などの緑化によく用いられるもの

●資料6は，下記の文献をもとに大原正之が作成した．
　相賀　徹編著（1990）：：園芸植物大辞典 1〜6，小学館．
　飯島　亮，安俊比古（1974）：庭木と緑化樹 1・2，誠文堂新光社．
　上原敬二（1961）：樹木大図説 Ⅰ・Ⅱ・Ⅲ，有明書房．
　上原敬二（2012）：樹木ガイドブック，朝倉書店．
　小沢知雄・近藤三雄（1987）：グランドカバープランツ—地被植物による緑化ハンドブック，誠文堂新光社．
　苅住　昇（1979）：樹木根系図説，誠文堂新光社．
　環境庁大気保全局大気規制課監修・大気環境に関する緑地機能検討会（1989）：大気浄化植樹指針—緑のインビテーション，第一法規出版．
　公害健康被害補償予防協会（1995）：大気浄化植樹マニュアル—きれいな大気をとりもどすために．
　建設省道路局企画課道路環境対策室監修，社団法人道路緑化保全協会編集（1997）：道路の樹木，社団法人道路緑化保全協会．
　国土交通省国土技術政策総合研究所緑化生態研究室（2009）：わが国の街路樹 Ⅵ，国総研資料，第506号．
　講談社編（2006）：都市空間を多彩に創造する屋上緑化＆壁面緑化，講談社．
　日経アーキテクチュア編（2009）：建築緑化入門—屋上緑化・壁面緑化・室内緑化を極める！，日経BP社．
　日本公園緑地協会（1975）：造園施工管理 技術編，社団法人日本公園緑地協会．
　日本緑化センター（1976）：工場緑化ハンドブック．
　藤沼康実，町田　孝，岡野邦夫，名取俊樹，戸塚　績（1985）：大気浄化植物の検索—広葉樹における葉面拡散抵抗性の種間差異，国立公害研究所研究報告，第82号，13-28．
　林業試験場（1971）：保健保全林—その機能・造成・管理，林業試験場研究報告，第239号．

資料7　光環境の単位とその換算について

植物の生育にとって，もっとも重要な環境条件は光である．光の単位としては一般的にSI単位系である「照度」が使われているが，環境工学の分野では短波放射束密度（または光合成放射束密度）を使用することが多かった．最近では光合成光量子束密度（PPFまたはPPFDと略称）を使用するのが光合成に関連する光環境を表現するためにより適切と考えられている．

研究や実務において，こうした異なる光環境の単位を換算する必要が生じるが，星岳彦近畿大学教授のサイト（http://www.hoshi-lab.info/env/light-j.html）では，こうした計算をしてくれる「単位換算シート」を公開されている．解説と合わせて参照されたい．ほかにも「光の単位」（早稲田大学・植物生理学研究室，http://www.photosynthesis.jp/light.html）など，関連サイトも参照されたい．　　　　　　　　　　　　　　　（戸塚　績）

A) 放射束密度（短波放射束密度，光合成放射束密度）

各波長のエネルギー強度を足し合わせたもの．環境工学の分野で使用されることが多い．光合成に有効な波長域（400〜700 nmの範囲）を含む短波放射束密度を，とくに光合成放射束密度という．

単位：W/m^2，$cal/cm^2 \cdot min$

（$1.0\ W/m^2 = 0.00014\ cal/cm^2/min$）

B) 光合成量子束密度（PPF，PPFD）

光合成に関連する光環境を表現するためには，より適切と考えられている．

エネルギーでなく光の粒子である光量子（光子）の個数で表現した単位である．光合成は葉緑素に入射する光量子の数によって左右される．そこで波長400〜700 nmの波長での光量子が単位時間・単位面積あたりに入射する個数を示したのがPPFDである．

単位：$\mu mol/m^2 \cdot s$

（1molは，6.02×10^{23}を表す）

C) 照度

光の単位として一般に広く用いられている．1 cd（カンデラ）の光度を持つ光源から1 m離れた面の明るさが1 lx（ルクス）になる．しかし，この照度は人間の感覚をもとにした単位であることから，光合成を中心とする植物の光環境の評価にはあまり適さない．

単位：lxもしくはlm/m^2

索　引

aquaculture system　84

BOD　76

CAM 植物　63
CO_2 吸収能力　13
CO_2 吸収量　13
CO_2 同化作用　21
COD　76

IMTA　105

LAI　16

^{15}N 希釈法　40
NO　30
　──が滞留したマント群落　33
　──の NO_2 への変化　30
NO_2　9
　──の環境基準　26
NO_2 吸収量　41
NO_2 収着量　40
NO_2 濃度　29
　──の低減率　29
　都市緑地の──　29
NO_2 濃度低減範囲　39
NO_2 濃度分布　34
NO_x・PM 法　27, 33
NO_x 濃度　31
　──の低減率　31
NO_x の距離減衰　28

O_3　9
O_3 濃度　30

PM2.5 の短期基準／長期基準　27

SO_2　8, 17
SO_2 ドース　9
SPM 濃度　32
　──の低減率　32
SUMP 法　11

VOC　68

wetland system　84

ア　行

赤潮　5
上尾運動公園　34
足尾銅山鉱毒事件　109
アトリウム　51
アルファルファ群落　17, 19
アルベド　57
アンダーセンサンプラー　32
アンモニア態窒素　79

移行係数　124
維持管理　47, 54, 86
磯焼け　98
イタイイタイ病　4, 109
一次汚染物質　29
一酸化窒素　26
一般環境局　27
移流現象　59
因子分析　86

ウォルヴァートン　71

栄養塩類　77
　──の除去率　85
エコトーン　75, 87
エコ養殖　106
越冬可能な植物　89
沿岸帯植物群落　87
塩ストレス耐性　120
沿道植栽（帯）　26, 33, 47
　──による大気浄化測定例　33
沿道大気汚染の日変動　28
沿道緑地（帯）　26, 33, 39, 41
　──の整備　43
　──の大気汚染低減効果　43
塩類吸収速度　80

大形褐藻　100
　──の寿命　103
大型抽水植物　80
屋上緑化　51, 54, 61
汚染ガスドース　9
オゾン濃度　30
オープンスペース　55, 61

カ　行

海域の環境基準　5
外構の緑化　51
海水浄化（能力）　102, 103
海水中の炭酸物質　96
海水の pH　97
海藻　96
　──の一次生産力　100
　──の光合成能力　98
　──の生産力　98
　──の有機物生産力　100
海草　96, 97
　──の光合成能力　102
　──の生産力　102
海藻群落の純生産量　101
海藻草類　96
　──の環境浄化機能　5
　──の現存量　98, 99
　──の光合成速度　100
　──の呼吸速度　100
　──の寿命　97
海藻養殖　103
海中林　98
　──の年間純生産量　101
外来生物法　85
街路樹の利用　8
化学的酸素要求量（COD）　76
拡散　19, 43
拡散条件　29
風向別出現頻度　36
可視障害（度）　7
ガス沈着速度　8, 9
化石燃料　16
河川，湖沼などの水環境浄化　4
活着率（抽水植物の）　90
金山草（ヘビノネゴザ）　114
株植え　90
環境圧　51
環境科学　1
環境基準（土壌の）　111
環境基準（海域の）　5
環境再生保全機構　43
環境施設帯　26, 33, 48
環境庁設置法　1
環境に優しい水質浄化法　91

環境保全型農業　87
環境保全機能　1
　　植生の——　2
　　農地生態系がもつ——　2
　　陸上植物の——　1
環境要因　85
灌水施設の整備　53
乾燥ストレス耐性　120
乾物生産速度　80
観葉植物　72, 73
　　——による CO_2 吸収　73

気孔　6
気孔応答性　12
気孔開度　6, 10, 12, 44
気孔開度測定器　10, 12
気孔拡散抵抗　6, 11, 22, 72
気孔拡散抵抗値　72
気候緩和機能　57
気孔コンダクタンス　23, 72
気孔密度　11
　　——の種間差異　11
揮発性有機化合物（VOC）　68
吸収　43
吸着　8, 43
胸高直径　14
共同溝　46
極陰樹　12
局地的汚染対策　33
極陽樹　12
距離減衰　28
キレート剤　118
キレート物質　115
菌根菌　115, 121

空気の拡散現象　19
茎植え　90
クチクラ層　6
グリーンウォーター　106
グリーンベルト　20
クールアイランド　59, 61
クロロフィル a　82

景観形成効果　85
結合型炭酸　97
解毒作用　7
ケミルミ NO_x 計　30
原位置浄化方法　112
現存量　98
建築空間の環境圧　51
建築空間緑化　50
　　——の維持管理　54
建築物のセットバック　46
顕熱　58

公開空地　55
公害健康被害補償予防協会　43
光化学オキシダント　23, 42
光化学スモッグ　7
高架下　46, 49
公共施設の緑化　54
光合成　21
光合成・蒸散測定装置　13
光合成速度　44
　　海藻草類の——　100
光合成能の地方格差補正　15
光合成能力　13, 98
　　海草の——　102
　　海藻の——　98
光合成有効日射　8
交差点　49
鉱山　109
光散乱粉じん計　31, 32
高層住居誘導地区　55
交通島　49
校庭芝生化　61
光合成量の推定　13
高濃度集積植物（重金属）　113
広葉樹　10
　　——のガス吸収能率　23
小型抽水植物　80
個体群　16
個葉　6
骨軟化症　4

サ 行

在来種　85, 114
サイン　48
雑草の利用化　83
ザルツマン NO_x 計　31
酸化ストレス　117
酸化性物質　70
酸素　96
酸素膜　82
サンパチェンス　91

事業所の緑化　55
資源植物　85
自然浄化機能　77
シックハウス症候群　4, 68
シックビル症候群　4, 68
実生群落　90
湿地システム　84
室内（アトリウム）　51
室内空気汚染　68, 71
室内の CO_2 吸収　73
室内濃度指針値　69
自動車 NO_x・PM 法　27, 33

自動車から排出される窒素酸化物　20
自動車の排出ガス　20
自動車排ガス寄与分　40
自動車排ガス測定局（自排局）　26
遮音壁　46, 49
遮蔽　43
遮蔽効果　37
蛇紋岩植生　113
蛇紋岩地質　113
重金属　109
　　——に対する耐性メカニズム　116
　　——による土壌汚染　109
　　——の化学形態　111
　　——の人体への健康影響　111
　　——の蓄積　116
　　——の輸送　116
　　大気汚染物由来の——　116
重金属集積植物　114
重金属耐性植物　120
住宅の緑化　55
収着　6, 8
収着速度　8, 19
収着量　16
樹種選定　44, 46, 53
樹勢　44
樹木活力度　44
樹木植栽　14
　　——による大気浄化効果　14
樹木の大気汚染耐性　23, 24
樹木の大気浄化能力　23, 24
純生産量　22
硝化作用　79, 82
浄化施設設置　84
蒸散作用　21
蒸散速度　10, 44
蒸発散　58
正味放射　58
常緑広葉樹（林）　22, 47
常緑樹　10, 12, 23, 34
除去率（栄養塩類の）　85
植栽　26
　　——の大気汚染低減効果　33
植栽基盤の整備　45, 53
植栽構成　44, 46
植栽地の配置　46
植栽配置　44
植生の環境保全機能　2
植物群落　16
　　——による汚染ガス吸収量　16
植物個葉におけるガス吸収　6
植生浄化法　88
植物体内無機塩類含有率　80
植物
　　——の汚染ガス吸収　7

索引

――の基本的生理機能 3
――の水質浄化作用 78
――の窒素およびリン吸収能力 79
――を利用した水環境浄化 75
植物プランクトン 82
除染 121
人為的富栄養化 77
人工土壌 53
人工排熱 57
新宿御苑 59
親水空間の創出 90
針葉樹林 22
侵略的外来水生植物 77

水環境浄化 4, 75
水環境浄化機能 96
水圏システム 84
水資源問題 75
水質浄化効率 85
水質浄化用植物 83
水蒸気飽差 10
水生雑草 77, 84
水生植物 4
――の生活型 80
水面緑化 85
ストリートキャニオン現象 36
ストロンチウム90（$^{90}S_r$） 123
スプリンクラー 53

生育空間の確保 45
静穏時 36
生産構造図 17, 18
生産力 98
生態系 75
生物化学的酸素要求量 76
生物生産 77
生物多様性 75
生物濃縮 4
生物膜 89
世界保健機構（WHO） 69
セシウム137（$^{137}C_s$） 123
セダム類 63
全炭酸 97
潜熱 58

総光合成速度 21
総光合成量 13, 15, 21
総生産量 22
層別刈り取り法 18
草本植物の気孔分布 11
粗大粒子 32
ゾーニング 90

タ 行

体感温度 58
大気汚染耐性 23, 24
大気汚染低減効果 33, 37, 43
　沿道緑地の―― 43
　植栽の―― 33
大気汚染の季節変動 29
大気汚染の実態 26
大気汚染物質 26
大気汚染由来の重金属 116
大気環境の改善 44
大気浄化機能 26
大気浄化効果 14
大気浄化植物 10
大気浄化に適した植物 22
大気浄化能（力） 21-24
　樹木の―― 23, 24
代償植生 2
耐性メカニズム 116
堆肥 88
堆肥製造の有機質素材としての活用 88
滞留 33
多栄養段階統合養殖（IMTA） 105
タカノツメ 119
多種養殖 105
脱窒作用 79, 82
単位光量子束密度 73
炭酸イオン（CO_3^{2-}） 96
炭酸水素イオン（HCO_3^-） 96
炭酸物質 96
淡水 75
暖房器具 68
　――からの汚染ガス排出 70
単木の汚染ガス吸収 14
単木のガス吸収能 13

地球温暖化 1
畜産環境問題 110
築堤 46, 48
窒素酸化物排出量 16
窒素の吸収除去作用 79
中央分離帯 46, 48
駐車場の緑化 56
抽水植物 80
　――の活着率 90
沈水植物 80
沈着 43

ディーゼル排気粒子 29
デルファイ法 3
点源負荷 4
点滴パイプ 53
伝導熱 58
天然鉱物ろ材 92

同化器官 17, 18
同化箱 13
東京電力福島第一原子力発電所 121
道路構造令 26, 33
毒性緩和 112
特定外来植物 85
特定有害物質 109
都市 14
都市気候 57
都市公園 39
土壌汚染 4
　有害金属による―― 4
土壌汚染対策法 109
土壌改良剤 125
土壌浄化 89
土壌浄化法 41
都市緑地 26, 29, 33, 57
　――によるNO_2, SPMの低減 33
　――による気候緩和機能 57
　――のNO_2濃度 29
土砂流亡の防止 91
トランスポーター 117

ナ 行

内部生産 82
内湾 5

二酸化炭素 1, 96
二酸化窒素 26
　――の環境基準 26
二次処理水 94
二次生成粒子 29
にじみ出し現象 59, 61
二次林 29, 30
　――の窒素酸化物濃度低減効果 29, 30
日陰規制 55

熱収支 57
熱帯夜 58
根元直径 14

農業集落排水処理施設 94
農地生態系がもつ環境保全機能 2
農用地土壌汚染防止法 110

ハ 行

葉 6

バイオガス発酵装置　83
バイオジオフィルター　92
バイオマス　5, 118
　──の後利用　83, 87
バイオマス・エネルギー　88
バイオマス利用法　92
バイオレメディエーション　4, 112
排水処理システム　83
排水不良　53
ハイパーアキュムレーター　113
花筏　91
万能顕微印画法　11

ビオトープ　75, 87
東日本大震災　121
干潟造成　90
光触媒　41
光飽和点　73
光要求性　12
微小粒子状物質（PM2.5）　27, 32
　──の環境基準　27
微生物　78
ヒートアイランド現象　4, 57
非同化器官　17, 18
ヒマワリ　16
ヒマワリグリーンベルト　20
ヒマワリ群落　19
　──による大気浄化効果　19
ヒマワリ個体群（集団）　16, 17, 20
表皮抵抗　6, 7
表面温度　61, 64
ビル病　68

ファイトエクストラクション　113, 118, 119
ファイトスタビライゼーション　113, 120
ファイトデグラデーション　113
ファイトボラティリゼーション　113, 121
ファイトマイニング　120
ファイトレメディエーション　112
フィトケラチン　117
富栄養化　77
負荷量　85
複合植栽　45
複合養殖　104, 105
付着微生物　82
物質循環　77
浮遊（漂）植物　80

浮遊物質沈殿の除去作用　79
浮遊粒子状物質（SPM）　26, 27
浮葉植物　80
ブラウンフィールド　126
フレイド・エッジサイト　123
ブロック植え　90
分子拡散型 NO_x サンプラー　40
粉じんの粒径分布　32
粉じんの粒径別の低減効果　32

閉鎖性水域　76
壁面　51
壁面緑化　51, 54
ペデストリアンデッキ　50
ベランダ　51

防音壁　40
放射性セシウム　123
放射性物質汚染　121
防腐剤　68
飽和水蒸気圧　10
ホテイアオイ　79
歩道橋　50
歩道植栽帯　46, 47
ポリカルチャー　105
ホルムアルデヒド　68, 72
ポロメータ　10

マ 行

マウンド造成　46, 48
マント群落　29
　NO が滞留した──　33

水ストレス　12
水づくり　106
水辺環境　75
密度効果　87
緑のカーテン　54
水俣病　4

メタロチオネイン　117
面源負荷　4

木本植物　118
　──の気孔分布　11
　──の重金属集積　118
藻場　96
　──の衰退　97

ヤ 行

有害金属による土壌汚染　4
有機汚濁　76
有機酸　115
有機物の分解活性　82
有機物の分解作用　79
有用植物　88
遊離炭酸　97

容積率　55
要注意外来植物　85
用排水路　91
葉面拡散コンダクタンス　21
葉面拡散抵抗　10, 12, 23
　──の種間差異　11
葉面拡散抵抗値　11
葉面境界層　6
葉面境界層抵抗　6, 7
葉面積指数　16, 41
横浜市　16
ヨシの植栽法　90
ヨシフィルター　82
余剰水　53
与野公園　37

ラ 行

落葉広葉樹　14
落葉樹　10, 12, 23, 37, 47

陸上植物　1
　──の環境保全機能　1
緑地帯　8, 27, 40
　──の遮閉効果　37
緑地の構造　33
緑地の大気浄化能　21
緑地の大気浄化能力　22
緑被率　64
緑量　45
緑化　51, 54-56, 61
リンの吸収除去作用　79

ルーフドレイン　52

ろ材　89, 92
ロビネッティ　20
ローボリュームアンダーセンサンプラー　32

編著者略歴

戸塚　績(とつか つむぐ)

1933 年　静岡県に生まれる
1962 年　東京大学大学院生物系研究科博士課程修了
1962-1975 年　東京大学理学部助手
1975-1986 年　国立公害研究所陸生生物生態研究室室長
1986-1997 年　東京農工大学農学部教授
1997-2001 年　江戸川大学社会学部教授
2001-2005 年　酸性雨研究センター所長
　　　　　　環境科学会・大気環境学会名誉会員
　　　　　　理学博士

大気・水・土壌の環境浄化
みどりによる環境改善　　　　　定価はカバーに表示

2013 年 10 月 15 日　初版第 1 刷

編著者　戸　塚　　　績
発行者　朝　倉　邦　造
発行所　株式会社　朝倉書店

東京都新宿区新小川町 6-29
郵便番号　162-8707
電　話　03(3260)0141
FAX　03(3260)0180
http://www.asakura.co.jp

〈検印省略〉

ⓒ 2013〈無断複写・転載を禁ず〉　　シナノ印刷・渡辺製本

ISBN 978-4-254-18044-2　C 3040　　Printed in Japan

JCOPY　〈(社)出版者著作権管理機構 委託出版物〉
本書の無断複写は著作権法上での例外を除き禁じられています．複写される場合は，そのつど事前に，(社)出版者著作権管理機構(電話 03-3513-6969，FAX 03-3513-6979，e-mail: info@jcopy.or.jp)の許諾を得てください．

産総研 中西準子・産総研 蒲生昌志・産総研 岸本充生・
産総研 宮本健一編

環境リスクマネジメントハンドブック

18014-5 C3040　　　　A 5 判 596頁 本体18000円

今日の自然と人間社会がさらされている環境リスクをいかにして発見し，測定し，管理するか——多様なアプローチから最新の手法を用いて解説。〔内容〕人の健康影響／野生生物の異変／PRTR／発生源を見つける／in vivo試験／QSAR／環境中濃度評価／曝露量評価／疫学調査／動物試験／発ガンリスク／健康影響指標／生態リスク評価／不確実性／等リスク原則／費用効果分析／自動車排ガス対策／ダイオキシン対策／経済的インセンティブ／環境会計／LCA／政策評価／他

元東大 石井龍一・前東大 岩槻邦男・環境研 竹中明夫・
甲子園短大 土橋　豊・基礎生物学研 長谷部光泰・
九大 矢原徹一・九大 和田正三編

植 物 の 百 科 事 典

17137-2 C3545　　　　B 5 判 560頁 本体20000円

植物に関わる様々なテーマについて，単に用語解説にとどまることなく，ストーリー性をもたせる形で解説した事典。章の冒頭に全体像がつかめるよう総論を掲げるとともに，各節のはじめにも総説を述べてから項目の解説にはいる工夫された構成となっている。また，豊富な図・写真を用いてよりわかりやすい内容とし，最新の情報も十分にとり入れた。植物に関心と好奇心をもつ方々の必携書。〔内容〕植物のはたらき／植物の生活／植物のかたち／植物の進化／植物の利用／植物と文化

日本緑化工学会編

環境緑化の事典 (普及版)

18037-4 C3540　　　　B 5 判 496頁 本体14000円

21世紀は環境の世紀といわれており，急速に悪化している地球環境を改善するために，緑化に期待される役割はきわめて大きい。特に近年，都市の緑化，乾燥地緑化，生態系保存緑化など新たな技術課題が山積しており，それに対する技術の蓄積も大きなものとなっている。本書は，緑化工学に関するすべてを基礎から実際まで必要なデータや事例を用いて詳しく解説する。〔内容〕緑化の機能／植物の生育基盤／都市緑化／環境林緑化／生態系管理修復／熱帯林／緑化における評価法／他

産業環境管理協会 指宿堯嗣・農環研 上路雅子・
前製品評価技術基盤機構 御園生誠編

環 境 化 学 の 事 典

18024-4 C3540　　　　A 5 判 468頁 本体9800円

化学の立場を通して環境問題をとらえ，これを理解し，解決する，との観点から発想し，約280のキーワードについて環境全般を概観しつつ理解できるよう解説。研究者・技術者・学生さらには一般読者にとって役立つ必携書。〔内容〕地球のシステムと環境問題／資源・エネルギーと環境／大気環境と化学／水・土壌環境と化学／生物環境と化学／生活環境と化学／化学物質の安全性・リスクと化学／環境保全への取組みと化学／グリーンケミストリー／廃棄物とリサイクル

太田猛彦・住　明正・池淵周一・田渕俊雄・
眞柄泰基・松尾友矩・大塚柳太郎編

水　　の　　事　　典

18015-2 C3540　　　　A 5 判 576頁 本体20000円

水は様々な物質の中で最も身近で重要なものである。その多様な側面を様々な角度から解説する，学問的かつ実用的な情報を満載した初の総合事典。〔内容〕水と自然(水の性質・地球の水・大気の水・海洋の水・河川と湖沼・地下水・土壌と水・植物と水・生態系と水)／水と社会(水資源・農業と水・水産業・水と工業・都市と水システム・水と交通・水と災害・水質と汚染・水と環境保全・水と法制度)／水と人間(水と人体・水と健康・生活と水・文明と水)

環境影響研 牧野国義・
昭和大 佐野武仁・清泉女大 篠原厚子・
横浜国大 中井里史・内閣府 原沢英夫著

環境と健康の事典

18030-5 C3540　　　　A 5 判 576頁 本体14000円

環境悪化が人類の健康に及ぼす影響は世界的規模なものから，日常生活に密着したものまで多岐にわたっており，本書は原因等の背景から健康影響，対策まで平易に解説〔内容〕〔地球環境〕地球温暖化／オゾン層破壊／酸性雨／気象，異常気象〔国内環境〕大気環境／水環境，水資源／音と振動／廃棄物／ダイオキシン，内分泌撹乱化学物質／環境アセスメント／リスクコミュニケーション〔室内環境〕化学物質／アスベスト／微生物／電磁波／住まいの暖かさ，涼しさ／住まいと採光，照明，色彩

前農工大 福嶋　司・前千葉高 岩瀬　徹編著	生態と分布を軸に植生の姿をカラー図説化。待望の改訂。〔内容〕日本の植生の特徴／変遷史／亜熱帯・暖温帯／中間温帯／冷温帯／亜寒帯・亜高山帯／高山帯／湿原／島嶼／二次草原／都市／寸づまり現象／平尾根効果／縞枯れ現象／季節風効果
図説　日　本　の　植　生 17121-1　C3045　　　　B 5 判 164頁 本体5800円	
前農工大 小倉紀雄・九大 島谷幸宏・ 前大阪府大 谷田一三編	日本全国の52河川を厳選しオールカラーで解説〔内容〕総説／標津川／釧路川／岩木川／奥入瀬川／利根川／多摩川／信濃川／黒部川／柿田川／木曽川／鴨川／紀ノ川／淀川／斐伊川／太田川／吉野川／四万十川／筑後川／屋久島／沖縄／他
図説　日　本　の　河　川 18033-6　C3040　　　　B 5 判 176頁 本体4300円	
農工大 岡崎正規・農工大 木村園子ドロテア・農工大 豊田剛己・北大 波多野隆介・農環研 林健太郎著	日本の土壌の姿を豊富なカラー写真と図版で解説。〔内容〕わが国の土壌の特徴と分布／物質を巡る／生物を育む土壌／土壌と大気の間に／土壌から水・植物・動物・ヒトへ／ヒトから土壌へ／土壌資源／土壌と地域・地球／かけがえのない土壌
図説　日　本　の　土　壌 40017-5　C3061　　　　B 5 判 184頁 本体5200円	
森林総研 鈴木和夫・東大 福田健二編著	カラー写真を豊富に用い，日本に自生する樹木を平易に解説。〔内容〕概論（日本の林相・植物の分類）／各論（10科―マツ科・ブナ科ほか，55属―ヒノキ属・サクラ属ほか，100種―イチョウ・マンサク・モウソウチクほか，きのこ類）
図説　日　本　の　樹　木 17149-5　C3045　　　　B 5 判 208頁 本体4800円	
学芸大 小泉武栄編	日本全国の53山を厳選しオールカラー解説〔内容〕総説／利尻岳／トムラウシ／暑寒別岳／早池峰山／鳥海山／磐梯山／巻機山／妙高山／金北山／瑞牆山／縞枯山／天上山／日本アルプス／大峰山／三瓶山／大満寺山／阿蘇山／大崩岳／宮之浦岳他
図説　日　本　の　山 ―自然が素晴らしい山50選― 16349-0　C3025　　　　B 5 判 176頁 本体4000円	
早大 柴山知也・東大 茅根　創編	日本全国の海岸50あまりを厳選しオールカラーで解説。〔内容〕日高・胆振海岸／三陸海岸、高田海岸／新潟海岸／夏井・四倉／三番瀬／東京湾／三保ノ松原／気比の松原／大阪府／天橋立／森海岸／鳥取海岸／有明海／指宿海岸／サンゴ礁, 他
図説　日　本　の　海　岸 16065-9　C3044　　　　B 5 判 160頁 本体4000円	
国連大学高等研究所日本の里山・里海評価委員会編	国連大学高等研究所主宰「日本の里山・里海評価」（JSSA）プロジェクトによる現状評価を解説。国内6地域総勢180名が結集して執筆〔内容〕評価の目的・焦点／概念的枠組み／現状と変化の要因／問題と変化への対応／将来／結論／地域クラスター
里　山　・　里　海 ―自然の恵みと人々の暮らし― 18035-0　C3040　　　　B 5 判 224頁 本体4300円	

◆ 世界自然環境大百科〈全11巻〉 ◆

大澤雅彦総監訳　地球の生命の姿を美しい写真で詳しく解説

前千葉大 大原　隆・自然環境研究センター 大塚柳太郎監訳 世界自然環境大百科1	地球の進化に伴う生物圏の歴史・働き（物質，エネルギー，組織化），生物圏における人間の発展や関わりなどを多数のカラーの写真や図表で解説。本シリーズのテーマ全般にわたる基本となる記述が各地域へ誘う。ユネスコMAB計画の共同出版。
生 き て い る 星 ・ 地 球 18511-9　C3340　　　A 4 変判 436頁 本体28000円	
前東大 大澤雅彦・元筑波大 岩城英夫監訳 世界自然環境大百科3	ライオン・ゾウ・サイなどの野生動物の宝庫であるとともに環境の危機に直面するサバンナの姿を多数のカラー図版で紹介．さらに人類起源の地サバンナに住む多様な人々の暮らし，動植物との関わり，環境問題，保護地域と生物圏保存を解説
サ　バ　ン　ナ 18513-3　C3340　　　A 4 変判 500頁 本体28000円	
前東大 大澤雅彦監訳 世界自然環境大百科6	日本の気候にも近い世界の温帯多雨林地域のバイオーム，土壌などを紹介し，動植物の生活などをカラー図版で解説．そして世界各地における人間の定住，動植物資源の利用を管理や環境問題をからめながら保護区と生物圏保存地域までを詳述
亜熱帯・暖温帯多雨林 18516-4　C3340　　　A 4 変判 436頁 本体28000円	
前農工大 奥富　清監訳 世界自然環境大百科7	世界に分布する落葉樹林の温暖な環境，気候・植物・動物・河川や湖沼の生命などについてカラー図版を用いてくわしく解説．またヨーロッパ大陸の人類集団を中心に紹介しながら動植物との関わりや環境問題，生物圏保存地域などについて詳述
温　帯　落　葉　樹　林 18517-1　C3340　　　A 4 変判 456頁 本体28000円	

立正大 吉﨑正憲・海洋研究開発機構 野田 彰他編

図説 地球環境の事典

16059-8 C3544　　　　　B 5 判　400頁　本体14000円

変動する地球環境の理解に必要な基礎知識（144項目）を各項目見開き2頁のオールカラーで解説。巻末には数式を含む教科書的解説の「基礎篇」を設け、また付録DVDには本文に含みきれない詳細な内容（写真・図，シミュレーション，動画など）を収録し、自習から教育現場までの幅広い活用に配慮したユニークなレファレンス。第一線で活躍する多数の研究者が参画して実現。〔内容〕古気候／グローバルな大気／ローカルな大気／大気化学／水循環／生態系／海洋／雪氷圏／地球温暖化

日本陸水学会東海支部会編

身近な水の環境科学
―源流から干潟まで―

18023-7 C3040　　　　　A 5 判　176頁　本体2600円

川・海・湖など、私たちに身近な「水辺」をテーマに生態系や物質循環の仕組みをひもとき、環境問題に対峙する基礎力を養う好テキスト。〔内容〕川（上流から下流へ）／湖とダム／地下水／都市・水田の水循環／干潟と内湾／環境問題と市民調査

埼玉大 浅枝 隆編著

図説 生態系の環境

18034-3 C3040　　　　　A 5 判　192頁　本体2800円

本文と図を効果的に配置し、図を追うだけで理解できるように工夫した教科書。工学系読者にも配慮した記述。〔内容〕生態学および陸水生態系の基礎知識／生息域の特性と開発の影響（湖沼，河川，ダム，汽水，海岸，里山・水田，道路など）

鳥取大 恒川篤史著
シリーズ〈緑地環境学〉1

緑地環境のモニタリングと評価

18501-0 C3340　　　　　A 5 判　264頁　本体4600円

"保全情報学"の主要な技術要素を駆使した緑地環境のモニタリング・評価を平易に示す。〔内容〕緑地環境のモニタリングと評価とは／GISによる緑地環境の評価／リモートセンシングによる緑地環境のモニタリング／緑地環境のモデルと指標

東大 横張 真・長崎大 渡辺貴史編
シリーズ〈緑地環境学〉3

郊外の緑地環境学

18503-4 C3340　　　　　A 5 判　288頁　本体4300円

「郊外」の場において、緑地はいかなる役割を果たすのかを説く。〔内容〕「郊外」とはどのような空間か？／「郊外」のランドスケープの形成／郊外緑地の機能／郊外緑地にかかわる法制度／郊外緑地の未来／文献／ブックガイド

◆ シリーズ〈環境の世界〉〈全6巻〉 ◆
東京大学大学院新領域創成科学研究科環境学研究系編集

東京大学大学院環境学研究系編
シリーズ〈環境の世界〉1

自然環境学の創る世界

18531-7 C3340　　　　　A 5 判　216頁　本体3500円

〔内容〕自然環境とは何か／自然環境の実態をとらえる（モニタリング）／自然環境の変動メカニズムをさぐる（生物地球化学的，地質学的アプローチ）／自然環境における生物（生物多様性，生物資源）／都市の世紀（アーバニズム）に向けて／他

東京大学大学院環境学研究系編
シリーズ〈環境の世界〉2

環境システム学の創る世界

18532-4 C3340　　　　　A 5 判　192頁　本体3500円

〔内容〕〈環境の世界〉創成の戦略／システムでとらえる物質循環（大気，海洋，地圏）／循環型社会の創成（物質代謝，リサイクル）／低炭素社会の創成（CO_2排出削減技術）／システムで学ぶ環境安全（化学物質の環境問題，実験研究の安全構造）

東京大学大学院環境学研究系編
シリーズ〈環境の世界〉3

国際協力学の創る世界

18533-1 C3340　　　　　A 5 判　216頁　本体3500円

〔内容〕〈環境の世界〉創成の戦略／日本の国際協力（国際援助戦略，ODA政策の歴史的経緯・定量分析）／資源とガバナンス（経済発展と資源断片化，資源リスク，水配分，流域ガバナンス）／人々の暮らし（ため池，灌漑事業，生活空間，ダム建設）

東京大学大学院環境学研究系編
シリーズ〈環境の世界〉4

海洋技術環境学の創る世界

18534-8 C3340　　　　　A 5 判　192頁　本体3500円

〔内容〕〈環境の世界〉創成の戦略／海洋産業の拡大と人類社会への役割／海洋産業の環境問題／海洋産業の新展開と環境／海洋の環境保全・対策・適応技術開発／海洋観測と環境／海洋音響システム／海洋リモートセンシング／氷海とその利用

東京大学大学院環境学研究系編
シリーズ〈環境の世界〉5

社会文化環境学の創る世界

18535-5 C3340　　　　　A 5 判　196頁　本体3500円

〔内容〕〈環境の世界〉創成の戦略／都市と自然（都市成立と生態系／水質と生態系）／都市を守る（河川の歴史／防災／水代謝）／都市に住まう（居住環境評価／建築制度／住民運動）／都市のこれから（資源循環／持続可能性／未来）／鼎談

上記価格（税別）は2013年9月現在